新制度対応

第一種電気工事士技能試験
スピードマスター

● 図記号から学べ，複線図と展開接続図が描けて，作業がスラスラできるようになる．

YDKK 著

電気書院

新制度対応 第一種電気工事士技能試験スピードマスター 目次

- ◆ 技能試験の流れと注意したいこと　5
- ◆ 受験にあたって注意したい過去に「実際にあった出来事」　9

第1編　第一種電気工事士技能試験に必要な配線図マスター

Section1　配線図の種類　3
- 1.1　設計図とは　3
- 1.2　施工図とは　3
- 1.3　竣工図とは　3
- 1.4　技能試験の配線図とは　4

Section2　高圧受電設備の図記号　5
- 2.1　主な高圧機器の名称・図記号・機能　5
- 2.2　その他の高圧機器の名称・図記号・機能　9

Section3　高圧受電設備の単線結線図の例　13
Section4　過去の高圧受変電設備の出題箇所　14
Section5　高圧受電設備の文字記号と用語　15
Section6　動力負荷設備の図記号　16
Section7　動力負荷設備の接続図　19
Section8　過去の動力負荷設備の出題箇所　24
Section9　電灯負荷設備の図記号　25
Section10　電灯負荷設備の接続図　27
- 10.1　電源について　27
- 10.2　複線化について　27
- 10.3　電灯負荷設備の組み合わせ回路例　28
- 　　　ホーザンVA線ストリッパ…①　32

第2編　第一種電気工事士技能試験に必要な複線図マスター

Section1　複線図を描くためのルール　35
- 1.1　絶縁電線・ケーブルの絶縁被覆の色別　35

1.2　配線器具の極性　　38

Section2　複線図を描くための手順　41

　　2.1　接地側・絶縁被覆「白色」が必要な器具は？　　41
　　2.2　非接地側・絶縁被覆「黒色」が必要な器具は？　　41
　　2.3　点滅器と対応する器具への結線は？　　41
　　2.4　3路・4路スイッチの結線は？　　42
　　2.5　複線図化の手順のまとめ　　44

Section3　複線図化のための練習　45

　　3.1　点滅回路のない負荷（一般的なコンセント回路・スイッチ内蔵の照明回路）　　45
　　3.2　点滅器による照明回路　　50
　　3.3　コンセント・点滅器による照明回路　　55
　　3.4　別置された確認表示灯（パイロットランプ）回路　　59
　　3.5　パイロットランプの結線手順のまとめ　　65
　　3.6　3路スイッチ回路のまとめ　　68
　　3.7　タイムスイッチ・自動点滅器の組み合わせ回路　　72
　　3.8　単相3線式の分岐回路　　76

Section4　電灯負荷設備の複線図化の例　77

　　4.1　点滅器1箇所と照明器具2灯の回路　　77
　　4.2　3路スイッチ回路（電源側指定）　　79
　　4.3　タイムスイッチと点滅器のAND回路　　81

Section5　施工条件によって変わる複線図　83

　　5.1　自動点滅器と点滅器のAND回路　　83
　　5.2　自動点滅器と点滅器のOR回路　　86
　　5.3　タイムスイッチと点滅器・切替点滅器の回路　　89

Section6　複線図化のための各種機器について　92

　　6.1　各種変圧器の結線方法について　　92
　　6.2　変圧器の技能試験で用いられる単線図・複線図および変圧器代用のブロック端子説明図・結線図　　93
　　6.3　配線用遮断器について　　97
　　6.4　自動点滅器について　　98
　　6.5　タイムスイッチについて　　99
　　6.6　電磁接触器について　　100
　　6.7　電磁開閉器について　　101
　　6.8　押しボタンスイッチについて　　102

Section7　トレースでトレーニングをして総まとめ　103
　　　ホーザンVA線ストリッパでの輪作り…②　122

第3編　第一種電気工事士技能試験に必要な重要作業マスター

Section1　基本作業の施工手順とポイント　125
　1.1　VVFケーブルのビニル外装のはぎ取り手順　125
　1.2　電線の絶縁被覆のはぎ取り手順①　126
　1.3　電線の絶縁被覆のはぎ取り手順②　126
　1.4　VVRケーブルのビニル外装はぎ取りの作業手順　127
　1.5　EM-EEFケーブル（エコケーブル）の外装はぎ取り作業手順　129
　1.6　ストリッパによる外装・被覆のはぎ取りの作業手順　130
　1.7　メタルラス壁貫通箇所の防護管施工の作業手順　131
　1.8　埋込器具と連用取付枠の作業手順　132
　1.9　引掛シーリング（角）への結線の作業手順　133
　1.10　露出形コンセントへの結線の作業手順　134
　1.11　動力用コンセント3P250V Eの結線の作業手順　135
　1.12　ワイド形コンセントの取付の作業手順　136
　1.13　ワイド形器具の実際（点滅器・コンセント連用の場合）　136
　1.14　ゴムブッシングの取付け作業手順　137
　1.15　リングレジューサの取り付の作業手順　137
　1.16　金属管のねじなしコネクタ・ブッシングの作業手順　138
　1.17　金属管とアウトレットボックスの接続の作業手順　139
　1.18　ボンド線を使った金属管の接地工事の作業手順　140
　1.19　金属管の接地工事の作業手順　141
　1.20　PF管とアウトレットボックスの接続の作業手順　142
　1.21　終端接続におけるリングスリーブ接続の作業手順　143
　1.22　終端接続における差込形コネクタ接続の作業手順　144

Section2　各部の施工ポイントと施工手順　145
　2.1　高圧絶縁電線（KIP線）の結線の作業手順　145
　2.2　変圧器代用のブロック端子の結線　147
　2.3　変圧器代用のブロック端子の結線の作業手順　148
　2.4　変圧器代用のブロック端子の結線（変圧器2台のV-V結線）　149
　2.5　変圧器2台によるV-V結線の作業手順　149
　2.6　三相変圧器代用のブロック端子の結線　151

2.7　三相変圧器代用のブロック端子結線の作業手順　　152
2.8　単相変圧器3台による△-△の結線　　153
2.9　単相変圧器3台による△-△の結線の作業手順　　153
2.10　配線用遮断器（100V用2極1素子）の結線の作業手順　　155
2.11　押しボタンスイッチへのCVVケーブルの結線作業手順　　156

Section3　各部の施工確認（作業時・完了後）　　158

3.1　ランプレセプタクルへの結線の確認事項　　158
3.2　引掛シーリング（角）への結線の確認事項　　158
3.3　埋込連用器具への結線の確認事項　　159
3.4　電磁開閉器代用のブロック端子部分の結線　　161
3.5　変流器代用のブロック端子部分の結線　　162
3.6　リングスリーブによる圧着接続（終端接続）の確認事項　　163
3.7　リングスリーブの種類と電線の組み合わせ　　166

第4編　第一種電気工事士技能試験に必要な減点事項マスター

Section1　判定基準のポイント　　169

1.1　ここ数年の合格基準　　169
1.2　A欠陥（1箇所でもあると合格できない欠陥事項）　　169
1.3　B欠陥（A,C欠陥がなく，B欠陥が2箇所以内は合格）（A欠陥がなく，C欠陥が2箇所以内，B欠陥が1箇所以内は合格）　　173
1.4　C欠陥（A,B欠陥がなく，C欠陥が4箇所以内は合格）（A欠陥がなく，B欠陥が1箇所以内，C欠陥が2箇所以内は合格）　　177

技能試験の流れと注意したいこと

作業机は狭いので，受験票・筆記用具・作業工具は最少限使用するものを準備する．（筆記用具は，受験者カード，受験番号札等の記入に必要）

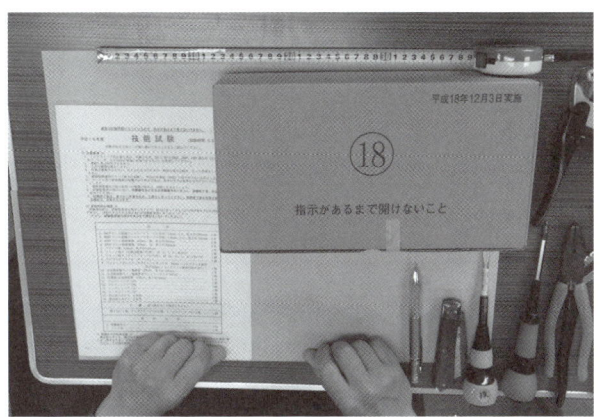

材料確認時に材料違い，不足，損傷があった場合は，挙手をして補充・交換をする．また，過去の試験では『電線をまっすぐにのばして構いません』という指示があった．

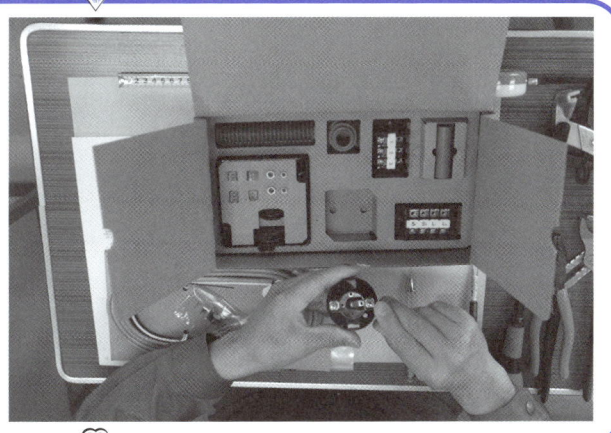

受験番号札に受験番号と氏名を記入する．（マークシート式の受験者カードは材料確認前に記入する）

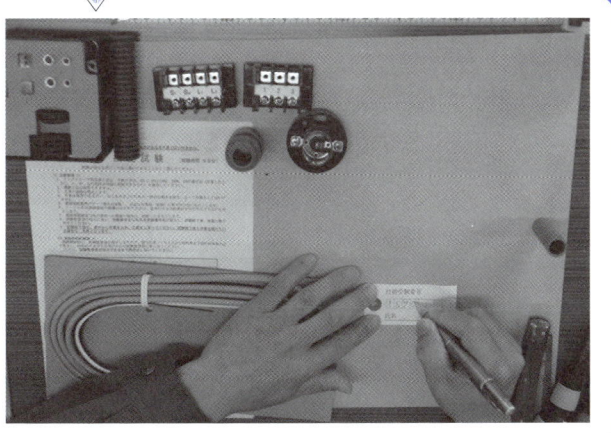

試験開始合図後，配線図・説明図・展開接続図等を確認して，重要ポイントをチェックする．

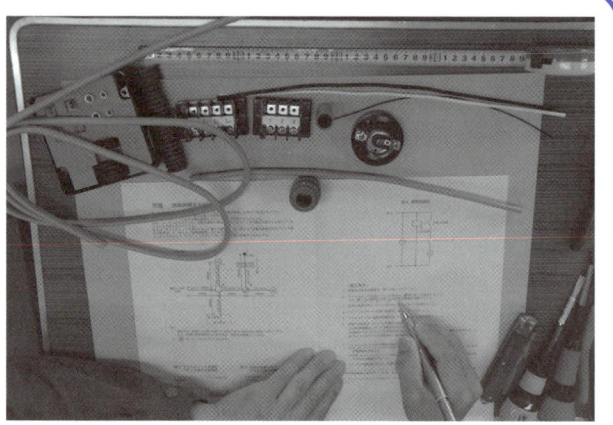

複線図を作成する．特に接続点は明確に印を付ける．
(問題用紙の余白を使用する)

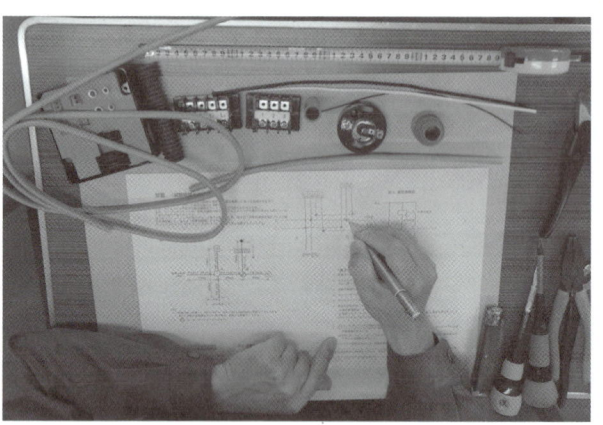

寸法を確認して，ケーブル等を切断する．
(間違って短く切断した場合でも，ケーブル全体を見直して使用する．減点にならない場合が多い)

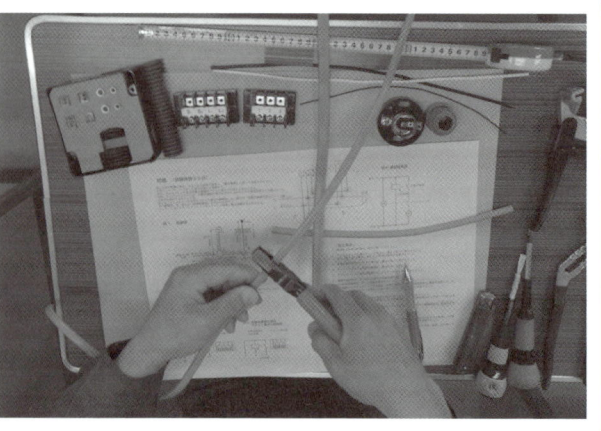

　外装（シース）・絶縁被覆のはぎ取り，接続・結線作業は時間短縮のポイントとなる．

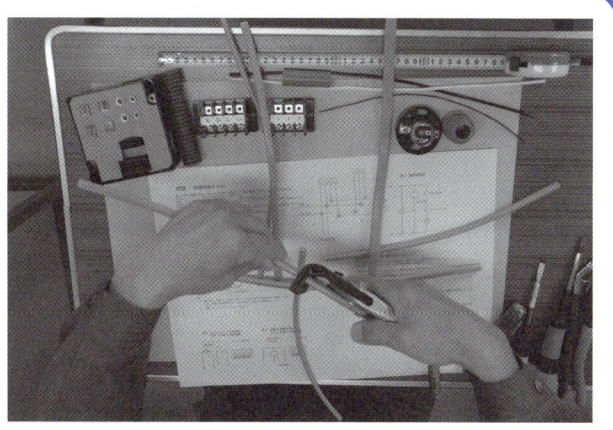

　圧着・接続・結線作業のやり直しは時間がかかる．個々の作業前に，必ず確認して作業をする．（事前に全体の作業が，思い描けるように練習しておく）

　点検は，圧着マーク・極性・接続・器具の結線・配置を確認する．

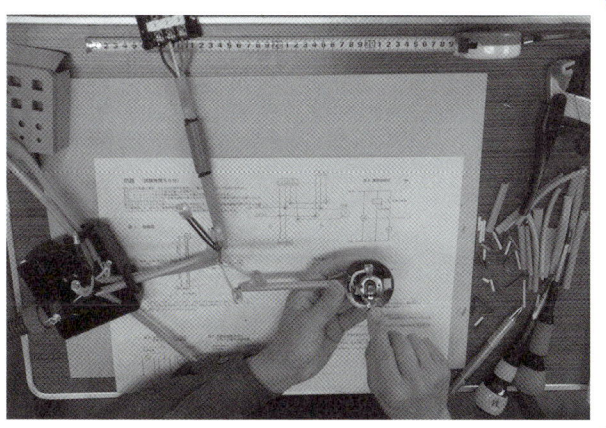

 問題の内容に合わせて,不適格な箇所を手直しする.

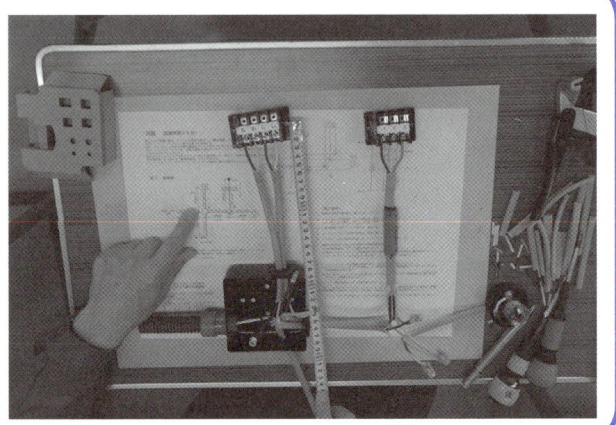

 ケーブルのねじれ,曲がりを整えて,受験番号札を確実に取り付ける.

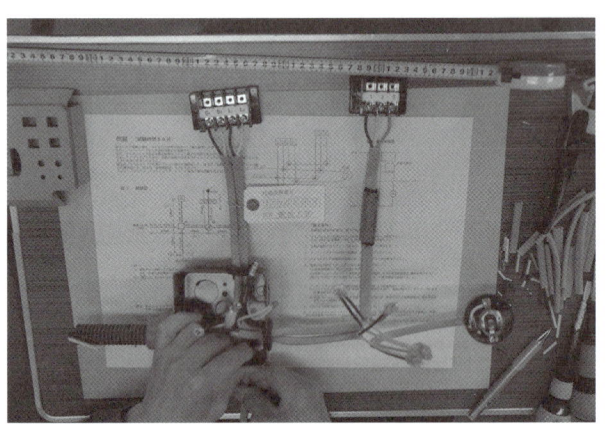

 残材を整理して,試験終了となる.

受験にあたって注意したい 過去に「実際にあった出来事」

インターネット申込時，筆記試験会場は最寄りの会場を選択し受験したが，技能試験会場の選択確認をしなかった．技能試験の数日前に，遠方の会場であることに気がつき，試験当局に変更を申し込んだが，直前のため変更できなかった．

技能試験会場で，受験票を忘れたことに気が付き，自分の判断で受験できないと思いこみ帰ってしまった．後日，試験会場の本部で，本人確認ができれば受験できることを知った．

ある指導者の下で受験者数十名が受験して，すべての受験者が不合格となった．練習時の作業は時間内に完了し，欠陥も無いように見えた．原因は，刻印マークの付かない不適合の圧着ペンチを全員に使用させていた指導者のミスであった．

ワイヤストリッパは使用できないと思いこみ持参しなかった．時間内に完成出来ず，周囲の受験者で使用しているのを見て抗議したが，本人が，使用できることを受験案内で確認していなかった．

工具箱を持参したが，前日練習で使用したナイフ・圧着ペンチ等の工具の一部を工具箱に入れ忘れた．作業ができなかったり，時間がかかり，時間内に完成できなかった．

ある講習会の申込をして，すべて手続きが終わったと思いこみ，試験当局への受験手続きをしなかった．結局受験できなかった．

試験開始直後，頭の中が「真っ白」になり，約10分間ほど何も手を付けられなかった．気分を変えて，負荷の端末で作業の出来るところから始め，試験時間内に完成でき，合格できた．

第1編

第一種電気工事士技能試験に必要な 配線図マスター

Section 1…配線図の種類
Section 2…高圧受電設備の図記号
Section 3…高圧受電設備の単線結線図の例
Section 4…過去の高圧受変電設備の出題箇所
Section 5…高圧受電設備の文字記号と用語
Section 6…動力負荷設備の図記号
Section 7…動力負荷設備の接続図
Section 8…過去の動力負荷設備の出題箇所
Section 9…電灯負荷設備の図記号
Section 10…電灯負荷設備の接続図

★学習のポイント★

問題の「配線図」と「施工条件」を理解するために，特に下記項目を学習する．

Section2　2.1　主な高圧機器の名称・図記号・機能

過去に出題されている，変圧器（単相，三相）・計器用変圧器・遮断器・変流器等を確実に覚える．

Section3　高圧受電設備の単線結線図の例

ビル・工場などで，契約電力500kW未満の高圧受電設備の構成例である．各高圧機器・電圧・電流測定回路用機器・保護回路用機器等の配置，機能を理解する．

Section4　過去の高圧受電設備の出題箇所

高圧受電設備の出題年度・概要内容を参考にする．

Section6　動力負荷設備の図記号

過去に出題されている，配線用遮断器・変流器（丸窓貫通形）・電磁開閉器・開閉器・電動機・動力用コンセント等を確実に覚える．

Section7　動力負荷設備の接続図

電動機の運転回路例を理解する．

Section8　過去の動力負荷設備の出題箇所

動力負荷設備の出題年度・概要内容を参考にする．

Section9　電灯負荷設備の接続図

電灯負荷設備の組み合わせ回路例で，単線図・展開接続図・複線図を理解する．

Section 1 配線図の種類

電気工作物の計画時から竣工時までに，設計図・施工図・竣工図といった形の図面があり，その図面の目的は，それぞれ異なっている．

1.1 設計図とは

設計者の設計思想を反映したもので，施主から示された要求事項を基に，基本構成をまとめ，電気機器の能力・品質を具体的に図面に表し，工事の概要を把握できる基本設計図と，その基本設計図を基に実際に使用する電気機器や，その機器の性能・配置・施工方法などを各種の基準に適合した内容で図面に表した実施設計図がある．

工事の施工者は，実施設計図を基に，工事工程・仮設・資材・労務・安全等の施工計画を実施する．

1.2 施工図とは

設計図には，電気工事の機器，配管，詳細寸法，その他の工事の関連など細部については表現されていないため，ほとんどの工事は，実施設計図のみでは施工はできない．

そのため，電気機器，配管，建築及び他の設備工事との寸法的な納まり，技術上の関連を明記し，作業者が能率良く，正確な工事ができるように，施工前に詳細な施工図を作成する必要がある．

施工図には，図面リスト・仕様書・案内図・外構図・単線結線図・展開接続図・系統図・平面図・天井伏図・立面図・断面図・詳細図等がある．

技能試験で問題に示される，配線図，各電気機器代用のブロック端子の説明図，展開接続図（参考図）は，工事種別，詳細寸法が示されているので施工図に当たる．

1.3 竣工図とは

施工前に詳細な施工図を作成しても，工事中にはいろいろな要因で仕様が変更になり，図面変更となる．

その変更内容を図面に洩れなく反映し，電気工作物の完成時の状

態を図面に示し施主に引き渡すための図面として，竣工図がある．

1.4 技能試験の配線図とは

技能試験では，平面図は省略され，使用電気機器，配線器具の位置や配線工事の方法を，記号や文字で示される．

構内電気設備の配線用図記号（JIS C 0303-2000）及び，電気用図記号（JIS C 0617-1～13）に準拠して示される．規定にない ⓡ は，ランプレセプタクル，MC は電磁接触器，及び MS は電磁開閉器を示すと問題文中に説明される．

Section 2 高圧受電設備の図記号

技能試験の配線図で示される主要な高圧機器について、名称・図記号・機能などについて示す.

2.1 主な高圧機器の名称・図記号・機能

 計器用変圧器

文字記号：VT

単線図

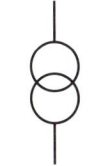

複線図

- 高圧電路の電圧6.6kVを，低圧110Vに変圧する．
- 遮断器の一次側に設置される．
- 電圧計，電力計などの計器類に接続して測定する．
- 保護継電器への動作電源を供給する．
- 電源側の電力ヒューズは，短絡保護として用いる．
- 三相回路には，2台をV結線して接続する．
- 二次側の共通線には，D種接地工事を施す．

VT×2 組み合わせ例（ヒューズ付き）

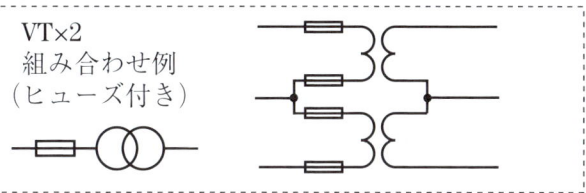

 遮断器

文字記号：VCB（真空遮断器）
　　　　：GCB（ガス遮断器）

単線図

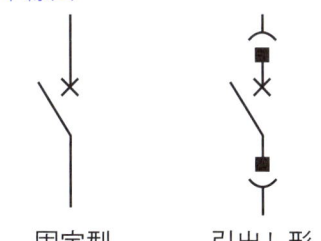

固定型　　引出し形

複線図

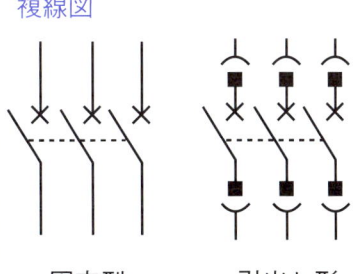

固定型　　引出し形

- 定常状態で高圧電路の開閉に用いる．
- 定格電圧7.2kV，定格電流400Aと600A，定格遮断電流8.0kAと12.5kAが一般的である．
- 保護継電器と組み合わせて自動的に電路を遮断する．（過負荷・地絡，短絡事故）
- 保護継電器との保護連動は点線で示される．
- 固定形と引出し形がある．

第1編　配線図マスター

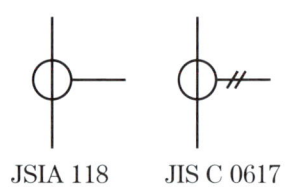

文字記号：CT

単線図

JSIA 118　　JIS C 0617

複線図

・高圧電路の高圧電流（30，40，50…A）を電流5Aに変流する．
・遮断器の二次側に設置される．
・電流計，力率計，電力計などの計器類に接続して測定する．
・過負荷，短絡事故時に過電流遮断器を動作させて遮断器を遮断する．
・三相回路には，R相とT相に設置する．
・二次側の共通線には，D種接地工事を施す．

CT×2
組み合わせ例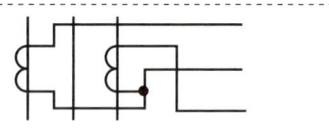

 過電流継電器

文字記号：OCR

$I >$

・変流器（CT）の二次側より変流された電流と設定値を比較して，過電流，短絡事故時に遮断器を遮断する電流または接点信号を出力する．

 電圧計切換開閉器

文字記号：VS

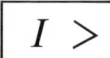

・三相3線式電路のR相とS相間，S相とT相間，T相とR相間の各電圧を1個の電圧計で測定できる．
・「0」位置では，電路は「開放」される．
・日本配電盤工業会規格　JSIA 118

 電流計切換開閉器

文字記号：AS

・三相3線式電路のR相，S相，T相の各電流を1個の電流計で測定できる．
・「0」位置では，電路は「短絡」される．
・日本配電盤工業会規格　JSIA 118

 変圧器

文字記号：T

単線図用　　複線図用

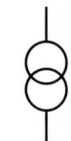 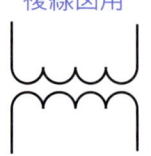

・2巻線変圧器（単相変圧器）

単線図用 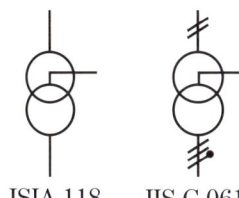 JSIA 118　　JIS C 0617 複線図用 	・中間点引き出し単相変圧器 ・定格一次電圧6.6kV，定格二次電圧105，210Vに変圧される． 　中間点と各外線間の電圧は105Vに変圧される． 　各外線間の電圧は210Vに変圧される． ・は中性線を示す．
三相変圧器 単線図用 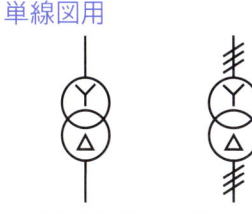 JSIA 118　　JIS C 0617 複線図用 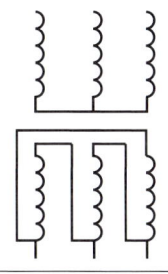	・変圧器内部で一次巻線がスター結線，二次巻線がデルタ結線になっている． ・定格容量75〜500kVAが標準的に製造されている．
単相変圧器の組み合わせ 単線図用 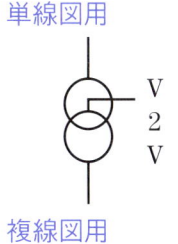 複線図用 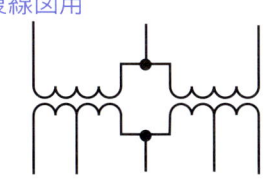	・中間点引き出し単相変圧器を2台用いたV-V結線である． ・三相3線式と単相3線式が共用できる． ・単相3線式の中間点にB種接地工事を施す．

単線図用 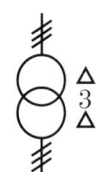 複線図用 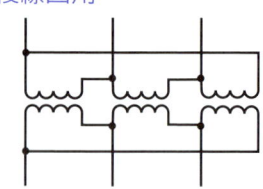	・単相変圧器を3台用いた△－△結線である． 〔参考〕三相変圧器容量750kVA以上は△－△結線．これは，変圧器内部の結線の△－△結線は変圧器の大きい容量に用いられる．
電圧計 文字記号：V 	・計器用変圧器（VT）により，高圧電路の電圧6.6kVを変圧した定格電圧110Vを電圧計に入力して，目盛板の6600Vを測定する．（目盛りは変圧比による）
電流計 文字記号：A 	・変流器（CT）により，高圧電路の一次電流を，二次電流の定格電流5Aに変流し，電流計に入力して測定する．（目盛りは変流比による）
電力計 文字記号：W 	・計器用変圧器（VT）の二次側より，変圧された電圧，変流器（CT）の二次側より変流された電流を電力計に入力して電力を測定する．
力率計 文字記号：W (cos φ)	・計器用変圧器（VT）の二次側より，変圧された電圧，変流器（CT）の二次側より変流された電流を力率計に入力して力率を測定する．

2.2 その他の高圧機器の名称・図記号・機能

その他の高圧受電設備の配線図で示される高圧機器について，名称・図記号・機能などについて示す．

地絡継電装置付高圧交流負荷開閉器 文字記号：GR付PAS 単線図用 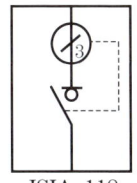 JSIA 118 内部接続図 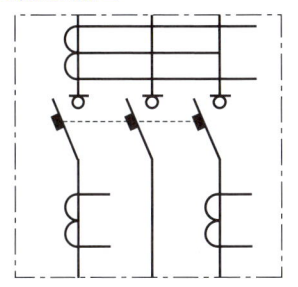	・定格電流以下の電流を開閉でき，電力会社と高圧自家用需要家の電路を区分する交流負荷開閉器．（区分開閉器） ・制御装置と組み合わせて，地絡事故時に電路を遮断する．（地絡継電装置） ・高圧自家用需要家の責任分界点（受電点の第一号柱）に設置されている． ・自動引外し装置付負荷開閉器
高圧ケーブル 単線図用 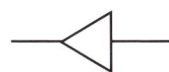 複線図用 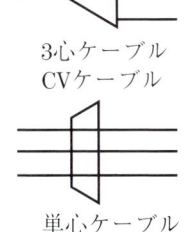 3心ケーブル CVケーブル 単心ケーブル CVTケーブル	・高圧架橋ポリエチレン絶縁ビニルシースケーブル 　……………………………文字記号：CV ・トリプレックス形高圧架橋ポリエチレン絶縁ビニルシースケーブル………………文字記号：CVT ・端末処理部（ケーブルヘッド）……文字記号：CH

電力需給用計器用変成器 文字記号：VCT 単線図用 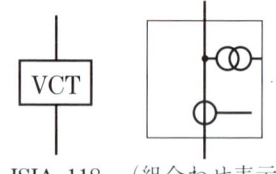 JSIA 118　（組合わせ表示） 複線図用 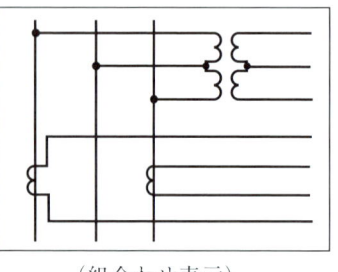 （組合わせ表示）	・高圧電路の電圧，電流を変成し，電力量計に接続して最大需要電力，使用電力量を計量する．
断路器 文字記号：DS 単線図用　　複線図用 	・受変電設備の高圧電路，機器の点検，改造修理作業時に高圧電路の開閉を行う．（負荷電流の開閉はできない）
避雷器 文字記号：LA 単線図用　　複線図用 　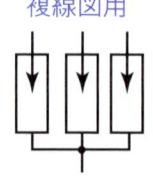	・配電線路に異常過電圧（落雷等）が生じた場合，大地に放電して電路や電気機器類を絶縁破壊事故から保護する．

限流ヒューズ付高圧負荷開閉器 文字記号：PF付LBS 単線図用　　複線図用  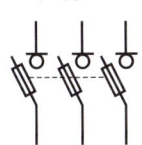	・300kV·A以下の受電設備の主遮断装置として用いられる．（定格電流の開閉ができる）短絡電流の遮断は高圧限流ヒューズで保護する． ・変圧器の一次側，進相コンデンサの開閉器として用いられる．
高圧カットアウト 文字記号：PC 単線図用 　　複線図用 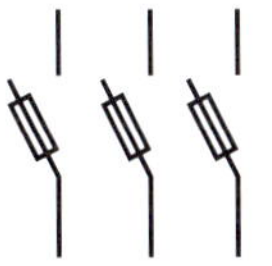	・箱形，円筒形があり，充電部が露出しない構造になっている． ・ヒューズ溶断時には，外部から容易に判断できる．
直列リアクトル 文字記号：SR 単線図用 　　複線図用 　　　　　　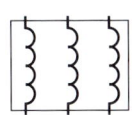	・高調波電流による障害防止及びコンデンサ回路の開閉による突入電流抑制に用いる．
高圧進相コンデンサ 文字記号：SC 単線図用 　　複線図用 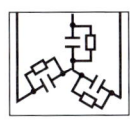	・高圧受電設備の高圧電路に並列に接続して，力率の改善に用いる． ・複線図の抵抗は，内蔵されている放電抵抗を示す．

第1編　配線図マスター

零相変流器 文字記号：ZCT 単線図用 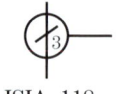  JSIA 118　　JIS C 0617 複線図用	・高圧受電設備の電路，機器等に地絡事故が生じたとき，地絡電流（零相電流）の検出に用いる．
地絡継電器 文字記号：GR 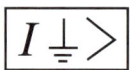	・高圧受電設備の電路，機器等に地絡事故が生じたとき，地絡電流（零相電流）により遮断装置に遮断信号を出力するのに用いる．
地絡方向継電器 文字記号：DGR 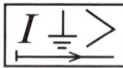	・高圧受電設備の電路，機器等に地絡事故が生じたとき，地絡電流と零相基準入力により遮断装置に遮断信号を出力するのに用いる． ・地絡継電器（GR）では，対地静電容量が大きい（高圧ケーブルが長い）と不必要動作をする場合がある．そのため，地絡発生箇所が負荷側か電源側かを判別して，遮断装置に遮断信号を出力する．
零相基準入力装置 文字記号：ZPD 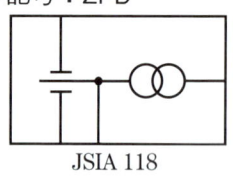　JSIA 118	・高圧受電設備の電路，機器等に地絡事故が生じたとき零相基準入力（零相電圧）の検出に用いる．

Section 3 高圧受電設備の単線結線図の例

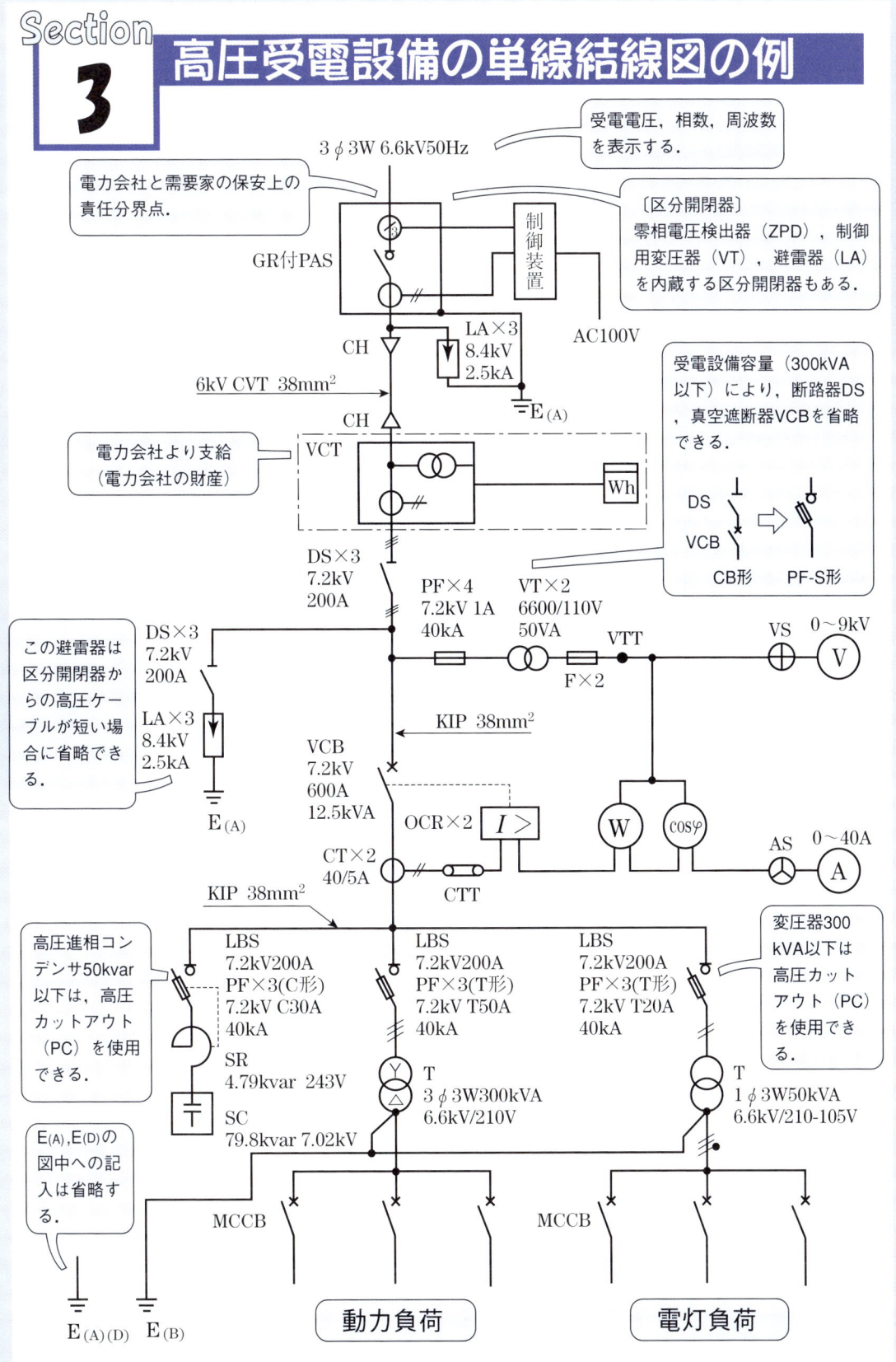

第1編 配線図マスター

Section 4 過去の高圧受変電設備の出題箇所

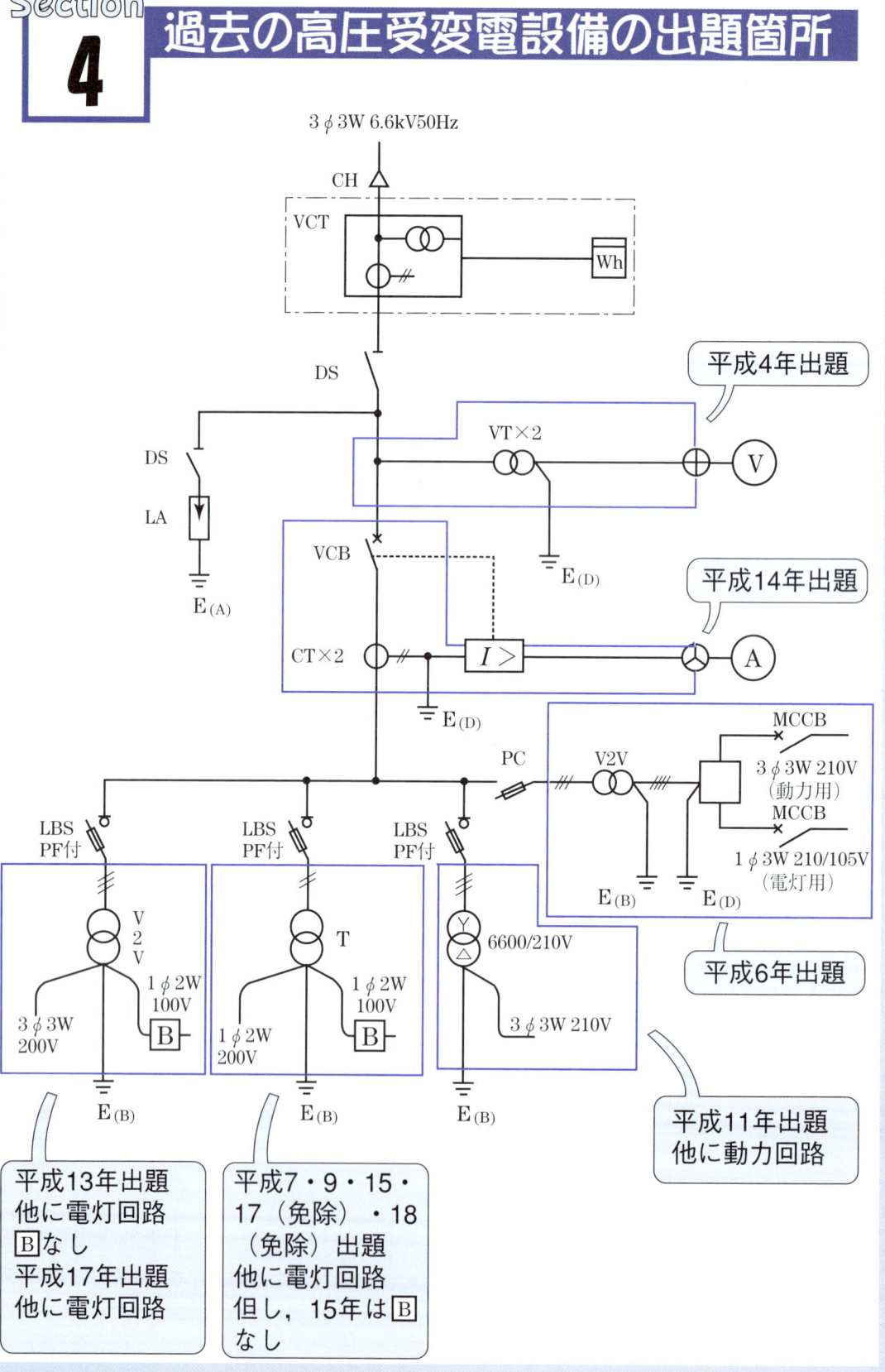

3φ3W 6.6kV50Hz

CH
VCT
Wh

DS

DS
LA
E(A)

VT×2
V
E(D)

VCB
CT×2
I>
A
E(D)

平成4年出題

平成14年出題

PC
V2V
MCCB
3φ3W 210V（動力用）
MCCB
1φ3W 210/105V（電灯用）
E(B) E(D)

LBS PF付
V2V
3φ3W 200V
1φ2W 100V
B
E(B)

LBS PF付
T
1φ2W 200V
1φ2W 100V
B
E(B)

LBS PF付
6600/210V
3φ3W 210V
E(B)

平成6年出題

平成11年出題
他に動力回路

平成13年出題
他に電灯回路
Bなし
平成17年出題
他に電灯回路

平成7・9・15・17（免除）・18（免除）出題
他に電灯回路
但し，15年はBなし

14

Section 5 高圧受電設備の文字記号と用語

機器分類	文字記号	用語	文字記号に対応する外国語
変圧器・計器用変成器類	T	変圧器	Transformers
	VCT	電力需給用計器用変成器	Instrument Transformers for Metering Service
	VT	計器用変圧器	Voltage Transformers
	CT	変流器	Current Transformers
	ZCT	零相変流器	Zero-Phase-sequence Current Transformers
	ZPD	零相基準入力装置	Zero-Phase Potential Device
	SC	進相コンデンサ	Static Capacitor
	SR	直列リアクトル	Series Reactor
開閉器・遮断器類	S	開閉器	Switches
	LBS	負荷開閉器	Load Break Switches
	G付PAS	地絡継電装置付高圧交流負荷開閉器	Pole Air Switches with Ground Relay
	CB	遮断器	Circuit Breakers
	VCB	真空遮断器	Vacuum Circuit Breakers
	PC	高圧カットアウト	Primary Cutout Switches
	F	ヒューズ	Fuses
	PF	電力ヒューズ	Power Fuses
	DS	断路器	Disconnecting Switches
	ELCB	漏電遮断器	Residual Current-Operated Circuit Breakers
	MCCB	配線用遮断器	Molded-Case Circuit Breakers
	MC	電磁接触器	Electromagnetic Contactor
計器類	A	電流計	Ammeters
	V	電圧計	Voltmeters
	WH	電力量計	Watt-hour Meters
	PF	力率計	Power-Factor Meters
	F	周波数計	Frequency Meters
	AS	電流計切替スイッチ	Ammeter Change-over Switches
	VS	電圧計切換スイッチ	Voltmeter Change-over Switches
継電器類	OCR	過電流継電器	Overcurrent Relays
	GR	地絡継電器	Ground Relays
	DGR	地絡方向継電器	Directional Ground Relays
電線類	PD	高圧引下用絶縁電線	High-Voltage Drop Wires for Pole Transformers
	KIP	高圧機器内配線用電線（EPゴム電線）	Ethylene Propylene Rubber Insulated Wires For Cubicle Type Unit Substation For 6.6kV Receiving
ケーブル類	CV	高圧架橋ポリエチレン絶縁ビニルシースケーブル	High-Voltage Crosslinked Polyethylene Insulated Polyvinyl Chloride Sheathed Cables
	CVT	トリプレックス形高圧架橋ポリエチレン絶縁ビニルシースケーブル	High-Voltage Triplex type Crosslinked Polyethylene Insulated Polyvinyl Chloride Sheathed Cables
その他	LA	避雷器	Lightning Arresters
	TT	試験端子	Testing Terminals
	E	接地	Earthing

Section 6 動力負荷設備の図記号

動力制御回路（電動機）の技能試験で示される主要機器について，名称・図記号・機能などについて示す．

配線用遮断器

文字記号：MCCB

単線図

複線図

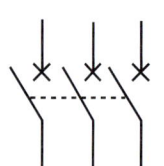

- 低圧電路の過電流，短絡電流を遮断する．
- フレームの大きさ（開閉できる電流の大きさ），定格電流，遮断電流により選定する．

漏電遮断器

文字記号：ELCB

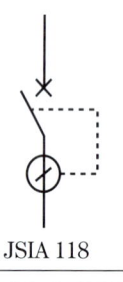

JSIA 118

- 低圧電路の地絡電流，過電流，短絡電流を遮断する．
- フレームの大きさ（開閉できる電流の大きさ），定格感度電流（15mA，30mA，100mA等），定格電流，遮断電流により選定する．

変流器（丸窓貫通形）

文字記号：CT

単線図

$N=5$

（一次5ターン）

複線図

$N=5$

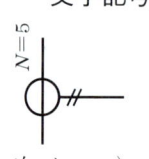
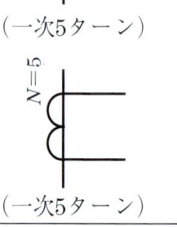

（一次5ターン）

- 低圧幹線電路の電流（60A，75A，100A，120A，150A…）を5Aに変流する．
- 丸窓に貫通する回路により，変流比が決まる．
- 例：変流器120/5Aの場合（一次側を貫通する導体数）

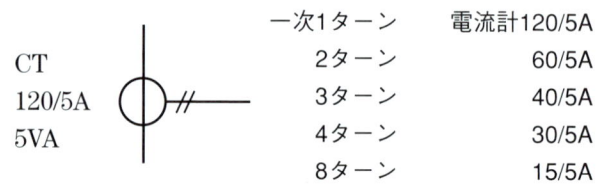

	一次1ターン	電流計120/5A
CT	2ターン	60/5A
120/5A	3ターン	40/5A
5VA	4ターン	30/5A
	8ターン	15/5A

電磁開閉器

文字記号：MS

単線図

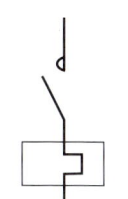

複線図

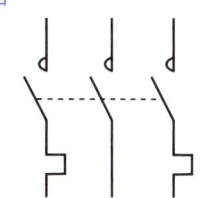

- 電動機容量，定格使用電流により，フレームの大きさがある．
- 接触機能を持つ開閉接点を，電磁コイルにより開閉する．電磁接触器と過電流（過負荷）になったとき内部のバイメタルを過熱わん曲させ，その出力接点で電磁開閉器を開路する熱動形保護継電器（サーマルリレー）により，電動機の過負荷・拘束保護に用いる．（標準形　2素子付）
- 電動機の過負荷・拘束・欠相保護用の2E付3素子もある．
- 技能試験では，電磁接触器をMCで表示している．

 開閉器

文字記号：S

単線図

  電流計付
3P30A
f30A
A5A

複線図

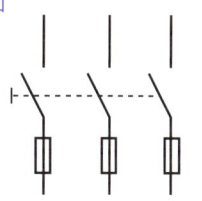

- 電動機等の手元開閉器として用いる．
- 極数，定格電流，ヒューズの定格電流などを記入する．
- 箱入りの電流計付きもある．

 電動機

図記号　　文字記号：M

 3φ200V
3.7kW
JIS C 0303

 三相かご形誘導電動機
JIS C 0617

- Mは電動機を示す．三相かご形誘導電動機は記入文字で表示する．

 動力用コンセント

図記号

 20A250V
3P
E

- 移動式電気機器等の可搬電動機の受け口として用いる．
- 箱入り開閉器等の過負荷保護装置と組み合わせて使用する．
- 定格電流，定格電圧，極数，種類（接地極付等）を記入する．

第1編　配線図マスター

第1編 配線図マスター

電動機の始動器

電動機始動器（一般用）	・始動機の特定の形を表示するために，内部に限定の図記号を示すことがある．
主回路直結始動器	・電動機を可逆させる主接触器を持つ．
スターデルタ始動器	・電動機を始動時にスター結線，運転時にデルタ結線にする接触器を持つ．

Section 7 動力負荷設備の接続図

① 電動機の直入れ運転回路例

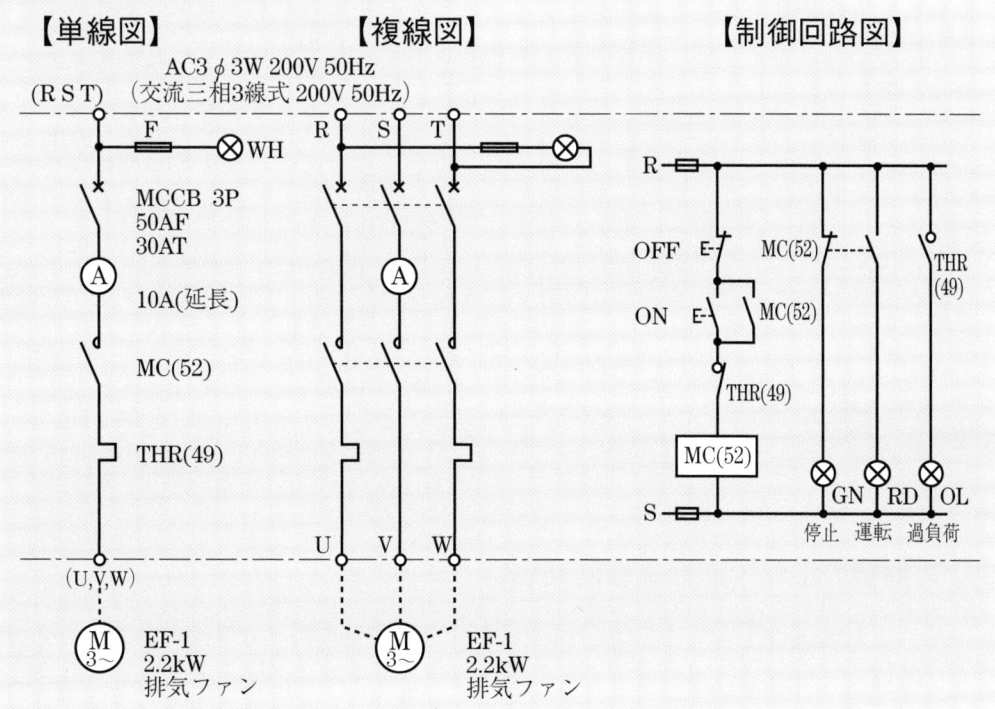

1) 制御母線を上下水平に2本引き，この間に図記号を記入する．縦書きシーケンス図と左右垂直に2本引き，その間に図記号を記入する横書きシーケンス図がある．
   - 縦書きシーケンス図は，受変電設備，公共設備関係に多い．
   - 横書きシーケンス図は，一般産業設備に多い．
2) 機器名称として，文字記号と自動制御器具番号を記入しているが，一般的にはどちらかを記入する．
3) 図記号の配置は，電源RよりTHR(49)の過負荷保護，ONとMC(52)メーク接点の押しボタンスイッチ，自己保護接点，OFFブレーク接点の押しボタンスイッチ，そして電磁コイルでもよい．
   （THR(49)のブレーク接点は，電源側(R)に配置してもよい）

19

② 操作スイッチ2箇所による電動機の直入れ運転回路例

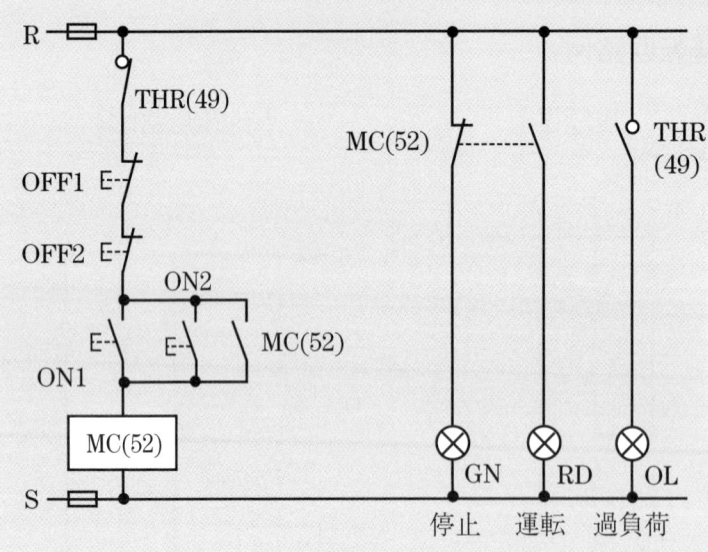

1) OFF1とOFF2は直列に接続する．
2) ON1とON2は並列に接続する．

③ 電動機の正転・逆転運転回路例

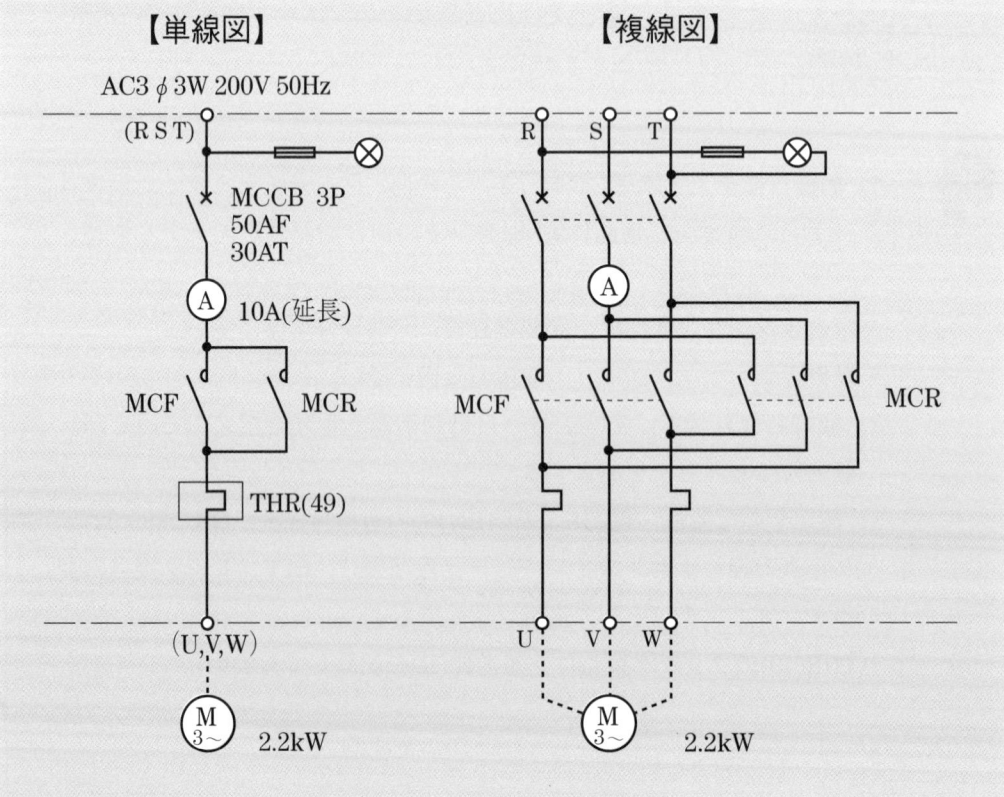

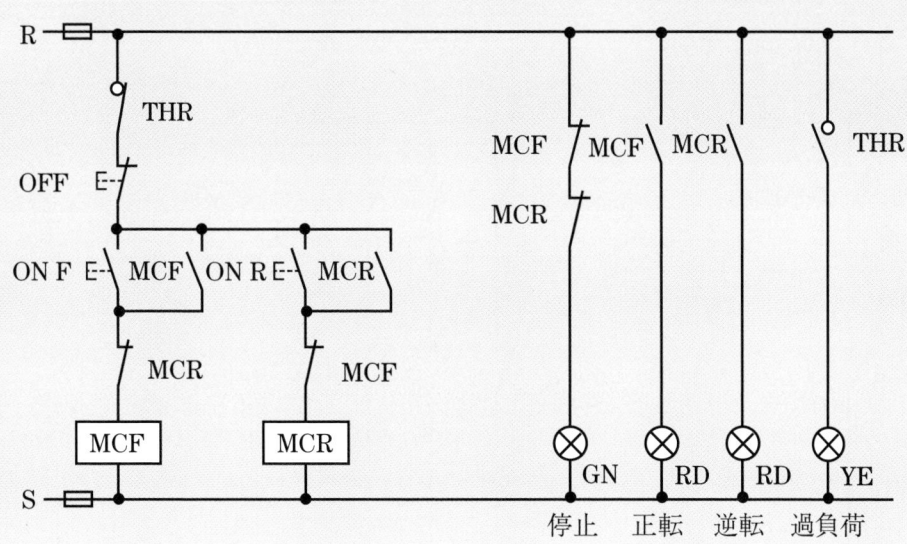

【制御回路図】

1) MCFとMCRが同時に付勢（電磁コイルに電流が流れ励磁すること）しないようインターロック回路MCFとMCRのブレーク接点がそれぞれ電磁コイルに配置されている．
2) 上記の制御回路は安全とはいえない．（操作押しボタンスイッチ一体形）操作時に注意が必要である．どのような注意が必要かを考える．

（正解は23頁〈正・逆運転回路について〉1）による）

3) インターロック回路のMCF，MCRのブレーク接点を誤って下図のようにすると，どのような現象が起きるか．

（正解は23頁〈正・逆運転回路について〉2）による）

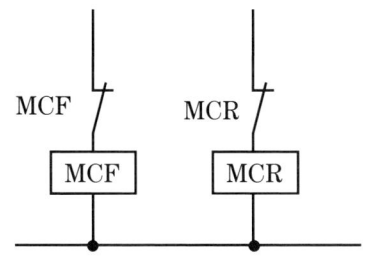

④ スターデルタ始動による運転回路例（3コンタクタ方式）

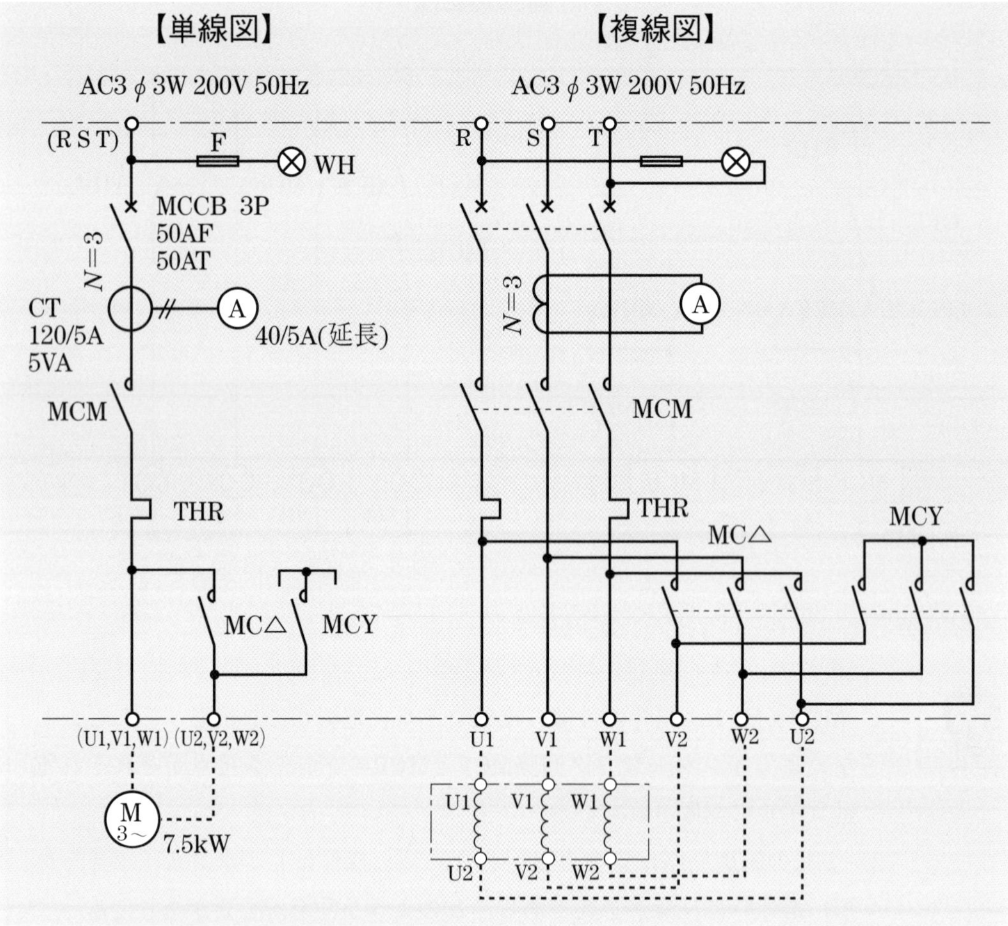

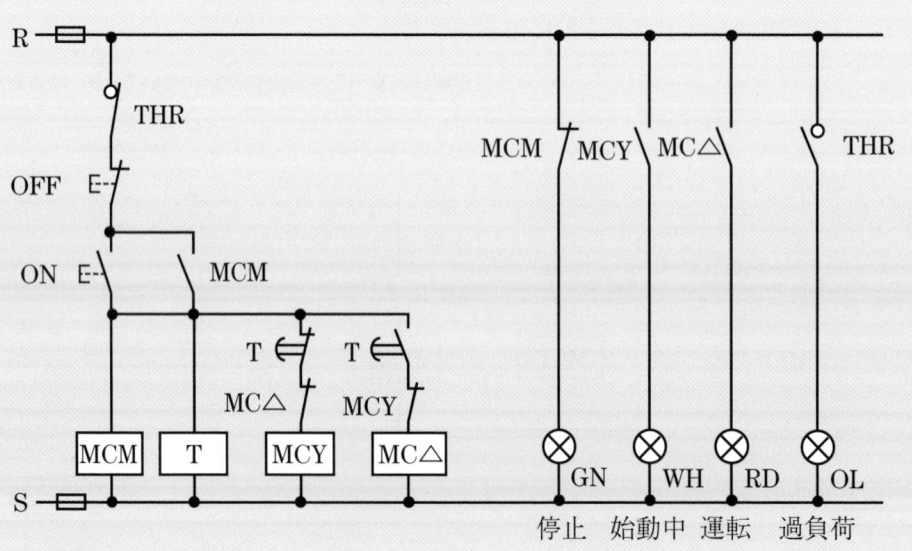

⑤ スターデルタ始動による運転回路例（2コンタクタ方式）

AC3φ3W 200V 50Hz

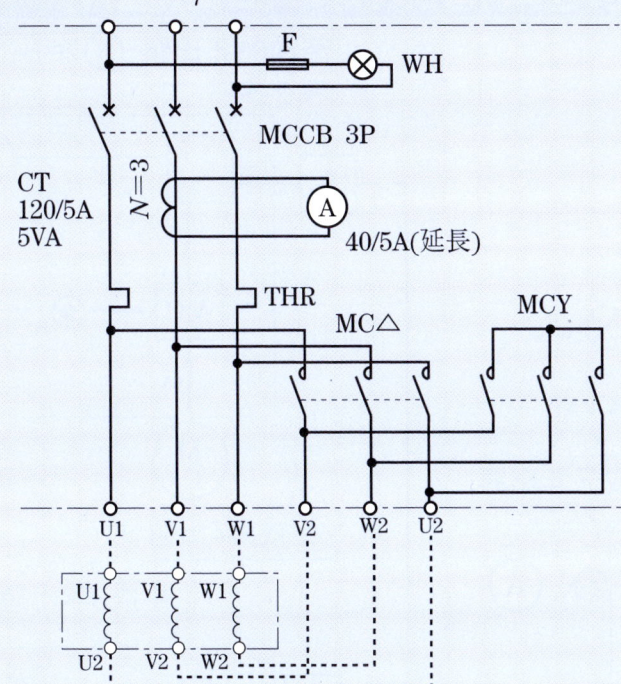

（回路図：MCCB 3P、F、WH、CT 120/5A 5VA、N=3、A、40/5A（延長）、THR、MC△、MCY、U1 V1 W1 V2 W2 U2、電動機巻線 U1-U2, V1-V2, W1-W2）

1) 消防用設備には，必ず前記④項の3コンタクタ方式（3電磁接触器方式）が用いられるが，経済的な2コンタクタ方式（2電磁接触器方式）が一般的に用いられている．
2) 左記の主回路複線図により，どのような注意点が必要か考える．
（下の〈スターデルタ回路について〉を参照）

〈正・逆運転回路について〉

1) 押しボタンスイッチON FとON Rを同時に操作した場合．
　早く押された電磁コイルが付勢されるが，状態によっては瞬時にMCFとMCRが付勢され，主回路接点のR相とT相がアーク短絡により焼損する場合がある．
　安全を確保するには，押しボタンスイッチにもブレーク接点付きのタイプがあるので，ブレーク接点をインターロック回路として，使用する．
2) 押しボタンスイッチのON Fを操作した場合，電磁コイルが付勢され，瞬時に自己のブレーク接点で消勢され，この動作を繰り返す．この状態を電磁接触器のバタツキという．

〈スターデルタ回路について〉

・2コンタクタ方式の注意点
　MCCBを投入すると，電動機のU1,V1,W1に電圧が印加される．U2,V2,W2側は，電源に接続されていないため，電流は流れない．（回転しない）
　そのため，トラッキングによりコイルが損傷したり，停止中と思いこみ分解作業をして感電したり，コイルが損傷する場合がある．停止時には必ずMCCBを開放する．

第1編　配線図マスター

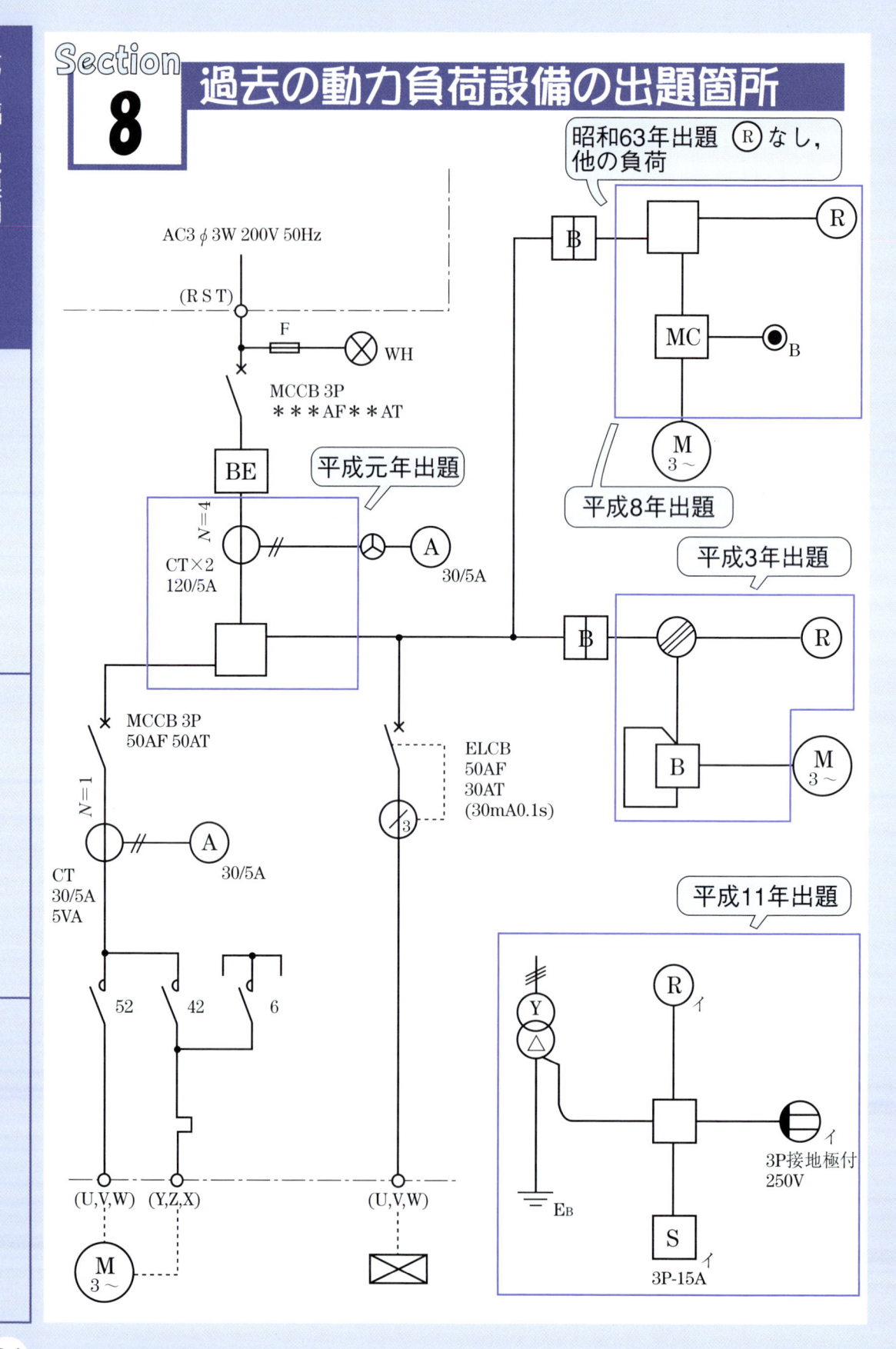

Section 8 過去の動力負荷設備の出題箇所

Section 9 電灯負荷設備の図記号

電灯回路の技能試験で示される主要配線・器具について，名称・図記号・機能などについて示す．

① 一般配線

天井隠ぺい配線 図記号 ────────	〈電線・ケーブルの記号〉 　IV：600Vビニル絶縁電線 　VVF：600Vビニル絶縁ビニルシースケーブル（平形） 　VVR：600Vビニル絶縁ビニルシースケーブル（丸形） 　CVV：制御用ビニル絶縁ビニルシースケーブル 　EM-EEF：600Vポリエチレン絶縁耐燃性ポリエチレンシースケーブル（平形） 〈絶縁電線の太さ・電線数〉 　2.0は直径（2.0mm）2は断面積（2mm²） 【例】─///─ ─//─ ─//─ ─///─ 　　　1.6　2.0　2　8 【数字の記入例】────── 1.6×5　5.5×1 〈ケーブルの太さ・線心数〉 【例】1.6mm 3心の場合 ────── 1.6-3C 〈管類の記号〉 　E：鋼製電線管（ねじなし電線管） 　　　　　　─//─ 1.6（E19） 　PF：合成樹脂製可とう電線管（PF管） 　　　　　　─//─ 1.6（PF16）
ジョイントボックス VVF用ジョイントボックス □ ジョイントボックス　⊘ VVF用ジョイントボックス	
接地極 ⏚	接地種別は，A種：E_A　B種：E_B　C種：E_C D種：E_D を記入する．

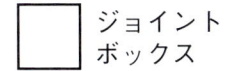

25

① 照明器具・コンセント・点滅器・開閉器

一般用照明

図記号　◯　白熱灯　HID灯

引掛シーリング　ボディ（角形）： ( )

ランプレセプタクル： Ⓡ

屋外灯： ◉

コンセント

図記号　⊖　一般形

〈定格・種類の表示〉

・定格電流20A以上は記入する　⊖20A

・定格電圧250V以上は記入する　⊖20A250V

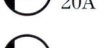

・2口以上は，口数を記入する　⊖2

・接地極付　⊖E

・接地端子付　⊖ET

・接地極接地端子付　⊖EET

・防雨形　⊖WP

点滅器

図記号　●　一般形

〈定格・種類の表示〉

・定格電流15A以外は記入する　●20A

・単極は記入しない

　　　（3路は●3，4路は●4，2極は●2P）

・位置表示灯を内蔵するもの　●H

・確認表示灯を内蔵するもの　●L

・別置された確認表示灯　○●

・防雨形　●WP

・自動点滅器　●A(3A)

開閉器

図記号

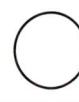

- B　配線用遮断器
- E　漏電遮断器
- ●B　電磁開閉器用押しボタン
- TS　タイムスイッチ

・極数，フレームの大きさ，定格電流などを記入する．

　B　3P 225AF 150A

・過負荷保護付

　E　3P 30AF 15A 30mA

極数，フレームの大きさ 定格電流，定格感度電流 などを記入する．

・過負荷保護なし

　E　2P 30AF 30mA

極数，フレームの大きさ 定格感度電流などを記入 する．

第1編　配線図マスター

26

Section 10 電灯負荷設備の接続図

10.1 電源について

電力会社の配電線6.6kVを，柱上変圧器または高圧受変電設備の変圧器で低圧側105V，210Vに変圧している．

低圧側の中性点には，B種接地工事が施されているため，接地工事された線を中性線といい，技能試験の施工条件では，「接地側電線」という．内線規程では，極性標識として「接地側電線」を白色と規定している．

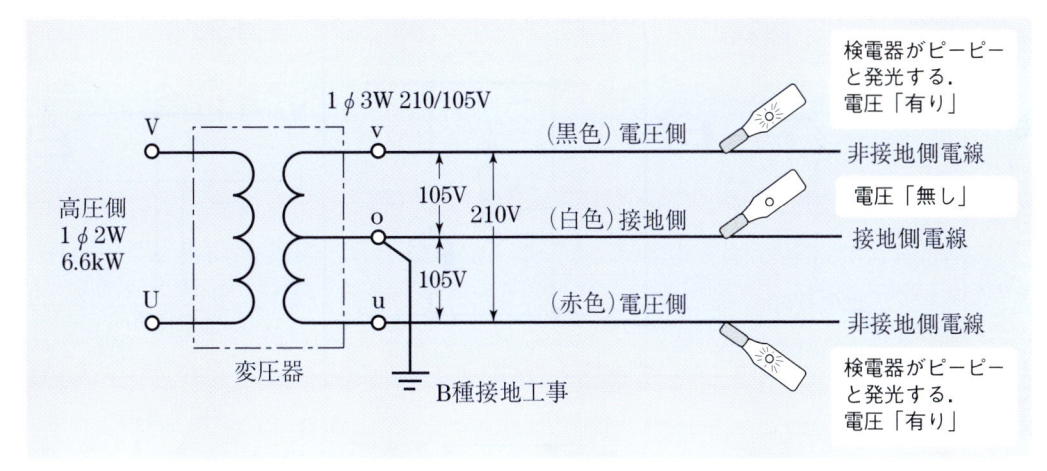

```
                1φ3W 210/105V
   V          v         (黒色)電圧側      検電器がピーピー
                                         と発光する．
                 105V                    電圧「有り」
高圧側         210V     (白色)接地側      非接地側電線
1φ2W    o                                電圧「無し」
6.6kW            105V                    接地側電線
   U          u         (赤色)電圧側
       変圧器                            非接地側電線
              B種接地工事                 検電器がピーピー
                                         と発光する．
                                         電圧「有り」
```

・「接地側電線」は，色別として絶縁被覆の白色を使用する．
・「非接地側電線」は，色別として絶縁被覆の黒色を使用する．
ただし，点滅器の負荷側から照明器具の間は，黒，白，赤のどの色を使用してもよい．

10.2 複線化について

① 展開接続図を描く．（問題で示される場合もある）
② 問題の配線図の配置に従って，決められた位置に図記号を描く．
③ 色別が指定されている「白色」の「接地側電線」を描く．
④ 色別が指定されている「黒色」の「非接地側電線」を描く．
⑤ 点滅器と照明器具間の「非接地側電線」の部分を描く．

10.3 電灯負荷設備の組み合わせ回路例

組み合わせ例	単 線 図	展開接続図	複 線 図
（コンセント）電源送り			
（他の負荷へ）電源送り			
（パイロットランプ常時点灯）電源送り			
点滅器 1個 照明器具 1灯			

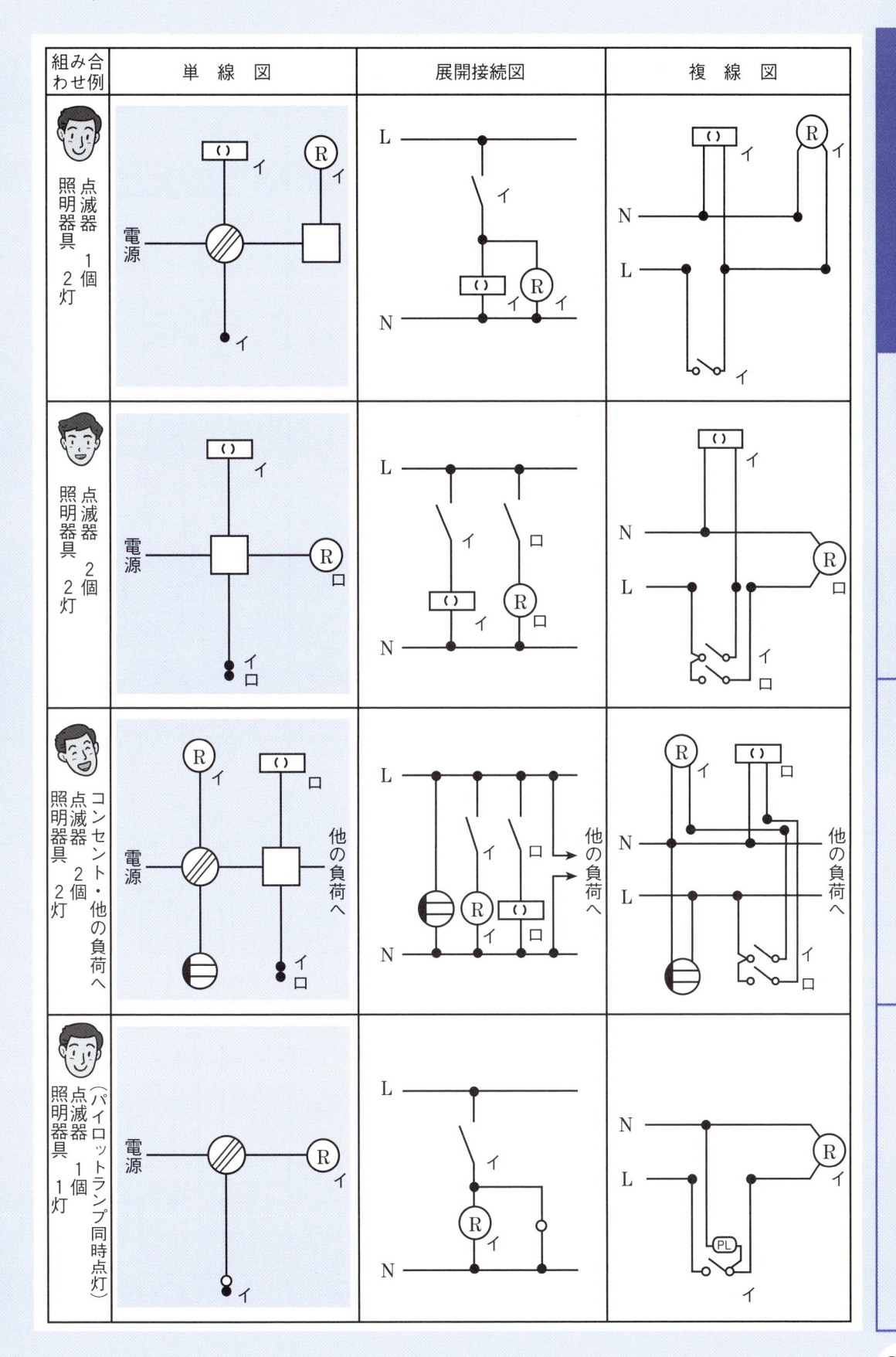

第1編 配線図マスター

組み合わせ例	単線図	展開接続図	複線図
点滅器 1個 照明器具 2灯			
点滅器 2個 照明器具 2灯			
コンセント・他の負荷へ 点滅器 2個 照明器具 2灯			
（パイロットランプ同時点灯） 点滅器 1個 照明器具 1灯			

29

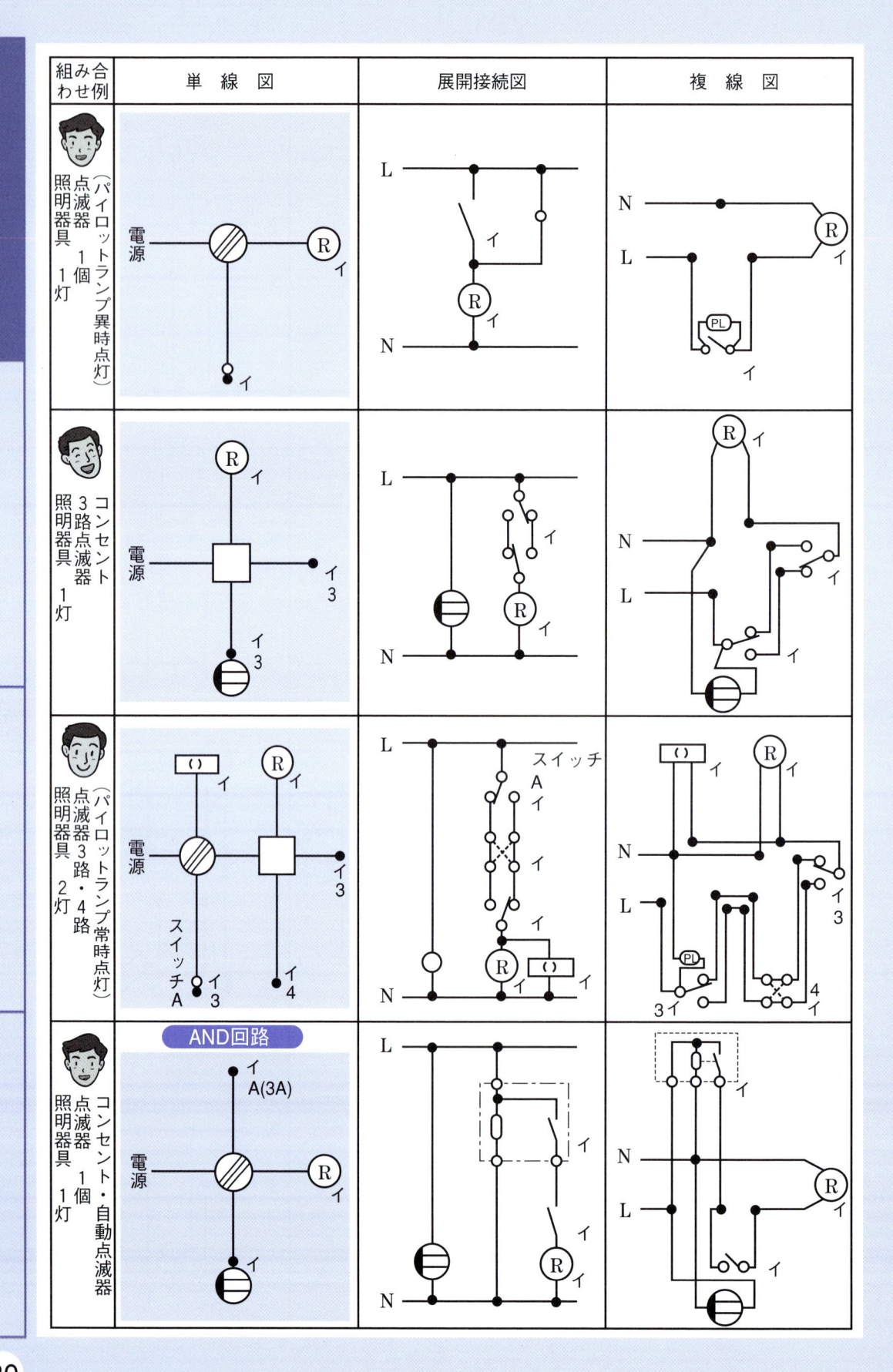

第1編 配線図マスター

組み合わせ例	単線図	展開接続図	複線図
照明器具 1灯 点滅器 1個 （パイロットランプ異時点灯）			
照明器具 1灯 コンセント 3路点滅器			
照明器具 2灯 点滅器 3路・4路 （パイロットランプ常時点灯）			
照明器具 1灯 コンセント・自動点滅器 点滅器 1個	AND回路		

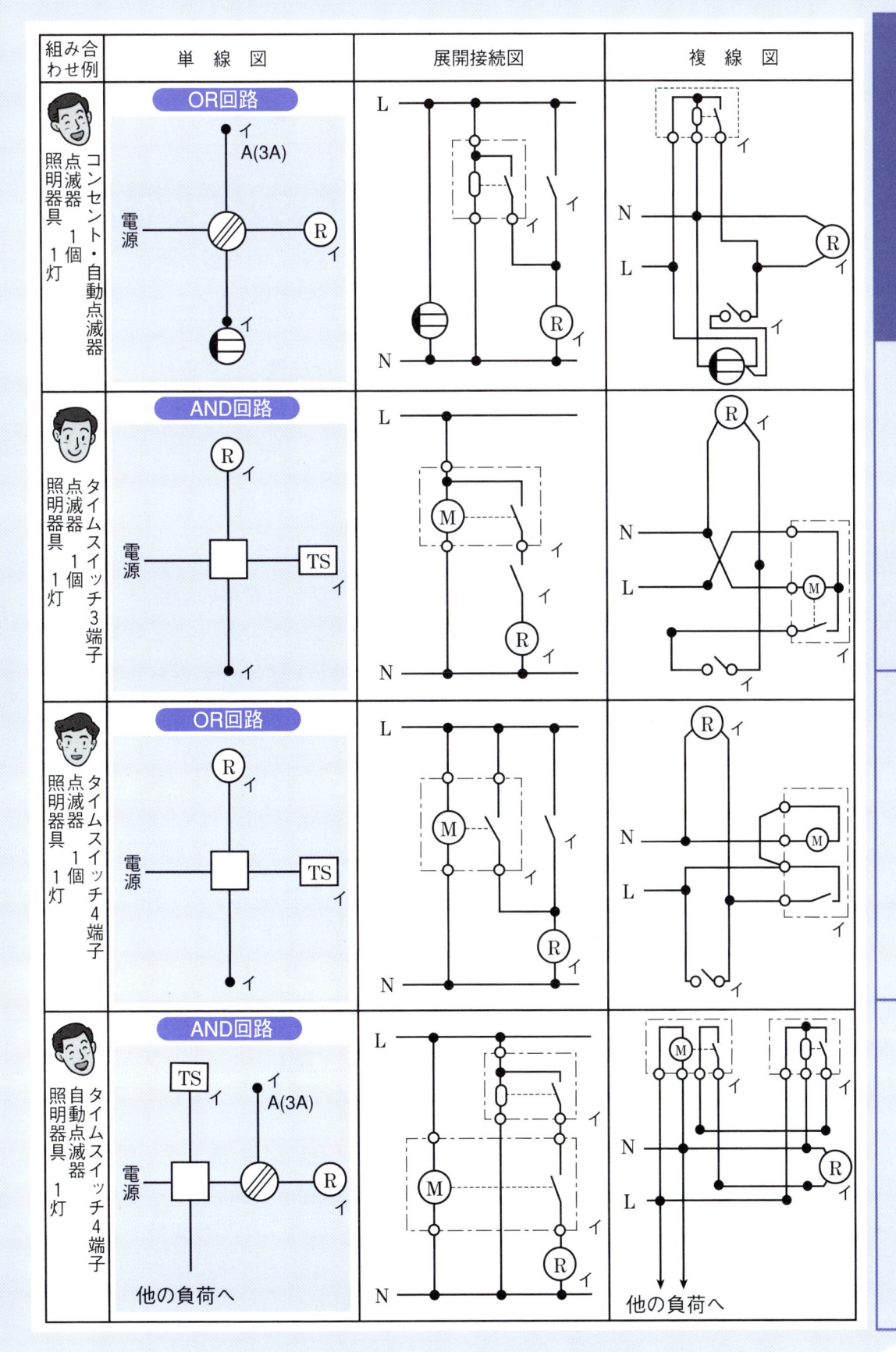

組み合わせ例	単線図	展開接続図	複線図
コンセント・自動点滅器 点滅器1個 照明器具1灯	OR回路		
タイムスイッチ3端子 点滅器1個 照明器具1灯	AND回路		
タイムスイッチ4端子 点滅器1個 照明器具1灯	OR回路		
タイムスイッチ4端子 自動点滅器 照明器具1灯	AND回路		

第1編 配線図マスター

31

【ホーザンVA線ストリッパ…①】

ホーザンVA線ストリッパの使い方，輪作りを本頁と122頁で紹介する．

この工具で，できる作業

- VVFケーブル，電線の切断
- VVFケーブル外装（シース）のはぎ取り
- 電線の絶縁被覆のはぎ取り
- 電線の輪作り

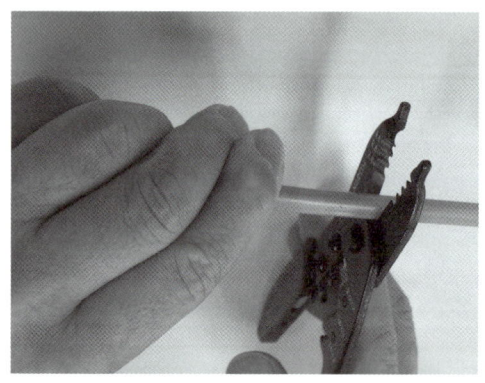

・VVFケーブル，電線の切断

　電線をペンチで切断すると電線の先端がつぶれ突起するが，この工具で切断するとほぼ円筒形に切断できる．

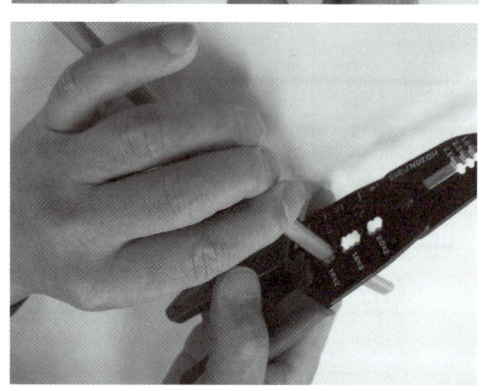

・VVFケーブル外装（シース）のはぎ取り（1.6mm×2心，1.6mm×3心，2.0mm×2心）

　一度最後まで握り，少し開いて左手の親指と人差し指で工具とケーブルを直角に保ち，他の指でケーブルを引くと絶縁被覆に傷が付きにくい．

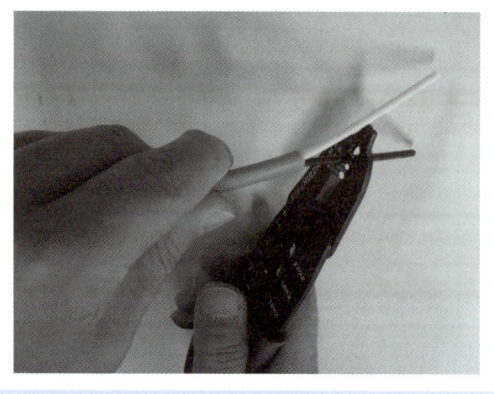

・電線の絶縁被覆のはぎ取り（1.6mm,2.0mm.2.6mm）

　最後まで握り，左手の親指と人差し指で工具と電線を直角に保ち，他の指で電線を引く．

第2編

第一種電気工事士技能試験に必要な複線図マスター

Section 1…複線図を描くためのルール

Section 2…複線図を描くための手順

Section 3…複線図化のための練習

Section 4…電灯負荷設備の複線図化の例

Section 5…施工条件によって変わる複線図

Section 6…複線図化のための各種機器について

Section 7…トレースでトレーニングをして総まとめ

★学習のポイント★

課題に適合した複線図を，確実に，短時間に描くために，特に下記項目を学習する．同じ課題の複線図を繰り返しメモ用紙に描いて練習するのがポイント．

Section1　複線図を描くためのルール
電線の絶縁被覆の色別，配線器具の極性を確実に覚える．

Section2　複線図を描くための手順
電線の絶縁被覆の白色，黒色を，器具のどちらの極端子に結線するのか，そして複線化の方法，手段を確実に覚える．

Section3　複線図化のための練習
基本回路を理解する．

Section5　施工条件によって変わる複線図
同じ配線図でも「施工条件」の内容によって，複線図が相違することを理解する．

Section6　複線図化のための各種機器について
各機器の端子の機能について理解する．

Section7　トレースでトレーニング
指定された部分を濃い鉛筆でなぞって，手順・極端子を確認して覚える．

Section 1 複線図を描くためのルール

　屋内配線図は，単線図で照明器具・スイッチ・コンセントがどこに設置され，それぞれがどのように配線されるかを示すための図面である．

　実際の電気工事を施工するには，屋内配線図を頭の中で展開して電気回路を描き，複線図化して，電線の接続や結線を行っている．

　間違いなく複線図を描くため，ルール及手順についてしっかり覚えることが大切である．

1.1 絶縁電線・ケーブルの絶縁被覆の色別

　技能試験における電源は，単相2線式（1φ2W），単相3線式（1φ3W），三相3線式（3φ3W），及び三相4線式（3φ4W）が出題されている．

① 単相2線式（1φ2W）

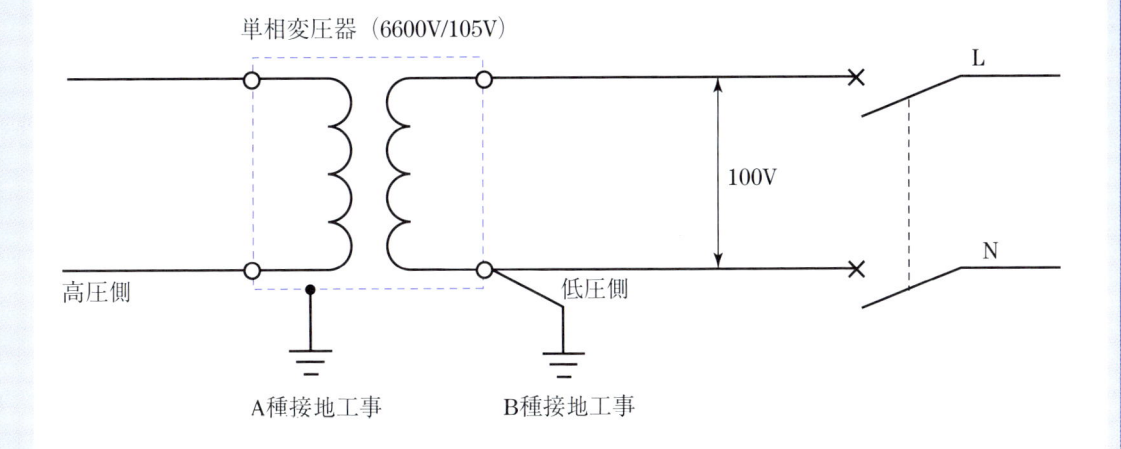

単相変圧器（6600V/105V）

高圧側　　　　A種接地工事　　低圧側　B種接地工事　　　100V　　L　N

L表示（L極）：電圧側（LINE），施工条件では非接地側と表現している．
N表示（N極）：中性極（NEUTRAL），施工条件では接地側と表現している．

② 単相3線式（1φ3W）

単相変圧器（6600V/210V-105V）

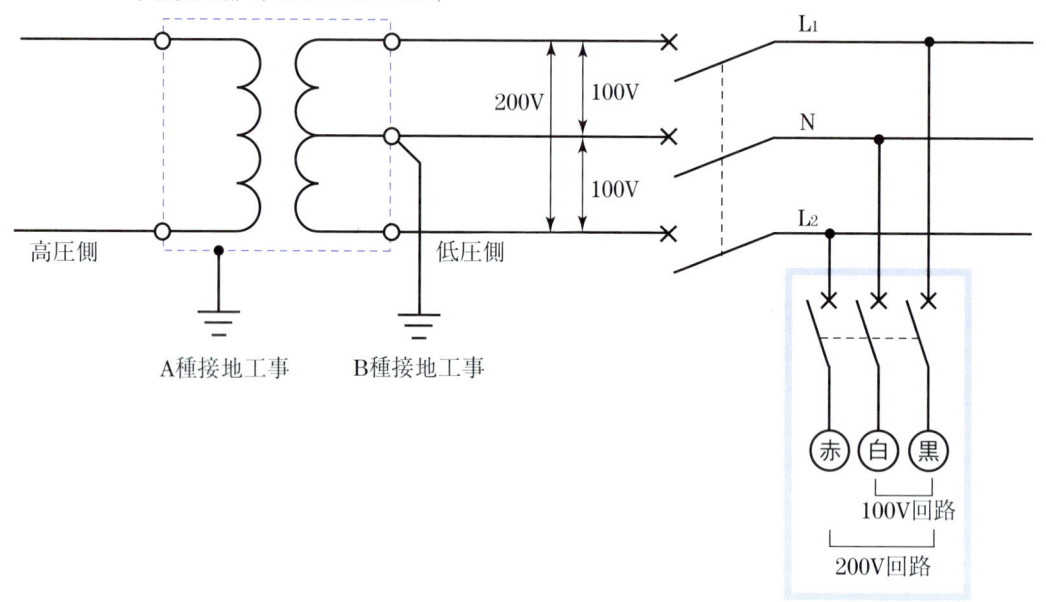

高圧側　　低圧側

A種接地工事　　B種接地工事

100V回路
200V回路

□　分岐回路用3極配線用遮断器

・100V回路の負荷はコンセントに限る
・中性線欠相時に100V回路に異常電圧が加わらないようにする

㊡の標識：100V回路を接続する側の極，または「100V」の標識
㊢の標識：中性極，または「N」「W」の標識
㊥の標識：100V回路を接続しない側の極，または「200V」の標識

〔片寄せ配線の例〕

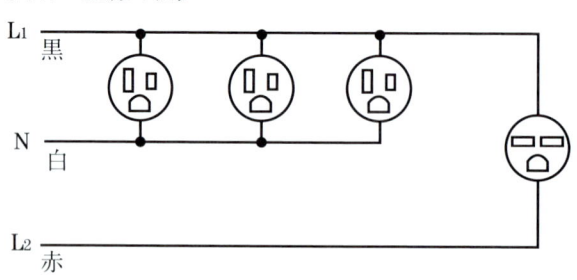

L_1 黒
N 白
L_2 赤

③ 三相3線式（3φ3W）

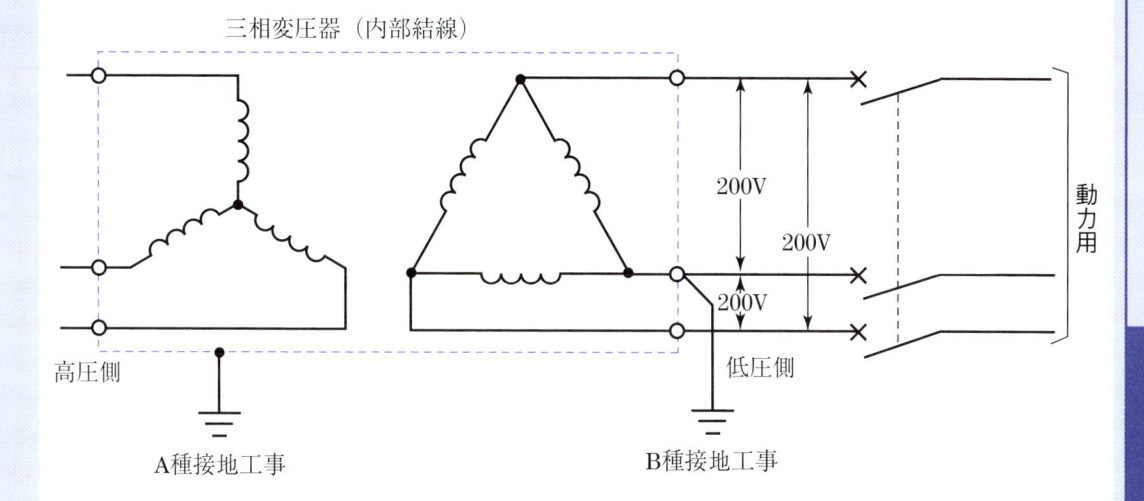

三相変圧器（内部結線）

高圧側　A種接地工事　低圧側　B種接地工事　200V　200V　200V　動力用

単相変圧器2台によるV-V結線

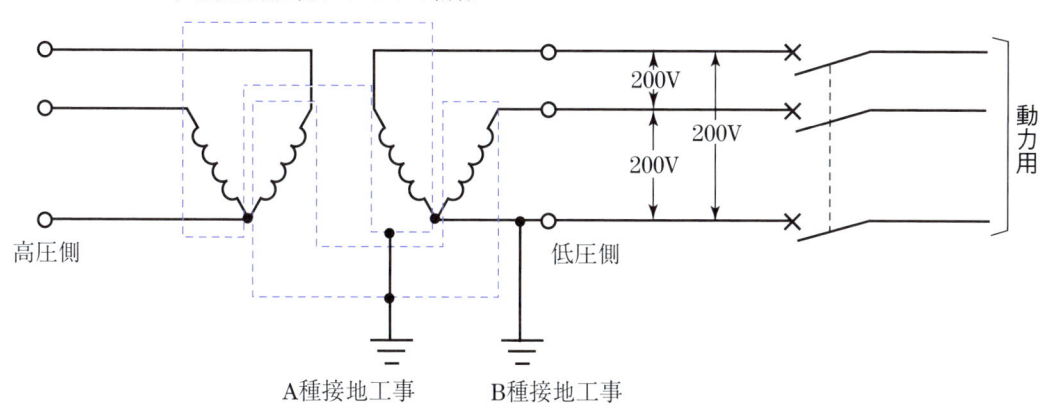

高圧側　低圧側　200V　200V　200V　動力用

A種接地工事　B種接地工事

④ 三相4線式（3φ4W）

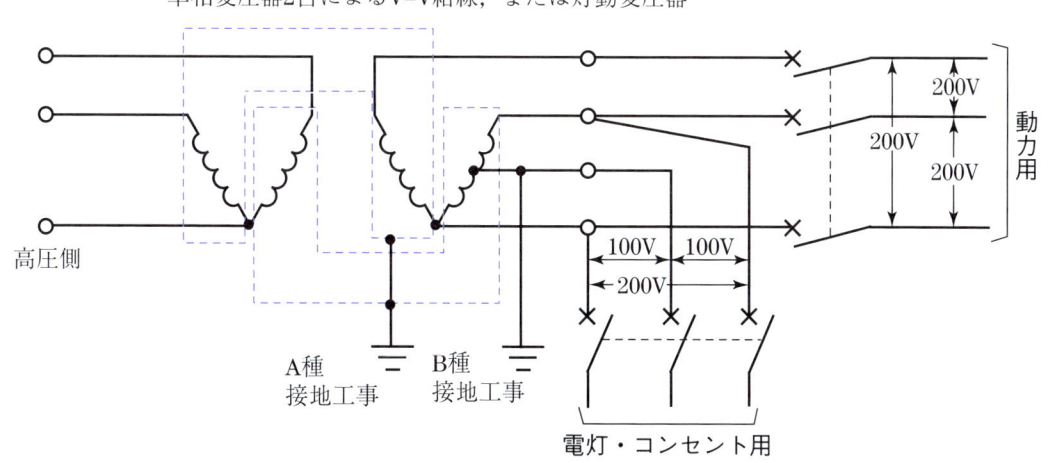

単相変圧器2台によるV-V結線，または灯動変圧器

高圧側　A種接地工事　B種接地工事　200V　200V　200V　動力用

100V　100V　200V　電灯・コンセント用

⑤ 電線の色別

〔単相2線式（1φ2W）〕

　L表示（L極）の電圧側は非接地側電線と示され，絶縁被覆の色は黒色を使用する．

　N表示（N極）の中性極は接地側電線と示され，絶縁被覆の色は白色を使用する．

〔単相3線式（1φ3W）〕

　分岐回路用3極配線用遮断器（負荷側）

　電圧側電線のうち，100V回路を接続する側の絶縁被覆の色は黒色．

　電圧側電線のうち，100V回路を接続しない側の絶縁被覆の色は赤色．

　接地側（中性極，「N」または「W」）の絶縁被覆の色は白色．

〔三相3線式（3φ3W）〕

　（例）第1相「赤」，接地側第2相「白」，第3相「青」

　技能試験では，説明図または施工条件の指定に従うこと．

〔三相4線式（3φ4W）〕

　（例）動力用：第1相「赤」，非接地側第2相「白」，第3相「青」

　電灯・コンセント用：第1相「赤」，中性相「白」，第3相「黒」

　技能試験では，説明図または施工条件の指定に従うこと．

1.2 配線器具の極性

　配線器具には極性が定められている器具があり，その接地側の端子ねじは，白色金属，白色金属メッキを施したもの，または「接地側」，「N」，「W」と表示して接地側を明確に示している．

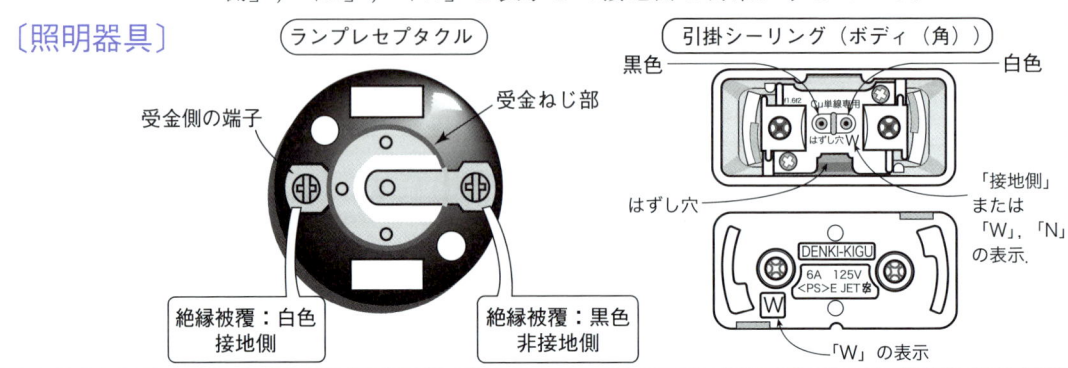

〔照明器具〕

〔コンセント〕

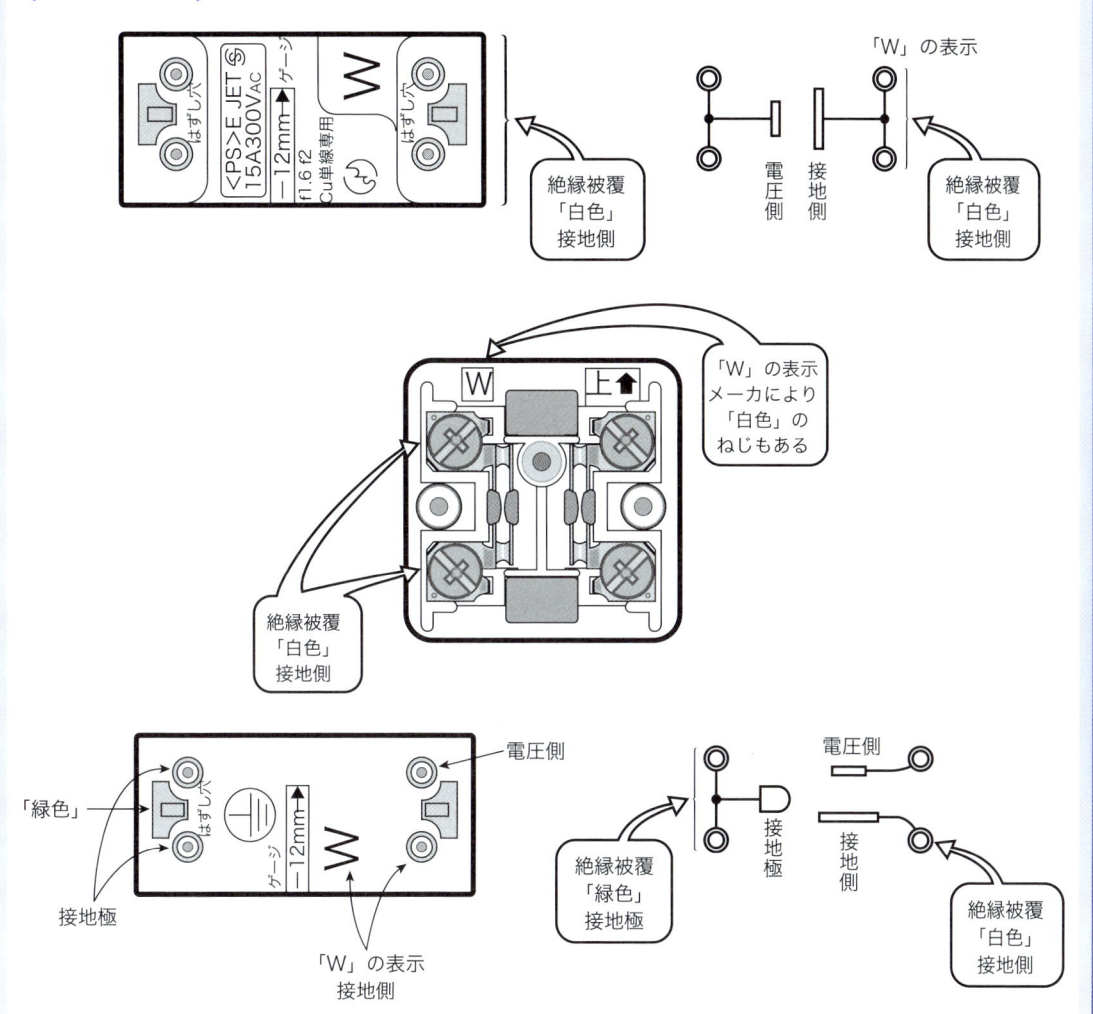

「W」の表示

絶縁被覆「白色」接地側

絶縁被覆「白色」接地側

電圧側　接地側

「W」の表示　メーカにより「白色」のねじもある

絶縁被覆「白色」接地側

「緑色」
接地極
「W」の表示　接地側
電圧側

絶縁被覆「緑色」接地極
接地極
電圧側
接地側
絶縁被覆「白色」接地側

第2編　複線図マスター

【電線の色別】

・接地側電線は「白色」を使用する．
・非接地側電線は「黒色」を使用する．

単相3線式分岐回路（片寄せ配線）
電圧側配線のうち100V回路を接続しない側の電線は赤色を使用する．

〔器具の結線〕（端子の接地側指定）
・ランプレセプタクル……受金ねじ部の端子
・引掛シーリング……「W」，「N」または「接地側」　　　「白色」を結線する．
・コンセント……「W」または「N」

・接地極付きコンセント……⏚ 接地極：絶縁被覆「緑色」を使用する．
　　　　　　　　　　　　　　（接地線・アース線）

39

〔その他〕　点滅器（タンブラスイッチ・単極・片切スイッチ）の接点には，固定極と可動極があり，固定極を電源側，可動極を負荷側に結線するが，極の指定がないため，どちらの極に電源側を結線しても差し支えない．

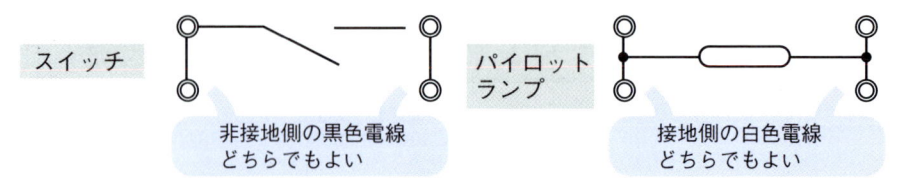

スイッチ　　　　　　　　　　　　パイロットランプ
非接地側の黒色電線　どちらでもよい　　接地側の白色電線　どちらでもよい

パイロットランプも同様にどちらに結線しても差し支えない．

Section 2 複線図を描くための手順

2.1 接地側・絶縁被覆「白色」が必要な器具は？

電気エネルギー（熱・光）を利用する器具には必ず接地側電線が必要となる．

〔電源「N」より次の器具へ〕
・配線用遮断器100V用「N」の接地側極端子
・コンセント「W」または「N」の接地側極端子
・ランプレセプタクル受金ねじ部の端子
・引掛シーリング「W」，「N」または「接地側」の接地側極端子
・パイロットランプ「同時点滅」「常時点灯」の場合
・自動点滅器代用ブロック端子台の「2」端子
・タイムスイッチ代用ブロック端子台の電源側指定端子（過去の出題では「S_2」が指定された）
・その他の負荷「N」

2.2 非接地側・絶縁被覆「黒色」が必要な器具は？

器具がプルスイッチ付きである場合，コンセント（点滅回路なし）の場合には，非接地側線を直接配線する．

〔電源「L」より次の器具へ〕
・点滅器（タンブラスイッチ・単極・片切スイッチ）の端子
・3路点滅器の電源側の端子「0」
・コンセント（点滅回路なし）の非接地側極端子
・パイロットランプ「常時点灯」の場合
・自動点滅器代用ブロック端子台の「1」端子
・タイムスイッチ代用ブロック端子台の電源側指定端子（過去の出題では「S_1」が指定された）

2.3 点滅器と対応する器具への結線は？

以上の絶縁被覆「白色」「黒色」は施工条件で指定されいてるが，次の部分は色別指定されない場合がほとんどなので，残っている電線を組み合わせて配線する．

・点滅器記号「イ」，「ロ」，または「ハ」と対応する照明器具「イ」，「ロ」，または「ハ」の非接地側極端子．
・3路点滅器，4路点滅器間の端子．
・換気扇用点滅回路コンセントの場合，点滅器記号「イ」と対応するコンセント「イ」の非接地側極端子．

【ポイントチェック】

【VVF，EM600V EEF/Fの絶縁被覆の色】
（2心）黒・白　（3心）黒・白・赤，黒・白・緑，赤・白・緑
（4心）黒・白・赤・緑

【外装（シース）の色】
灰色の他，下記の色があり，技能試験では灰色と青色が使用されている．（黒・白・赤・黄・茶・橙・ベージュ・青）

2.4 3路・4路スイッチの結線は？

3路スイッチの点灯回路

上と下の3路スイッチを操作して，電流の流れから電灯の点滅を確かめよう．

階下で消灯する
階下で点灯させ
階下で点灯させ
階下で消灯する

【3路スイッチ2箇所で照明器具を点滅する回路】

このような結線でもよい

0 → 他方の3路スイッチ「3」又は「1」へ
0 → 他方の3路スイッチ「1」又は「3」へ

電源側又は負荷側（照明器具側）

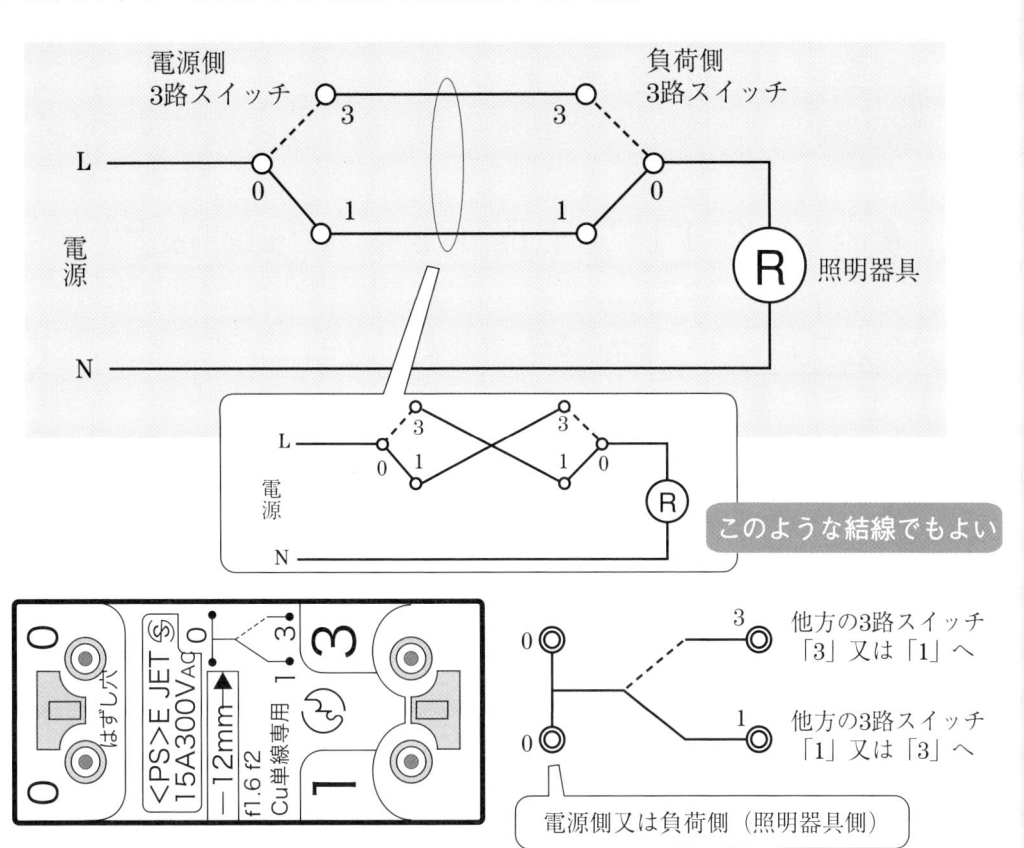

【3路・4路スイッチ3箇所で照明器具を点滅する回路】

クロスしてもよい
(3-3) (1-1)　(2-1) (4-3)

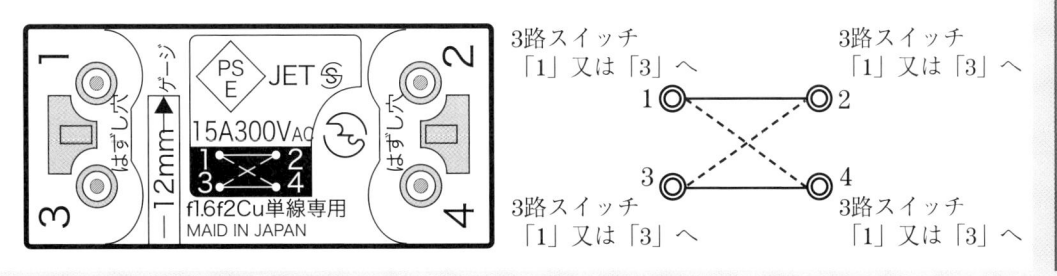

3路スイッチ「1」又は「3」へ
3路スイッチ「1」又は「3」へ
3路スイッチ「1」又は「3」へ
3路スイッチ「1」又は「3」へ

第2編　複線図マスター

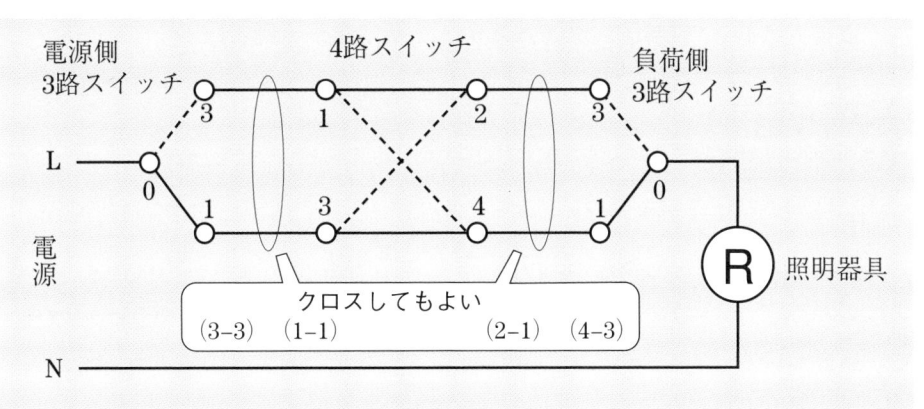

2.5 複線図化の手順のまとめ

準備 配線図に示された器具を配置通りに記入する．

> 別置された確認表示灯は，JIS 記号では○で示されるが，PL とする．

ステップ：1 接地側電線：絶縁被覆「白色」を描く．

（同時点滅）（常時点灯），他の負荷へ「N」

自動点滅器「2」端子，タイムスイッチ指定端子（例：「S2」）

ステップ：2 非接地側電線：絶縁被覆「黒色」を描く．

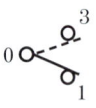

（電源側 3 路スイッチ）　（点滅回路なしの場合）

PL（常時点灯），他の負荷へ「L」

自動点滅器「1」端子，タイムスイッチ指定端子（例：「S1」）

ステップ：3 点滅器と対応する器具の間を描く．

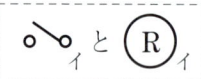

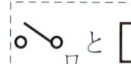

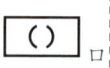

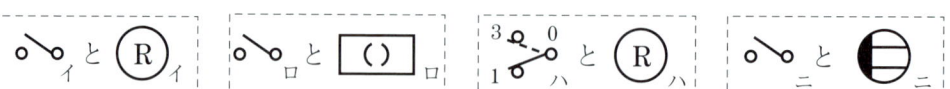

自動点滅器「3」端子と指定照明器具，その他展開接続図による．

ステップ：3プラス 3 路・4 路スイッチの間を描く．

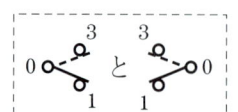

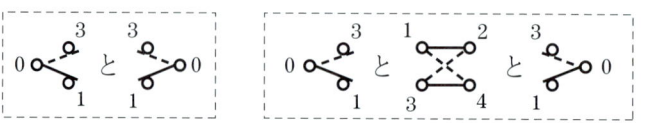

Section 3 複線図化のための練習

3.1 点滅回路のない負荷（一般的なコンセント回路・スイッチ内蔵の照明回路）

【コンセント回路】（方法その①）

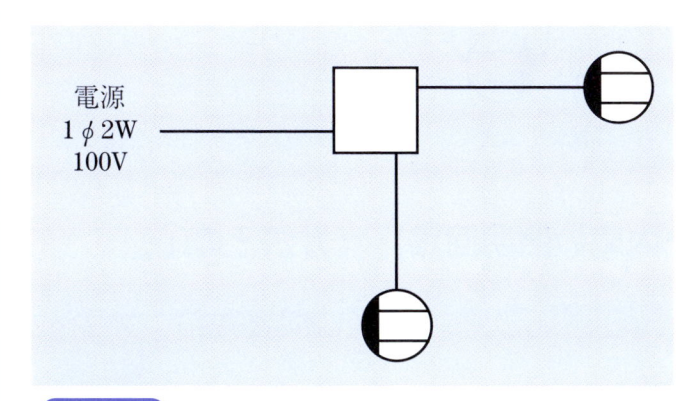

電源
1φ2W
100V

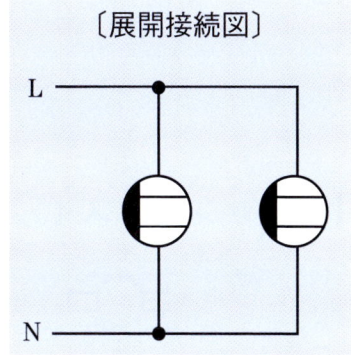

〔展開接続図〕

準 備

N
L

「W」又は「N」

「W」又は「N」

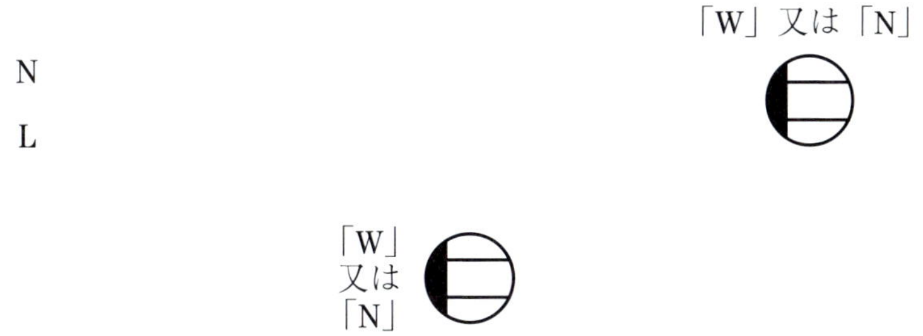

ステップ：1　接地側電線を描く．電線の色別は「白色」

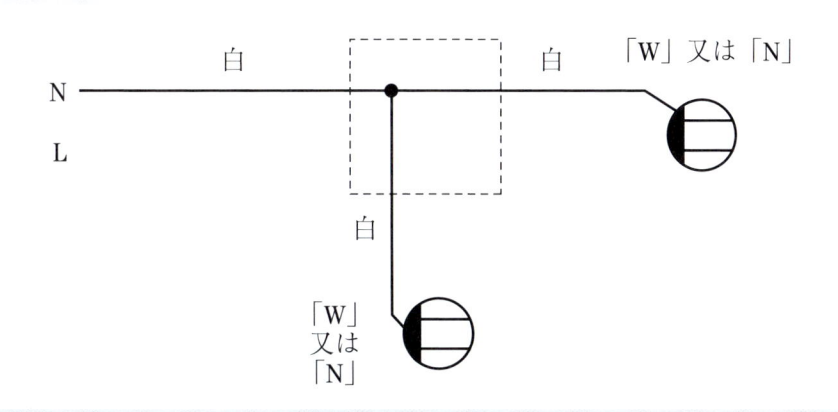

白　　　白　「W」又は「N」
N
L
　　　　白
「W」又は「N」

第2編　複線図マスター

45

ステップ:2　　非接地側電線を描く．電線の色別は「黒色」

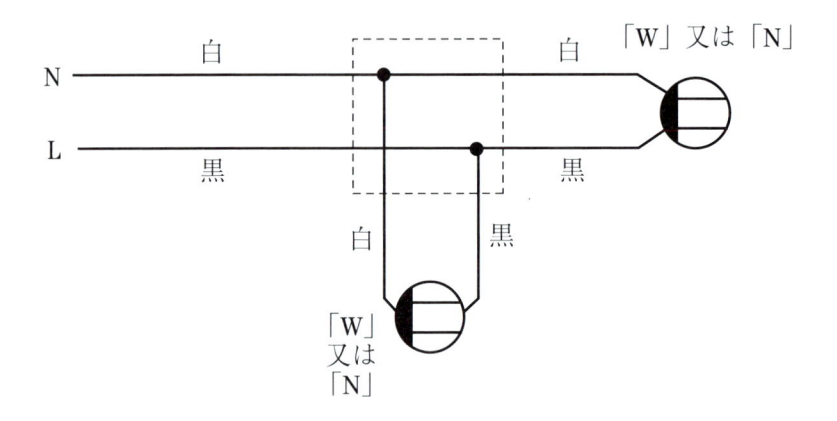

【コンセント・スイッチ内蔵の照明回路】（方法その①）

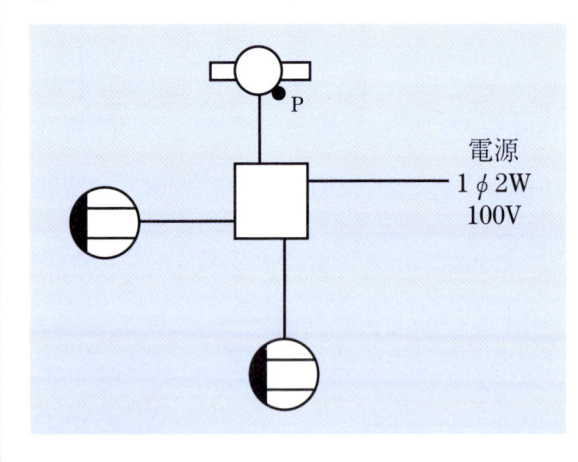

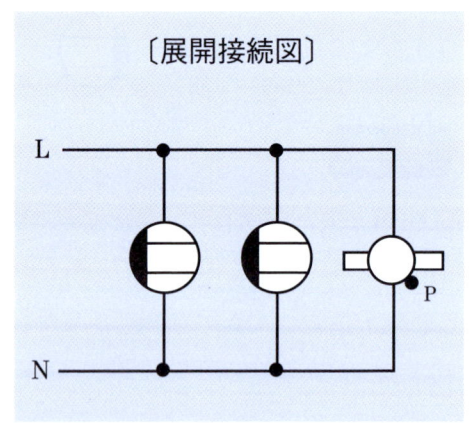

〔展開接続図〕

電源
1φ2W
100V

準 備

「W」又は「N」

「W」又は「N」

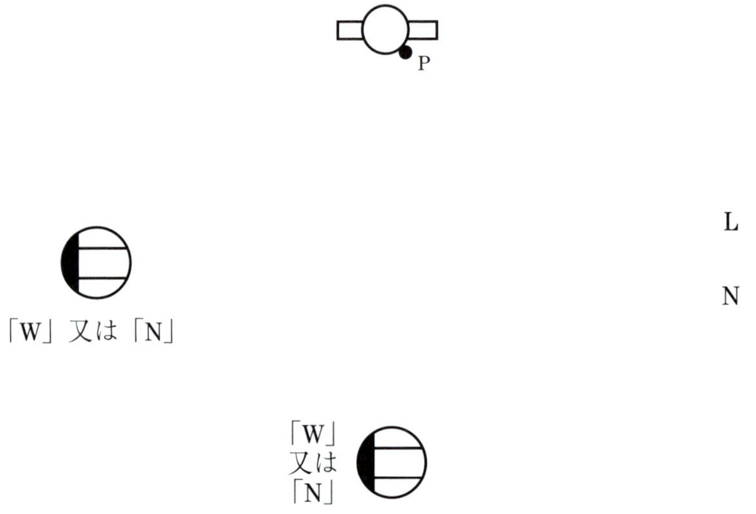

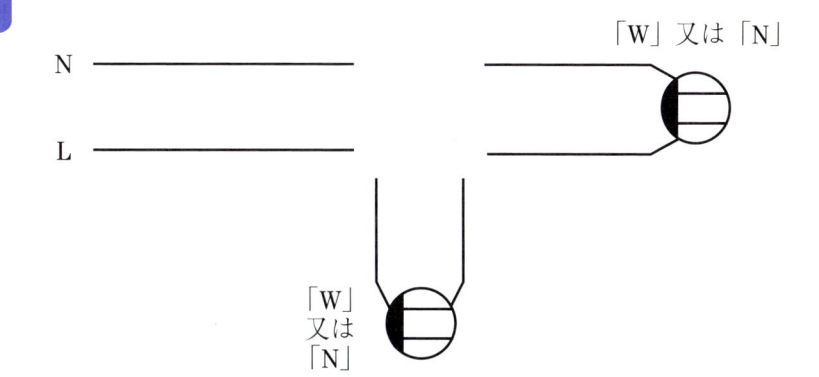

ステップ：1　　接地側電線を描く．電線の色別は「白色」

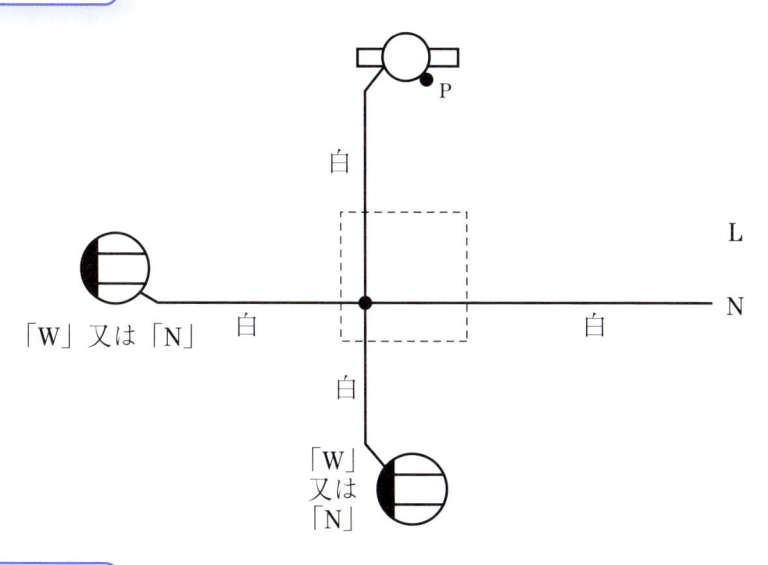

ステップ：2　　非接地側電線を描く．電線の色別は「黒色」

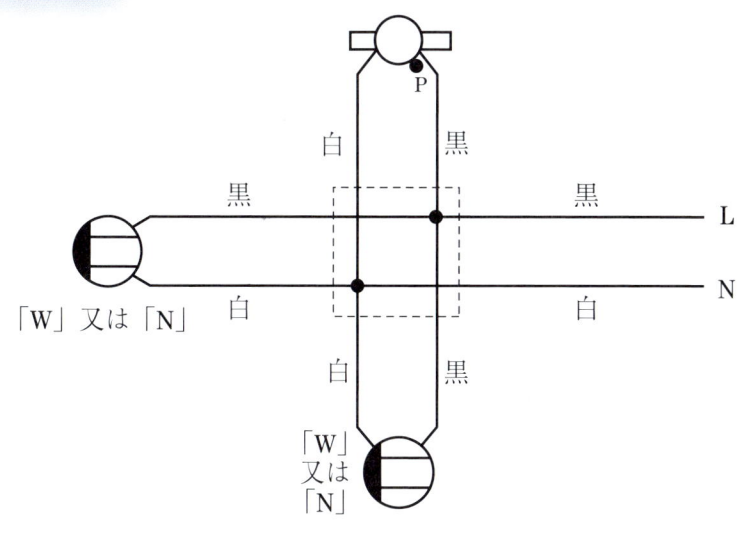

【コンセント回路】（方法その②）

準 備

ステップ：1   接地側電線を描く．電線の色別は「白色」

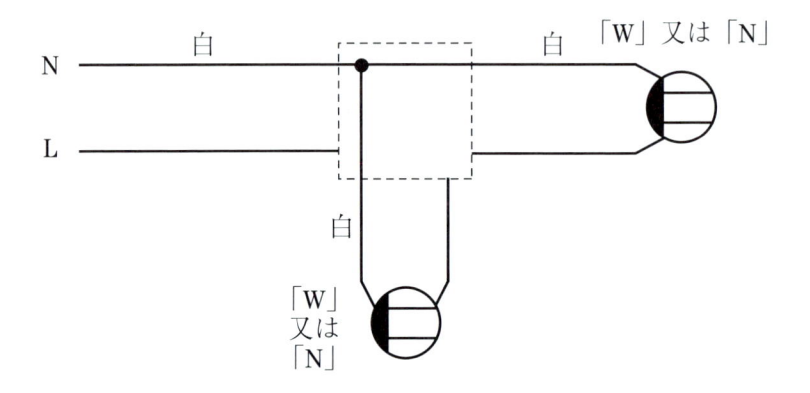

ステップ：2   非接地側電線を描く．電線の色別は「黒色」

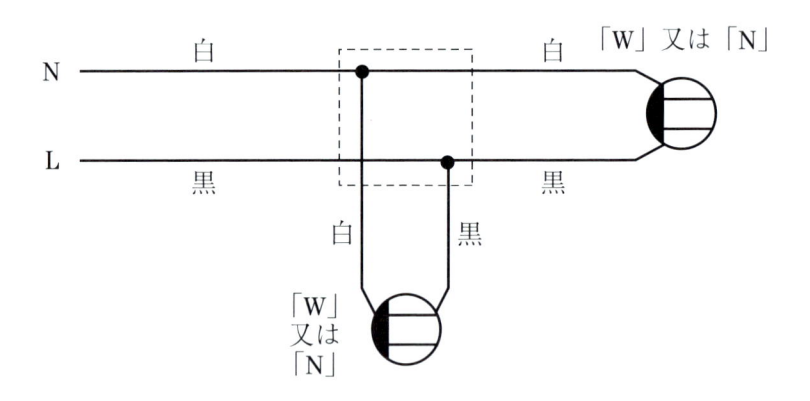

【ポイントチェック】

複線図化の電線条数例（共通できる配線は共用し，電線条数を最少とする）

〔2条〕照明器具 Ⓡ ，◯ ・コンセント ⊖ ・点滅器 ● （器具が単独に設置）・電源その他の負荷

〔3条〕点滅器 ●● 2個・●₃（3路）・○● （同時点滅，常時点灯）

    ・○●⊖（同時点滅，常時点灯）

〔4条〕点滅器 ●₄（4路）・●●⊖

【コンセント・スイッチ内蔵の照明回路】（方法その②）

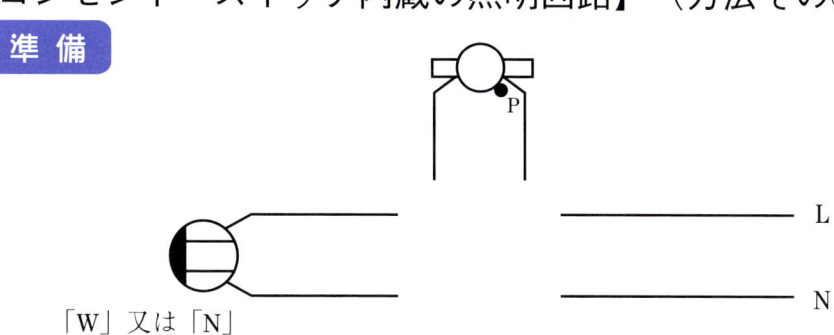

準 備

「W」又は「N」

「W」又は「N」

L
N

ステップ：1 接地側電線を描く．電線の色別は「白色」

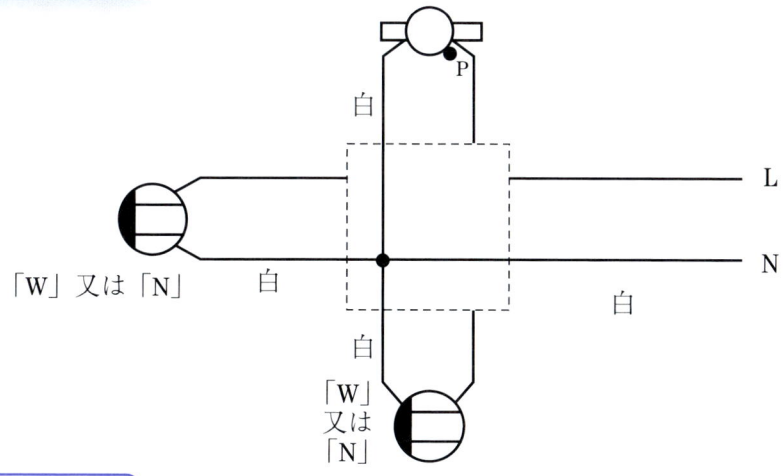

白
「W」又は「N」　白　　　白
L
N
白
「W」又は「N」

ステップ：2 非接地側電線を描く．電線の色別は「黒色」

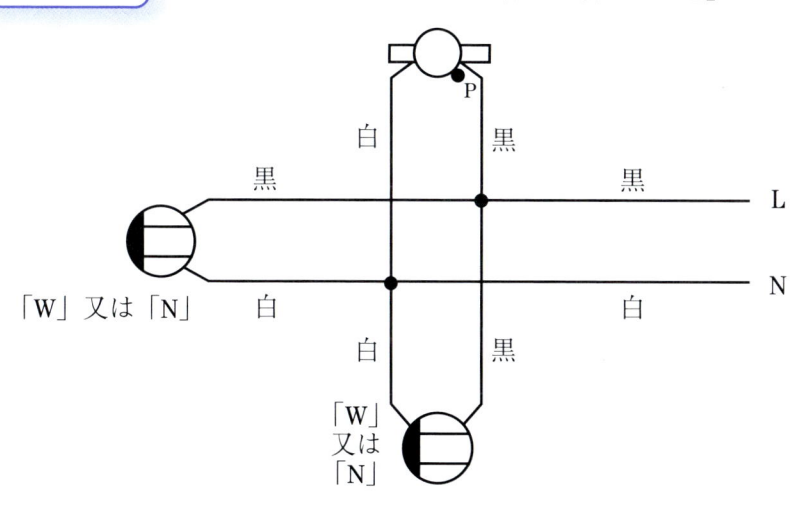

白　黒
黒　　　黒
「W」又は「N」　白　　　白
L
N
白　黒
「W」又は「N」

第2編　複線図マスター

49

3.2 点滅器による照明回路

【点滅器1箇所,照明器具1灯の回路】

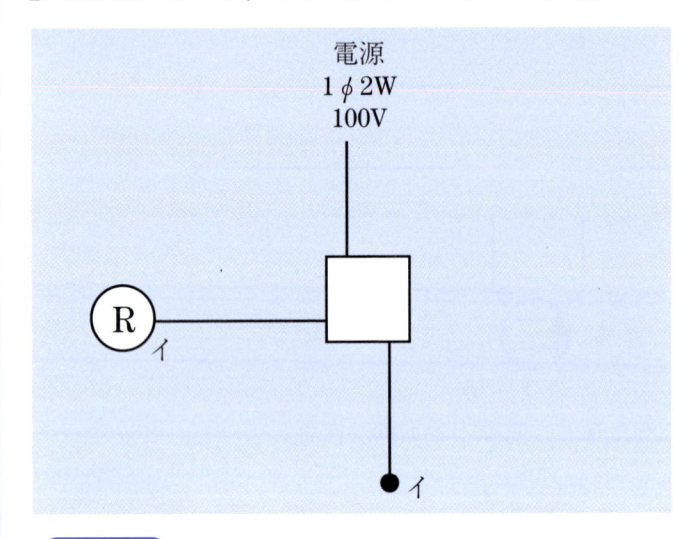

電源
1φ2W
100V

〔展開接続図〕

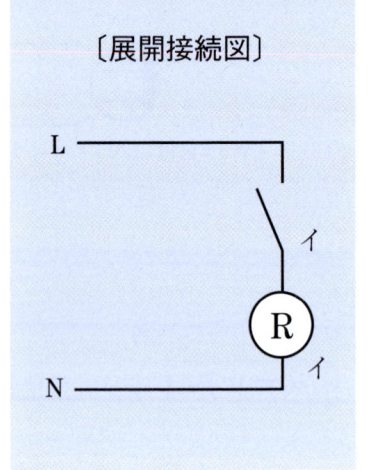

準 備

（方法その①）　　　　　　　　　（方法その②）

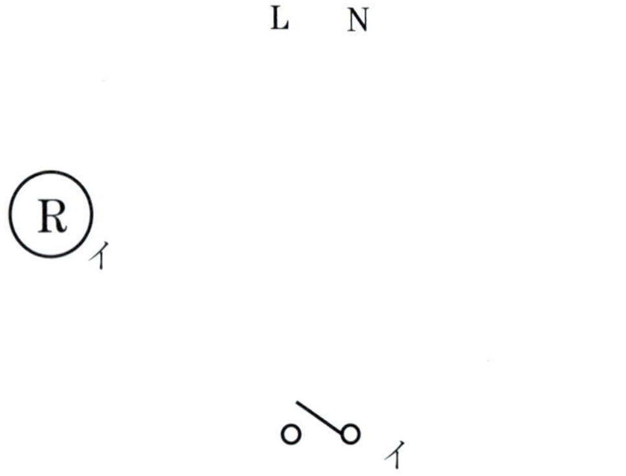

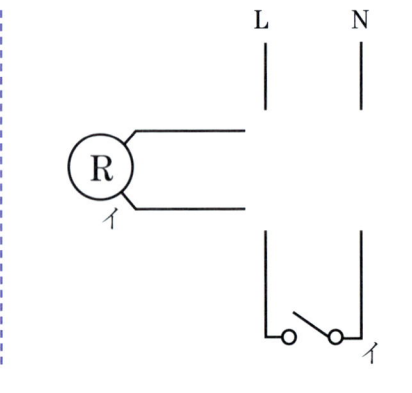

ステップ:1　接地側電線を描く．電線の色別は「白色」

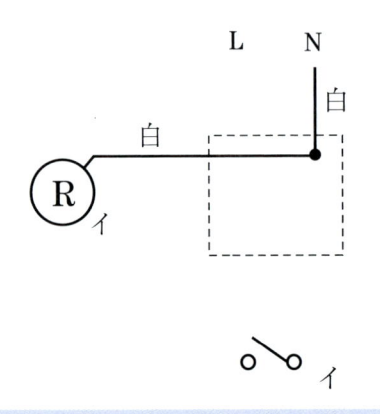

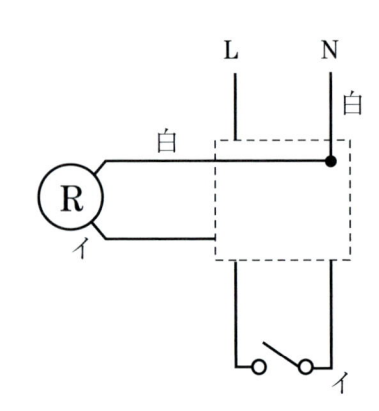

ステップ：2 非接地側電線を描く．電線の色別は「黒色」

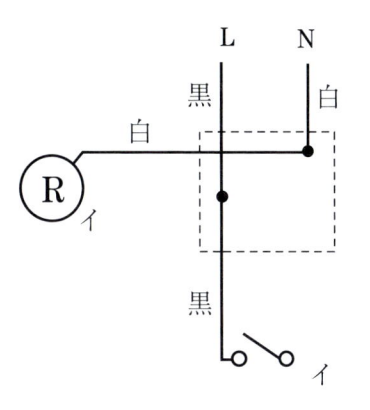

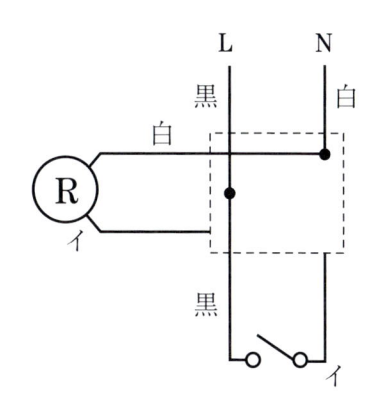

ステップ：3 点滅器と対応する照明器具の間を描く．

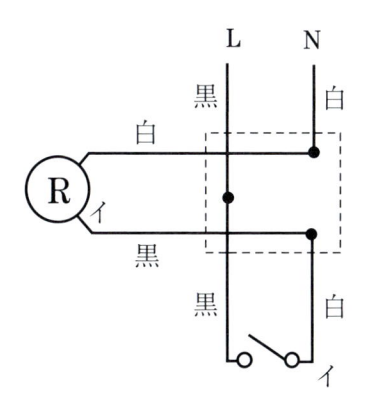

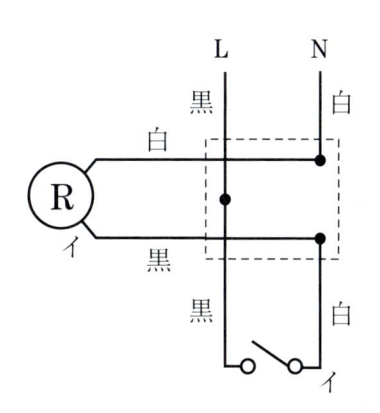

【点滅器1箇所，照明器具2灯の回路】

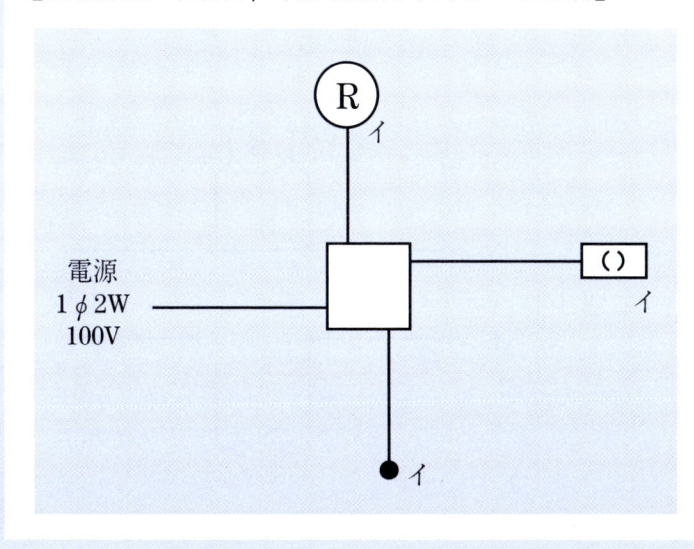

電源
1φ2W
100V

〔展開接続図〕

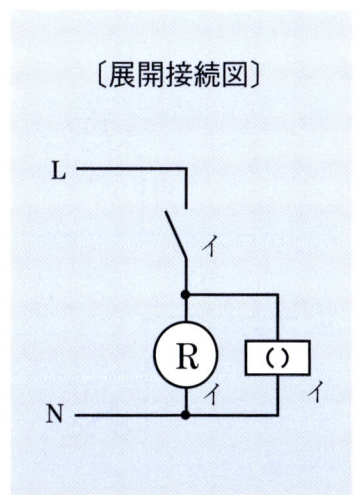

準備

（方法その①）　　　　　　　　　（方法その②）

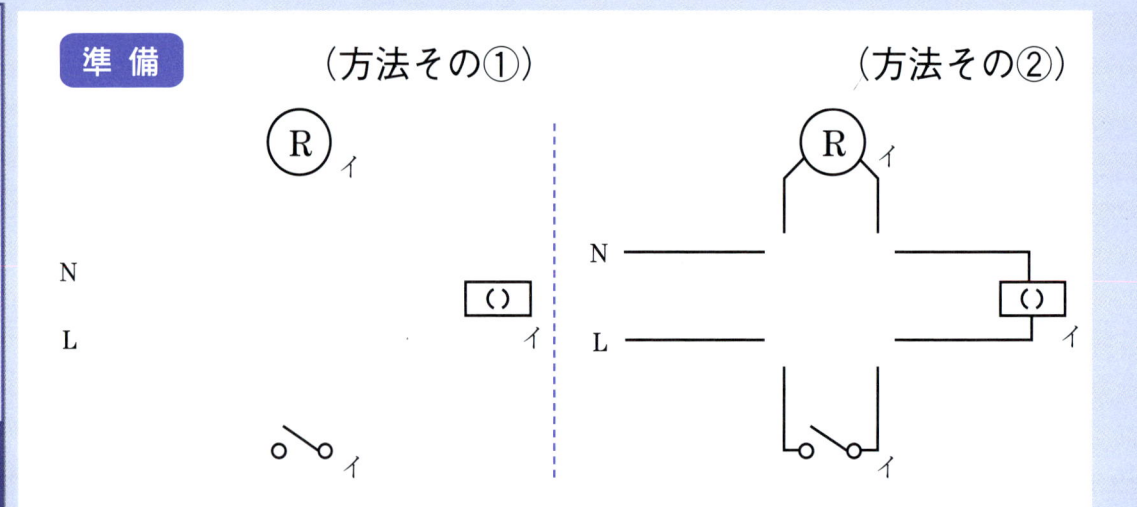

ステップ：1　接地側電線を描く．電線の色別は「白色」

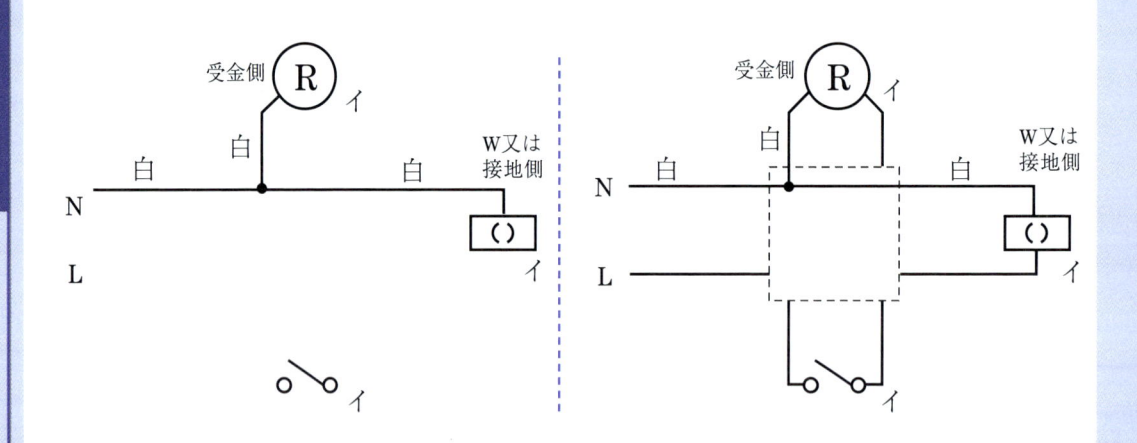

ステップ：2　非接地側電線を描く．電線の色別は「黒色」

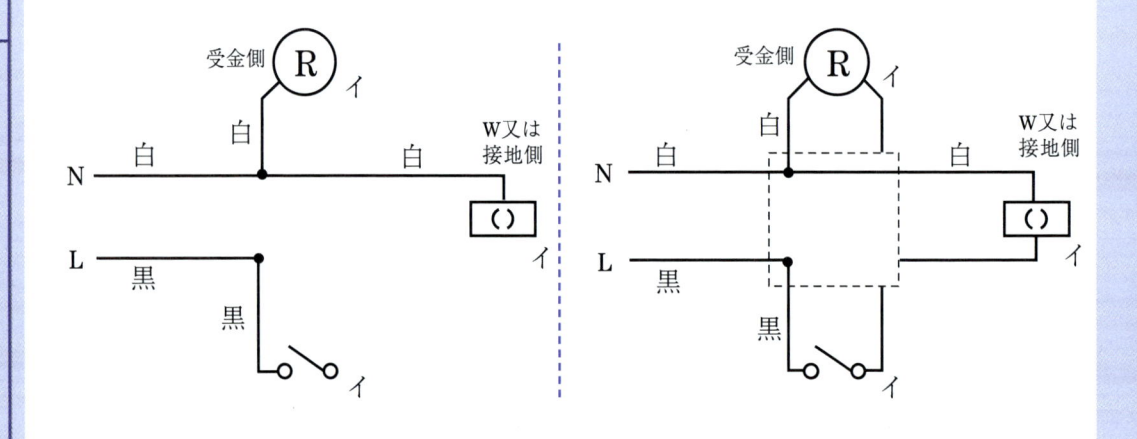

ステップ：3　点滅器と対応する照明器具の間を描く．

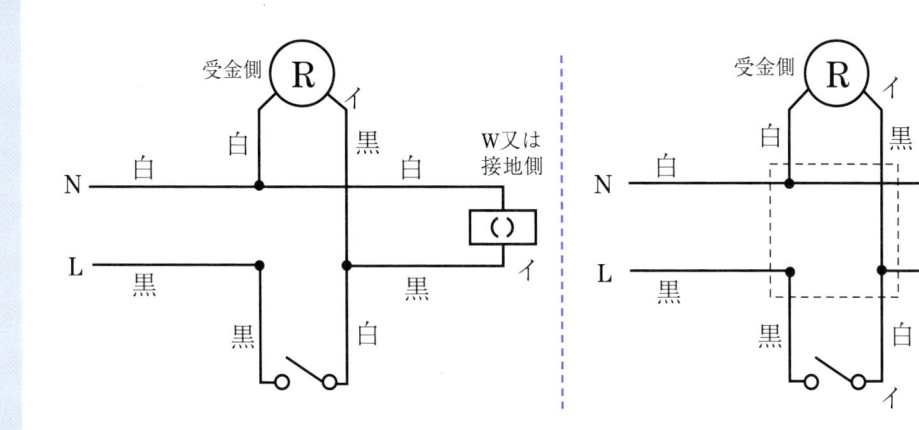

【点滅器2箇所，照明器具2灯の回路】

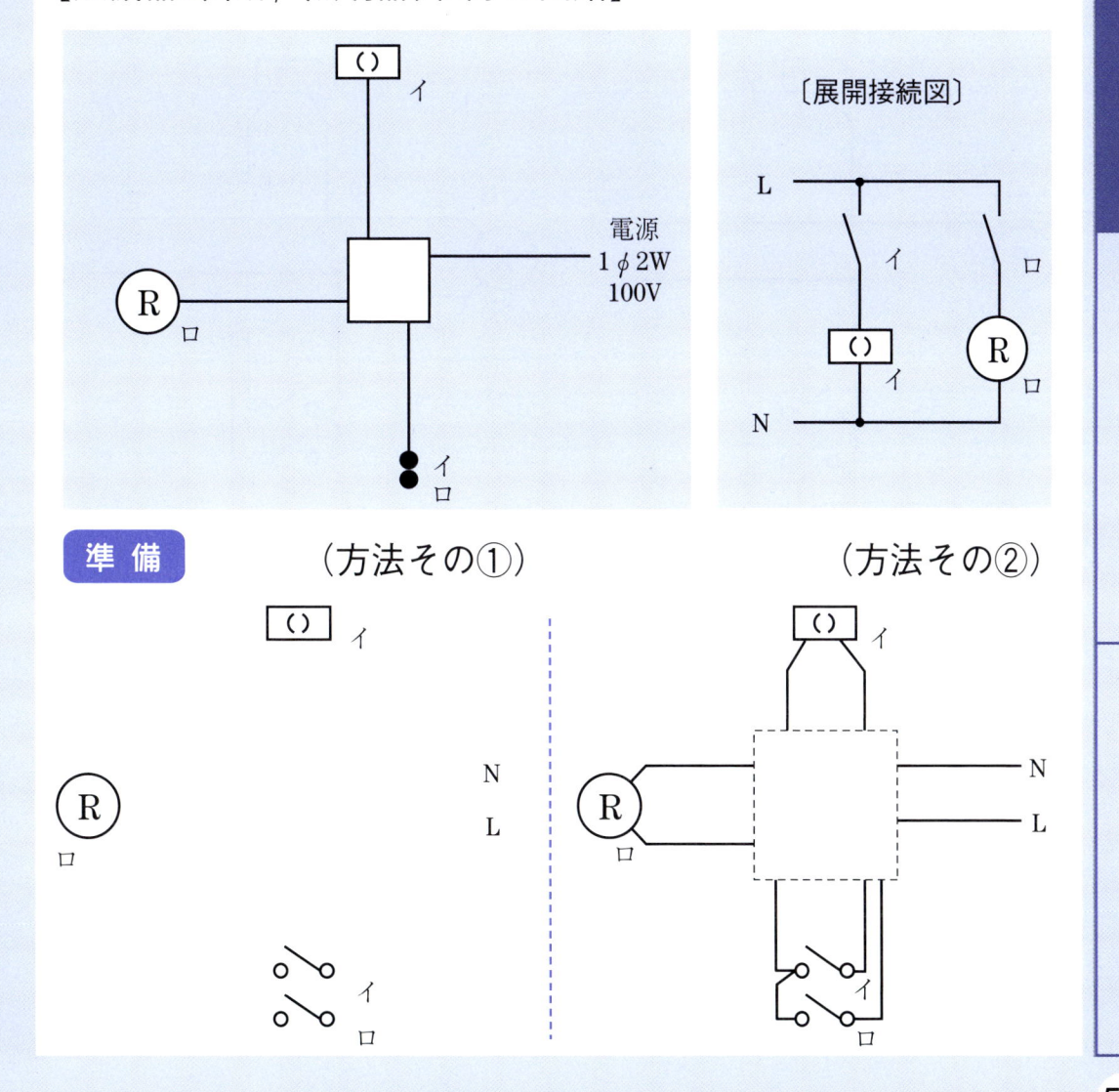

〔展開接続図〕

準 備　（方法その①）　　（方法その②）

53

ステップ：1 　接地側電線を描く．電線の色別は「白色」

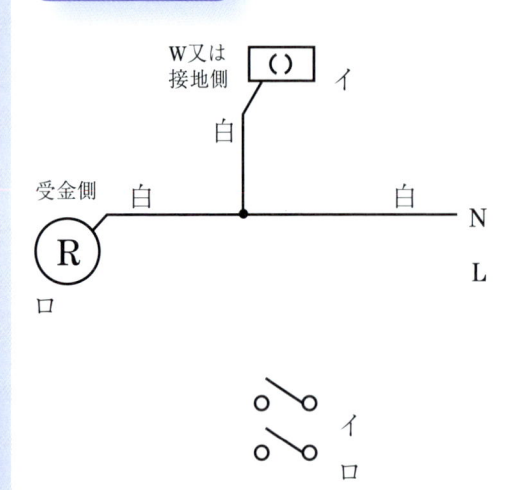

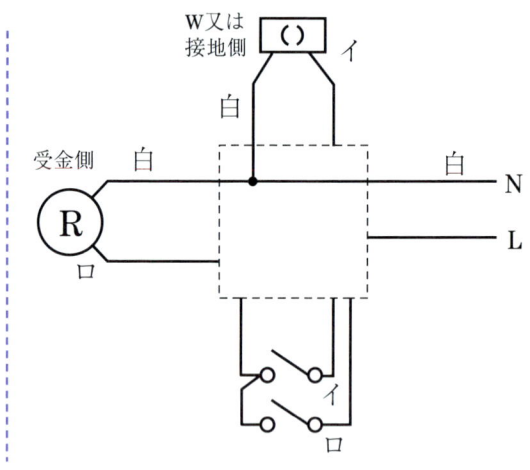

ステップ：2 　非接地側電線を描く．電線の色別は「黒色」

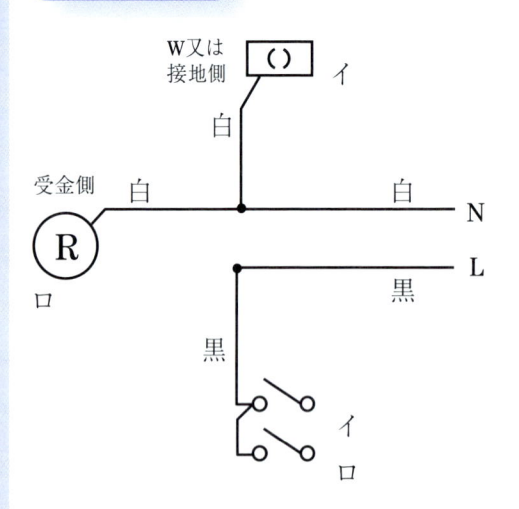

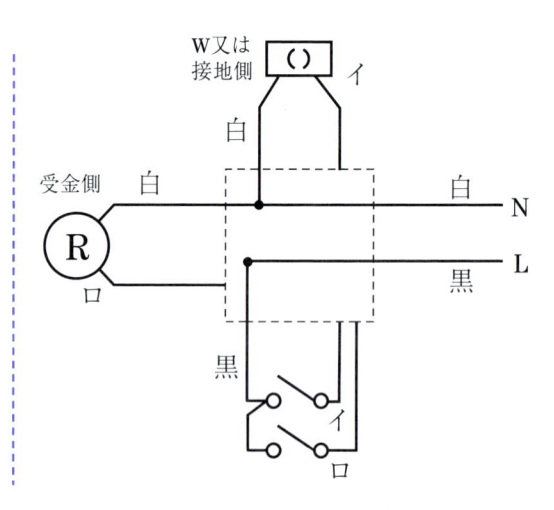

ステップ：3 　点滅器と対応する照明器具の間を描く．

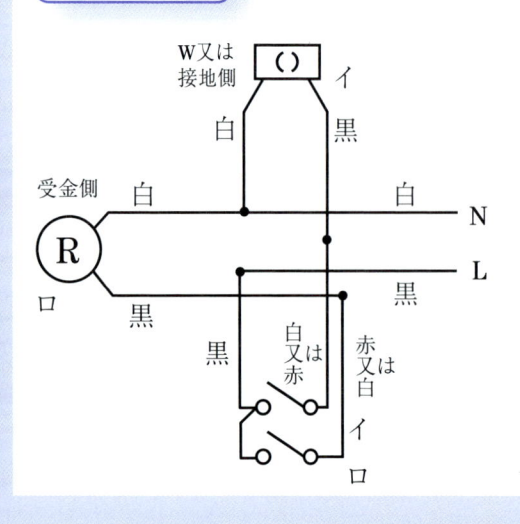

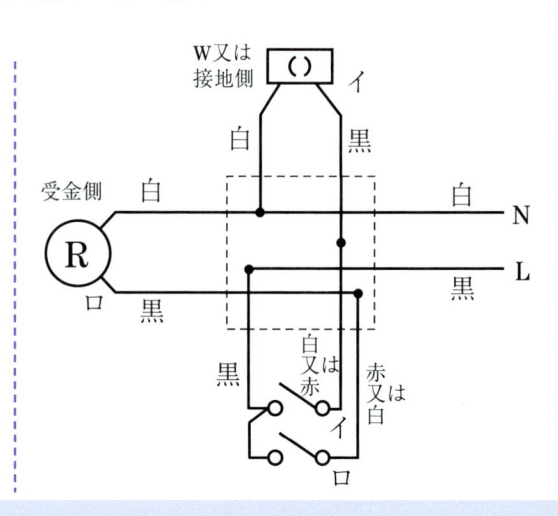

3.3 コンセント・点滅器による照明回路

【コンセント・点滅器1箇所，照明器具1灯の回路】

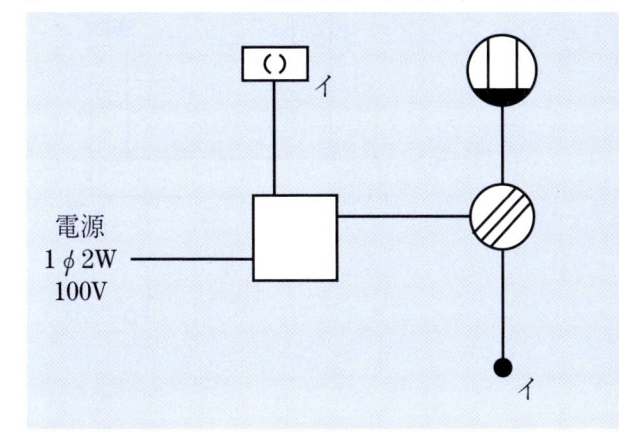

〔展開接続図〕

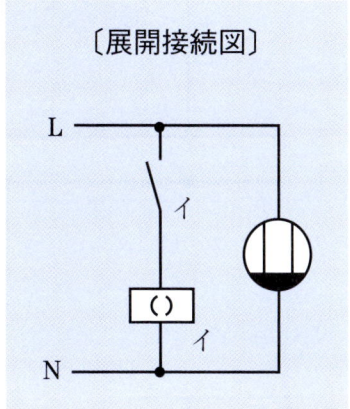

準 備

（方法その①）　　　　　　　（方法その②）

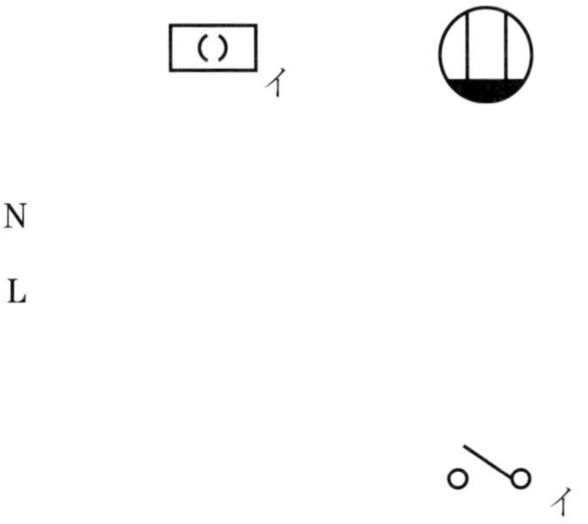

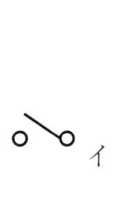

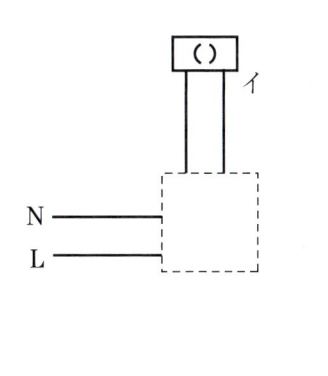

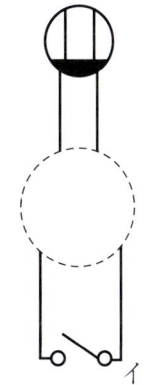

ステップ：1　接地側電線を描く．電線の色別は「白色」

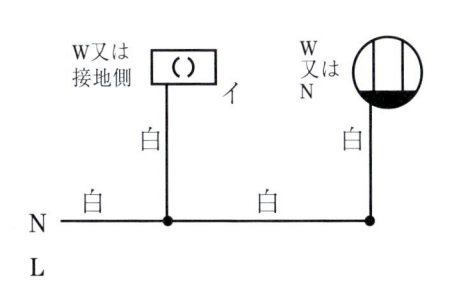

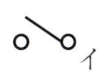

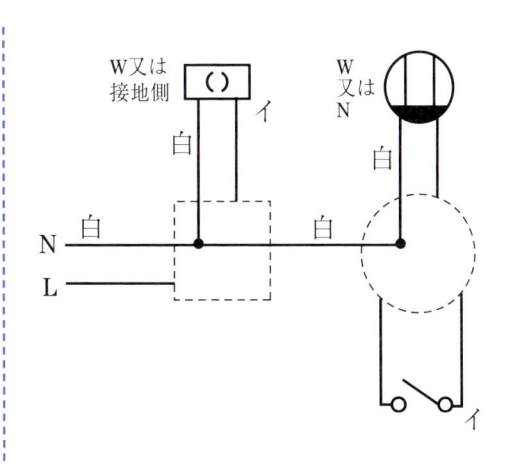

55

ステップ:2 非接地側電線を描く．電線の色別は「黒色」

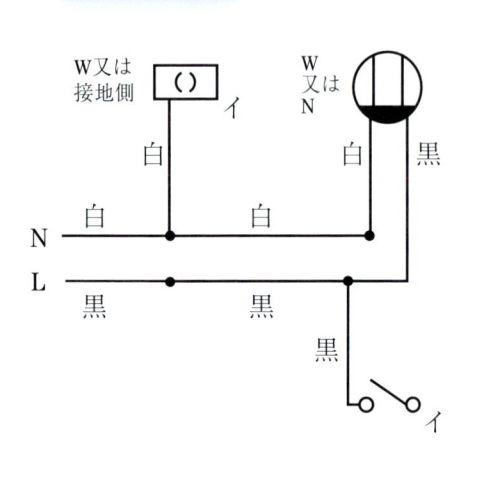

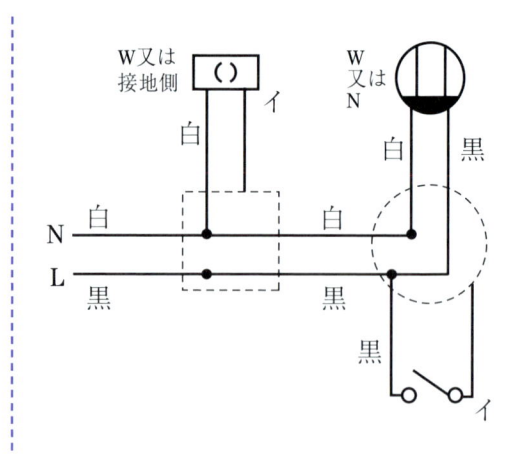

ステップ:3 点滅器と対応する照明器具の間を描く．

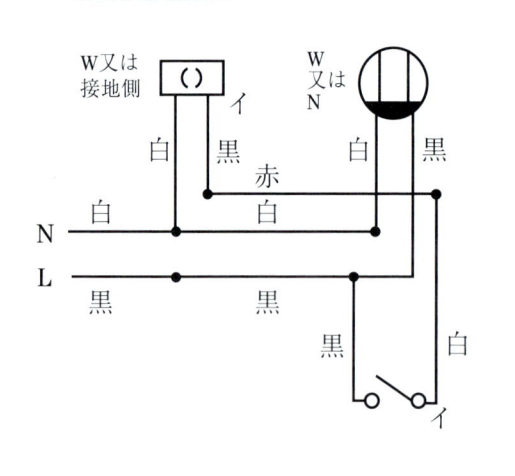

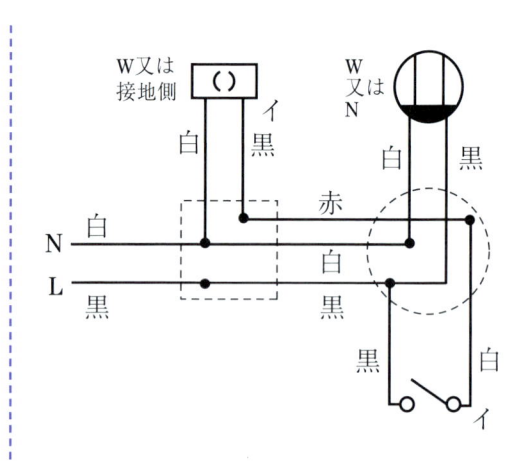

【接地極付コンセント・点滅器1箇所，照明器具1灯の回路】

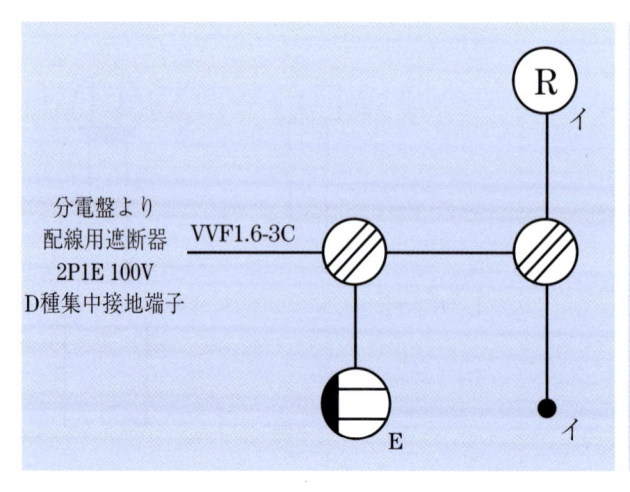

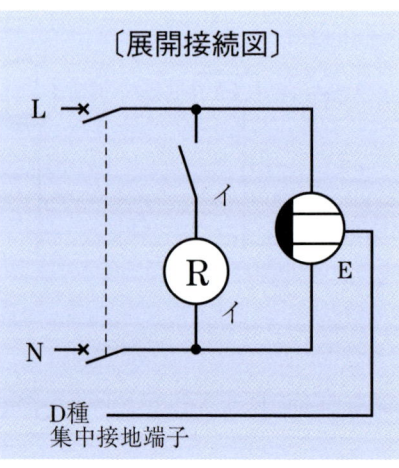

分電盤より
配線用遮断器
2P1E 100V
D種集中接地端子

VVF1.6-3C

〔展開接続図〕

D種
集中接地端子

| 準 備 | （方法その①） | （方法その②） |

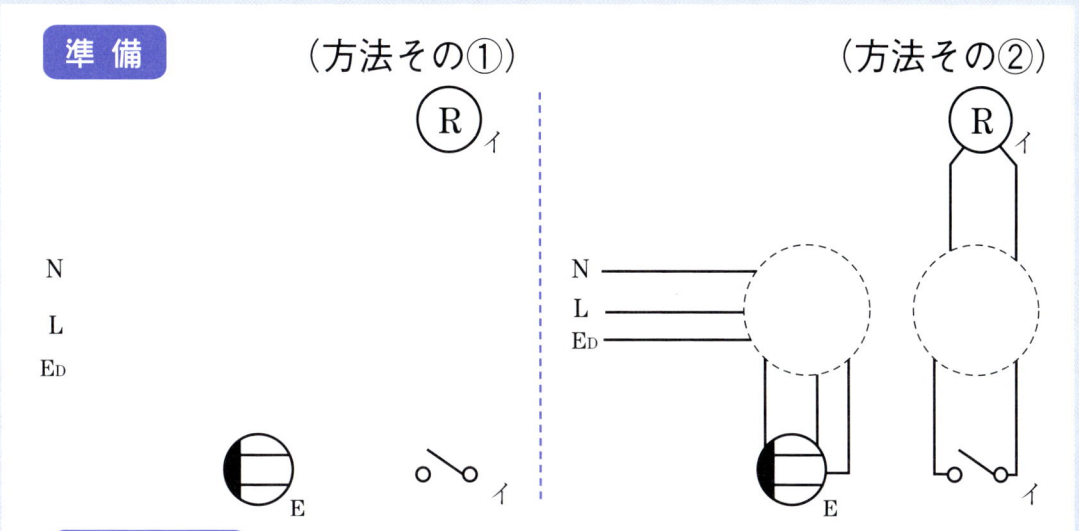

ステップ：1
接地側電線を描く．電線の色別は「白色」

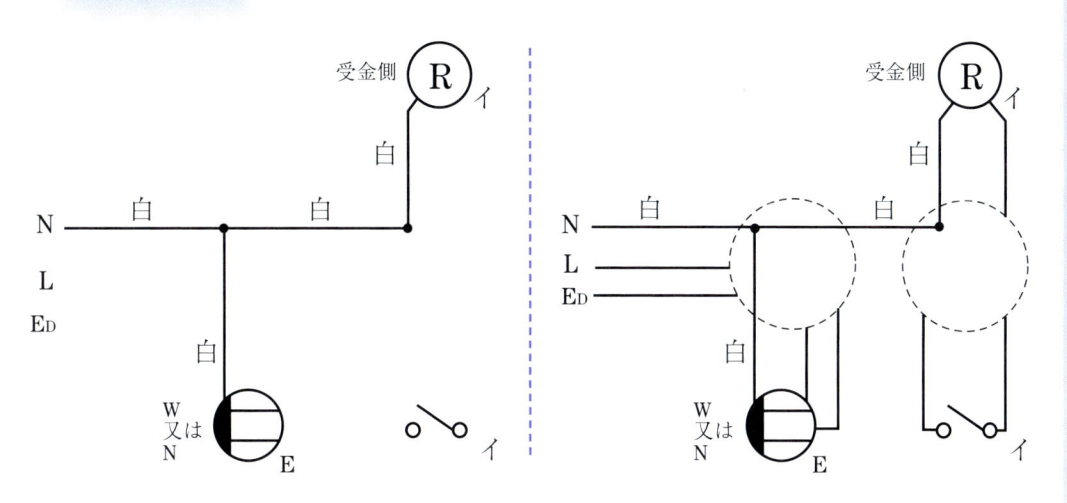

ステップ：2
非接地側電線を描く．電線の色別は「黒色」

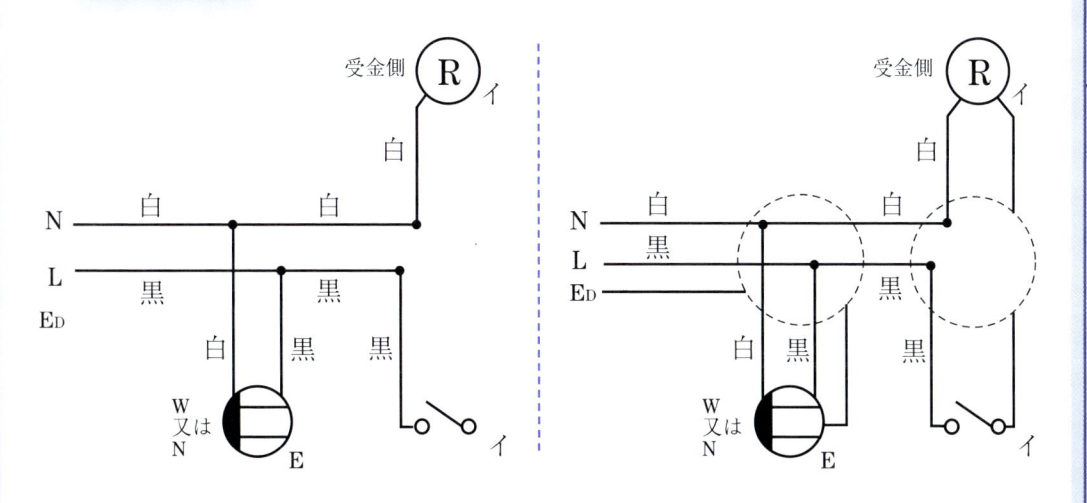

第2編　複線図マスター

ステップ：3 点滅器と対応する照明器具の間を描く．

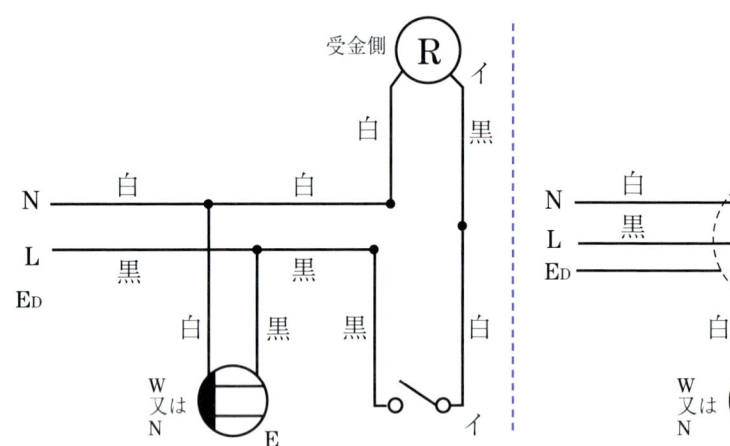

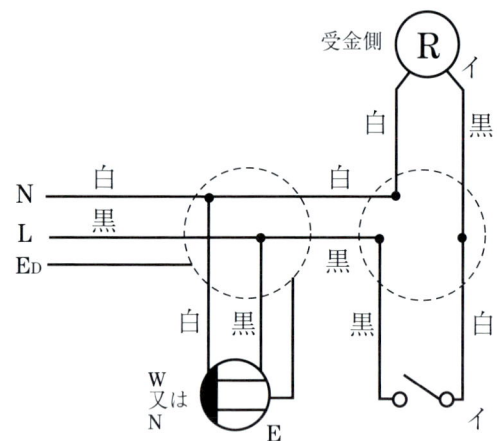

ステップ：3プラス D種接地．接地線を分電盤の集中接地端子へ．

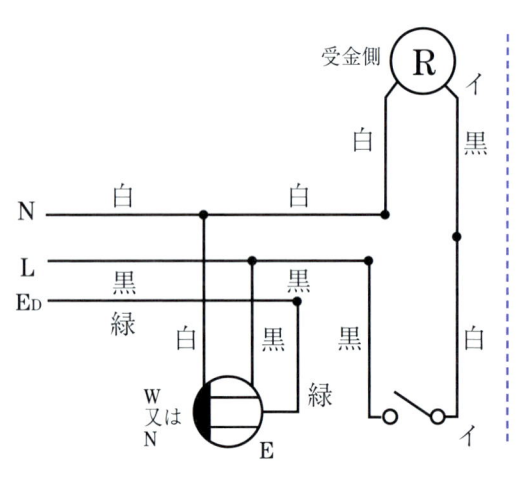

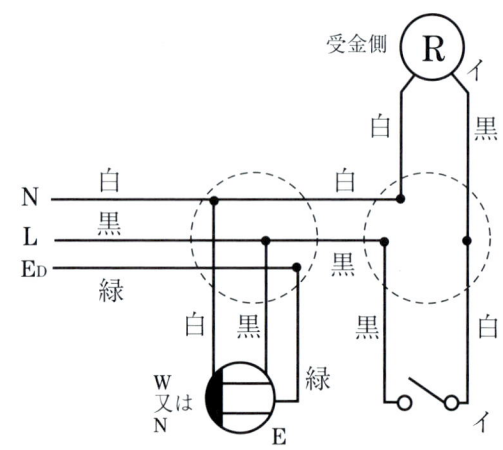

3.4 別置された確認表示灯（パイロットランプ）回路

　構内電気設備の配線用図記号（JIS C 0303）にて，別置された確認表示灯の図記号は○と表示し，点滅器と組み合わされ，○●と規定されている．

　確認表示灯は，技能試験の施工条件で「同時点滅」と示されている．

　JISには規定されていないが，その他，位置表示灯の「異時点滅」，そして「常時点灯」回路がある．

【パイロットランプ「同時点滅」の回路】

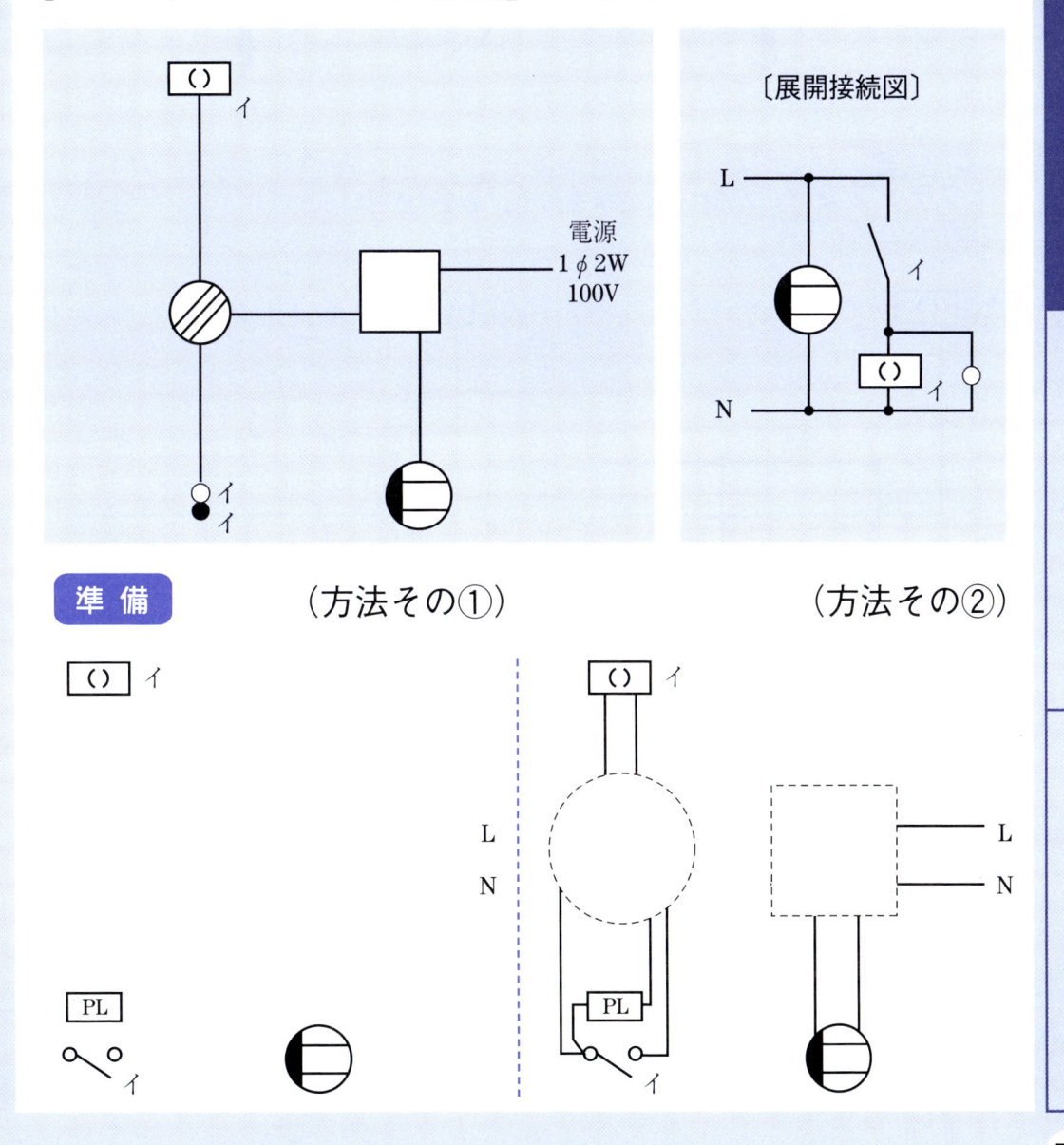

（方法その①）　　　　　　　　　　　　　（方法その②）

準 備

ステップ：1　接地側電線を描く．電線の色別は「白色」

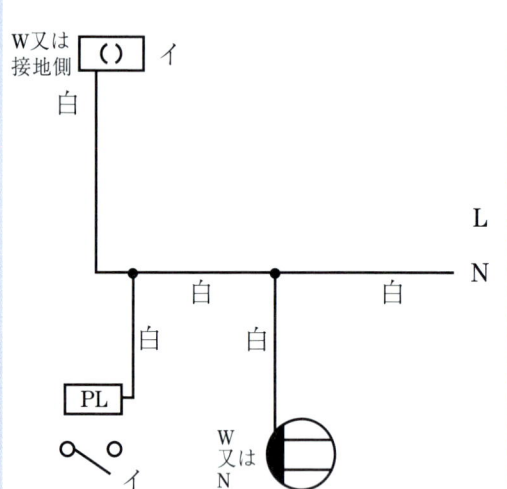

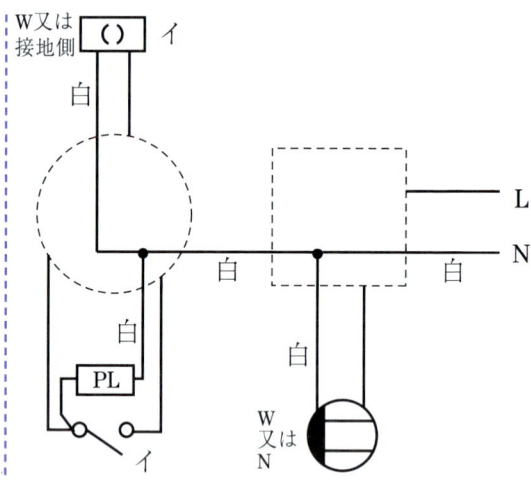

ステップ：2　非接地側電線を描く．電線の色別は「黒色」

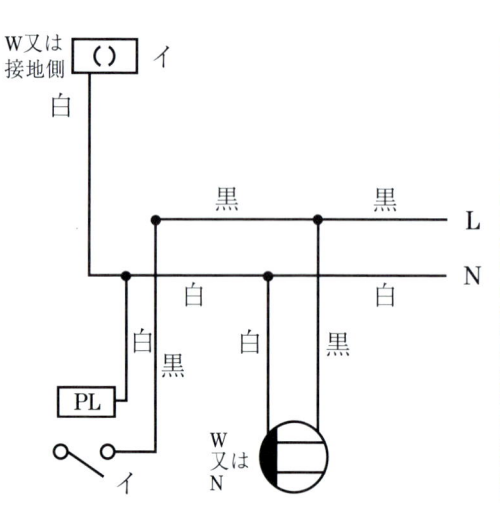

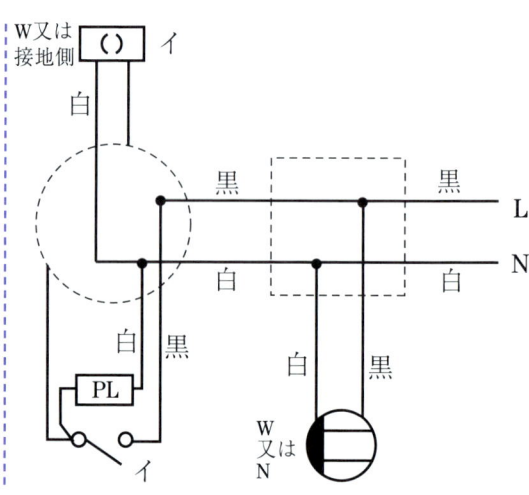

【ポイントチェック】

〈図記号〉

● $_H$ ：位置表示灯を内蔵する点滅器（商品名　ほたるスイッチ，オフピカスイッチ）

● $_L$ ：確認表示灯を内蔵する点滅器（商品名　ひかるスイッチ，オンピカスイッチ）

ステップ：3　点滅器と対応する照明器具の間を描く．

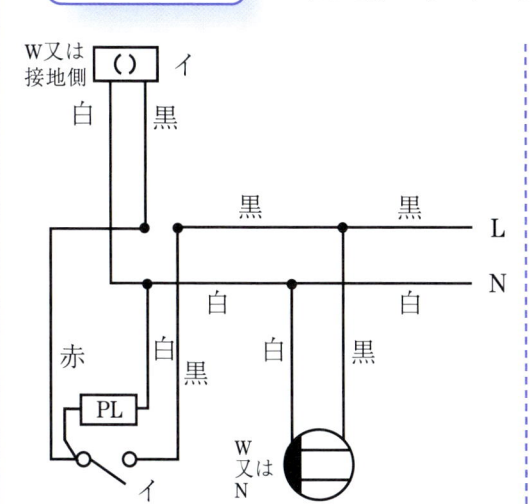

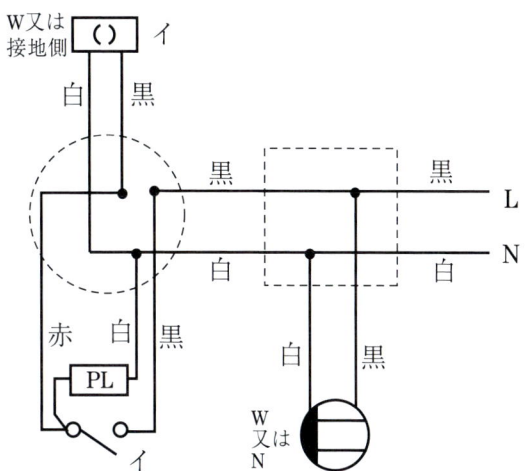

【パイロットランプ「常時点灯」の回路】

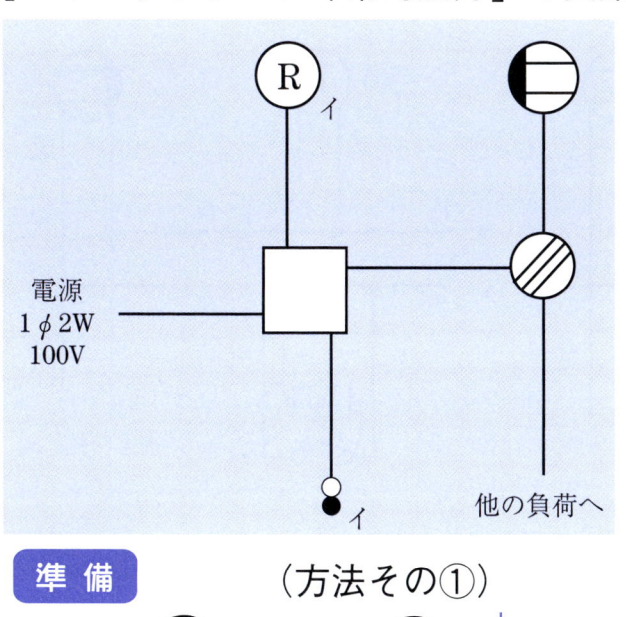

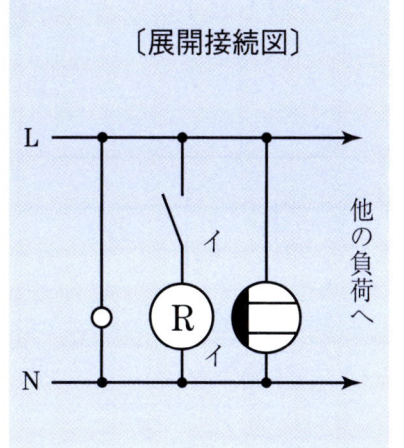

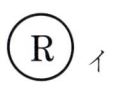

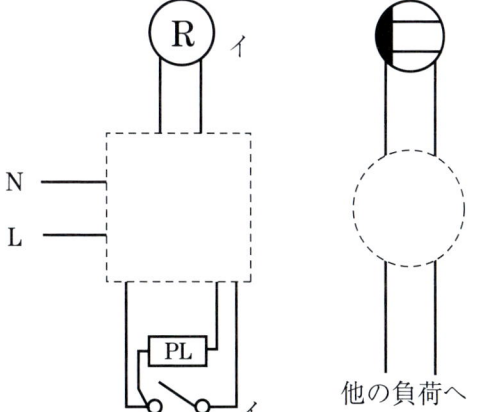

〔展開接続図〕

準　備　　（方法その①）　　　　　　　（方法その②）

61

ステップ：1 接地側電線を描く．電線の色別は「白色」

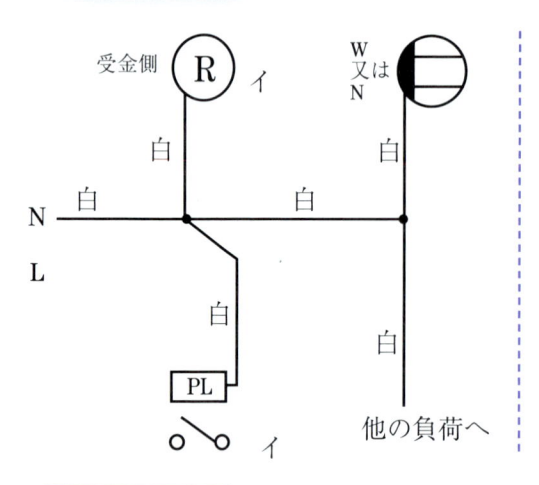

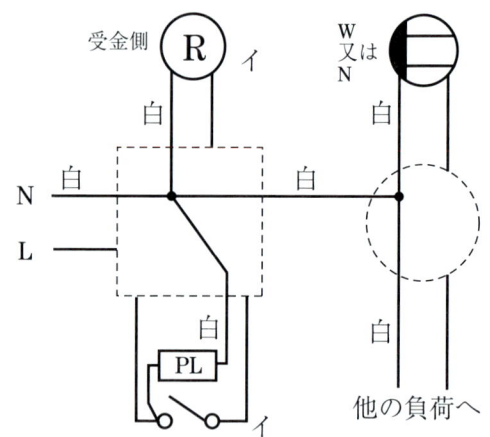

ステップ：2 非接地側電線を描く．電線の色別は「黒色」

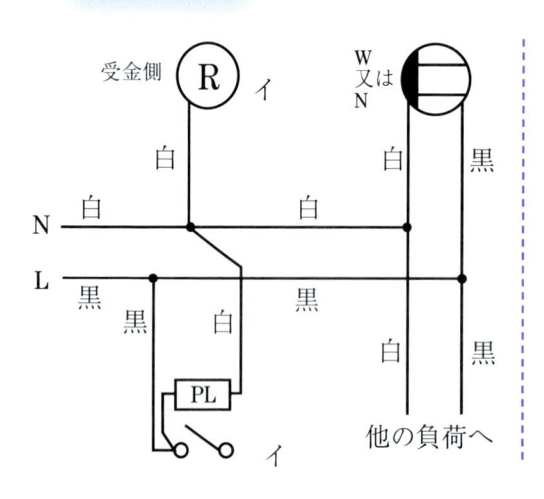

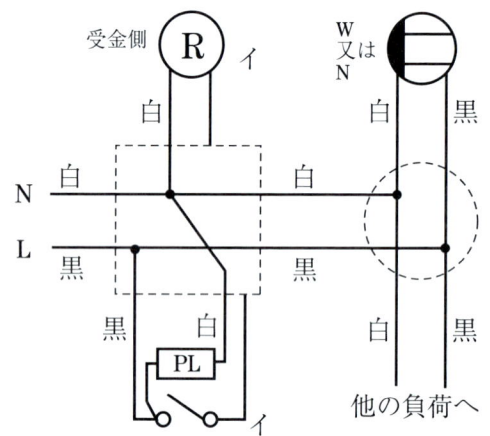

ステップ：3 点滅器と対応する照明器具の間を描く．

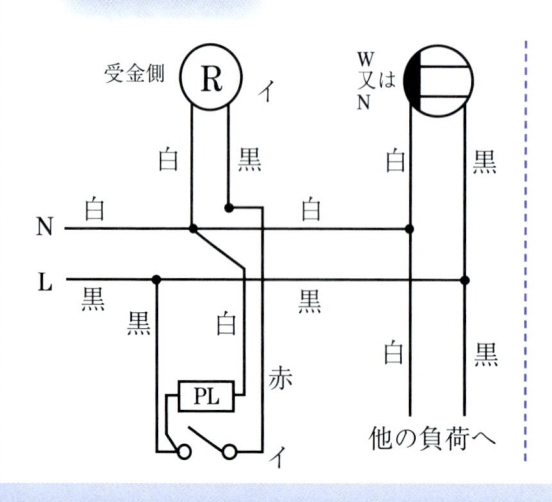

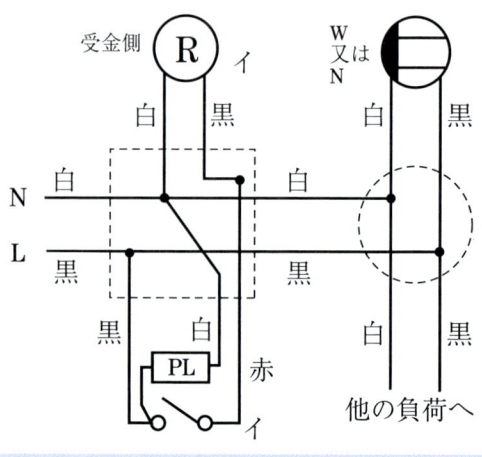

【パイロットランプ「異時点滅」の回路】

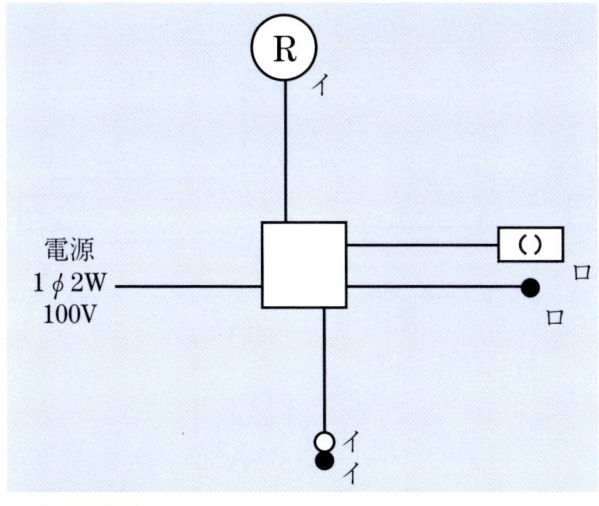

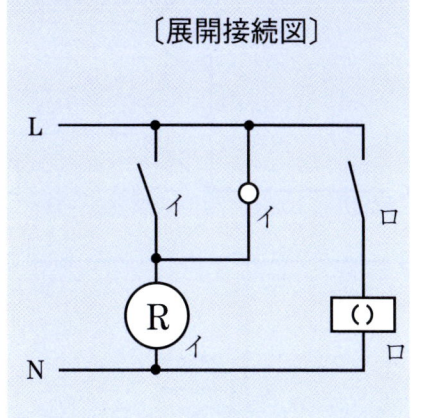

〔展開接続図〕

準 備

（方法その①） （方法その②）

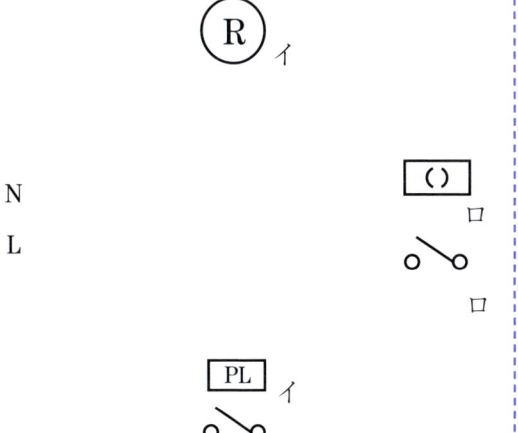

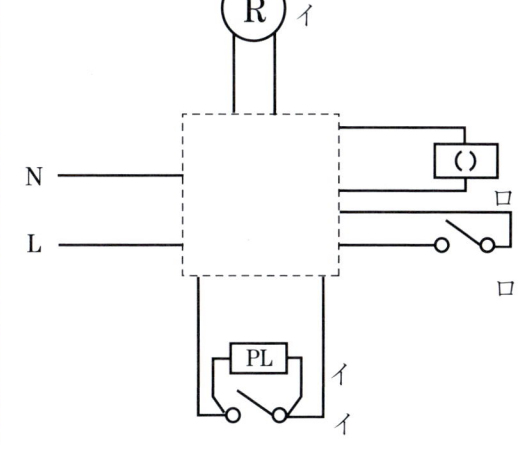

ステップ：1 接地側電線を描く．電線の色別は「白色」

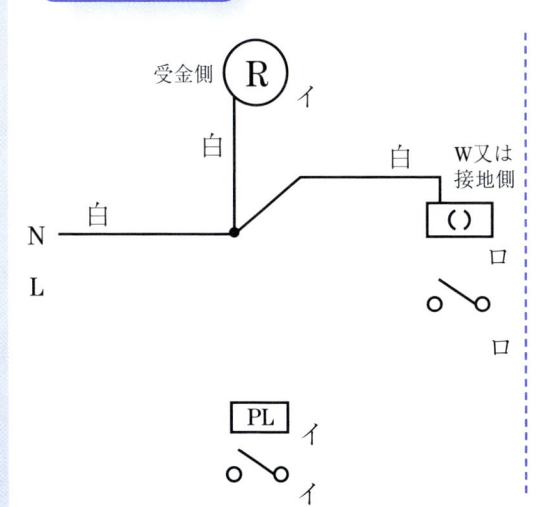

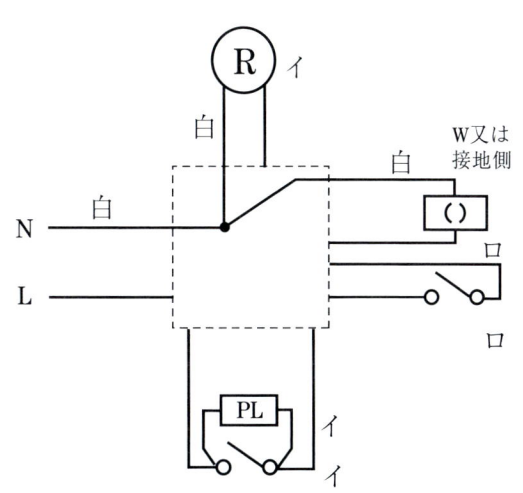

受金側　　　　　　　　W又は接地側

W又は接地側

ステップ:2 非接地側電線を描く．電線の色別は「黒色」

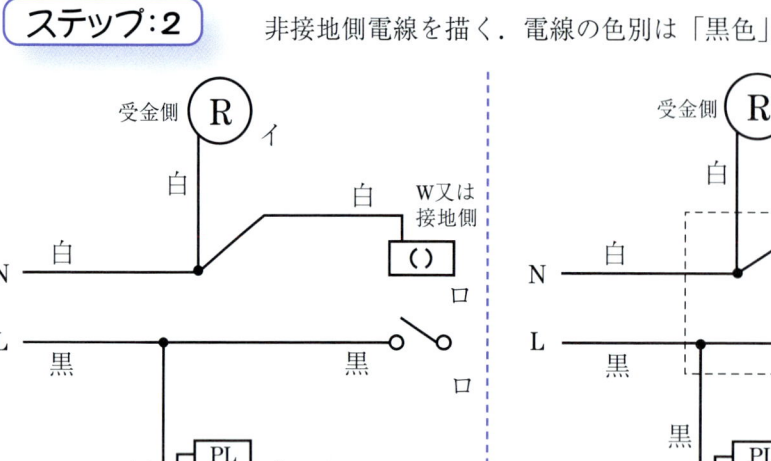

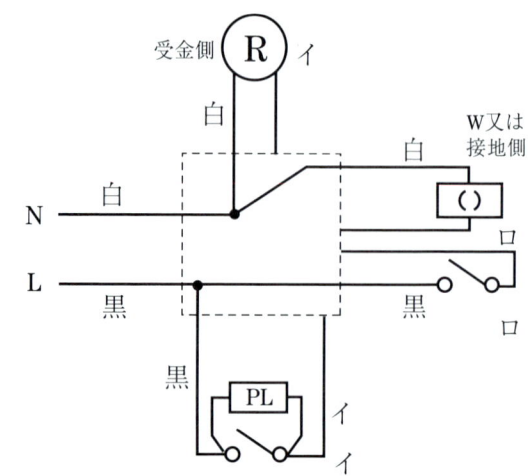

ステップ:3 点滅器と対応する照明器具の間を描く．

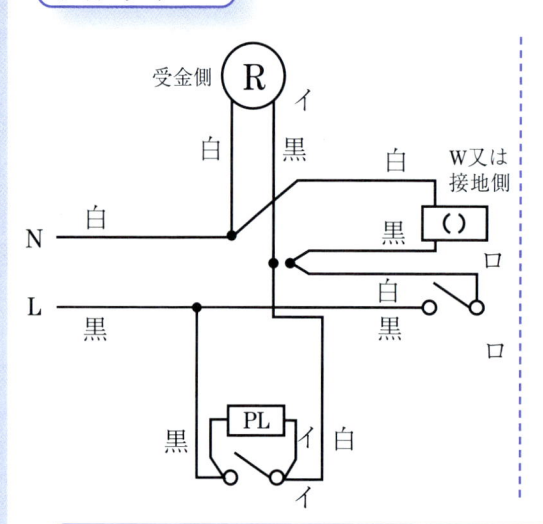

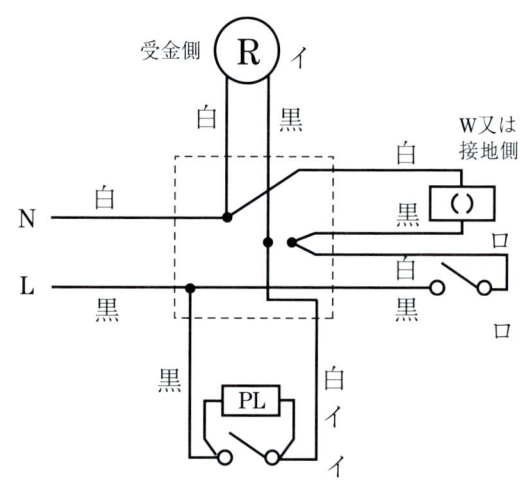

【ポイントチェック】

〈別置された確認表示灯〉

- 電圧形（電圧点灯）使用電圧100V・200V
  　　　　　　　　　　　負荷と並列に接続
- 電流形（電流点灯）適合負荷例0.02～0.5A
  　　　　　　　　　　　　　　　　0.1～4A
  　　　　　　　　　　　　負荷と直列に接続

〈内蔵された位置表示灯〉
（商品名：ほたるスイッチ，オフピカスイッチ）

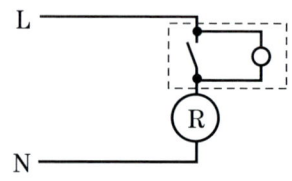

- 点滅器「切」（OFF）にすると小形ネオンランプが点灯する．（○の両端に電圧が生じる）
- 点滅器「入」（ON）にすると小形ネオンランプが消灯する．（○の両端に電圧が生じない）
（点滅器「切」で小形ネオンランプが消灯の場合はランプレセプタクルの電球の断線が考えられる）

3.5 パイロットランプの結線手順のまとめ

① 非接地側電線「黒色」を点滅器に結線．（極性なし）
② 負荷側「赤色」を点滅器の他方に結線．
   「異時点滅」は，負荷側「白色」を点滅器の他方に結線．
③ 渡り線を結線．
   「同時点滅」は渡り線「赤色」をパイロットランプに結線．
   「常時点灯」は渡り線「黒色」をパイロットランプに結線．
   「異時点滅」は，渡り線「黒色」「白色」をパイロットランプに結線．
④ 接地側線「白色」をパイロットランプの他方に結線．

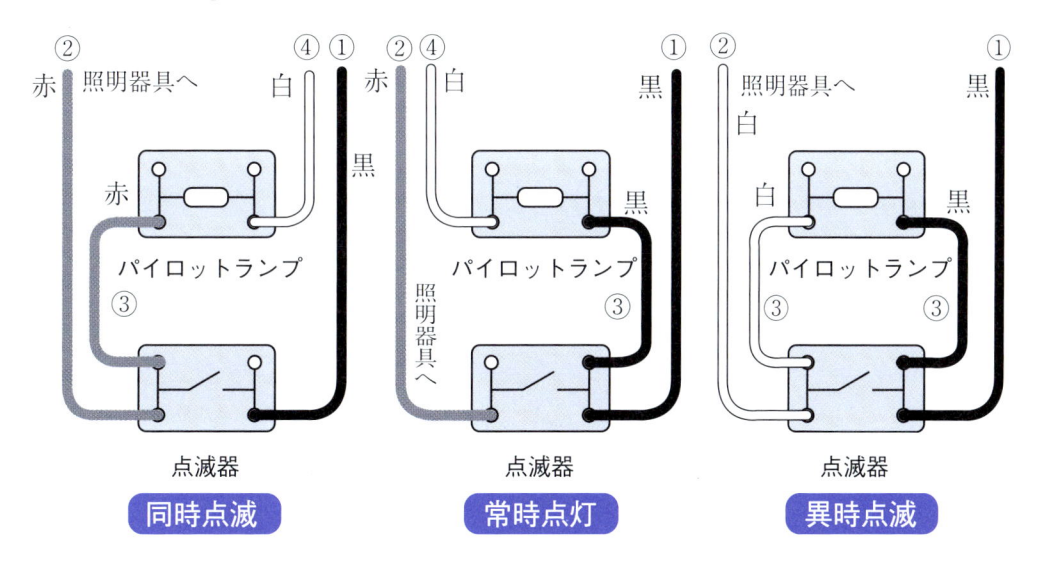

同時点滅　　　常時点灯　　　異時点滅

【3路スイッチ2箇所・照明器具1灯の回路】

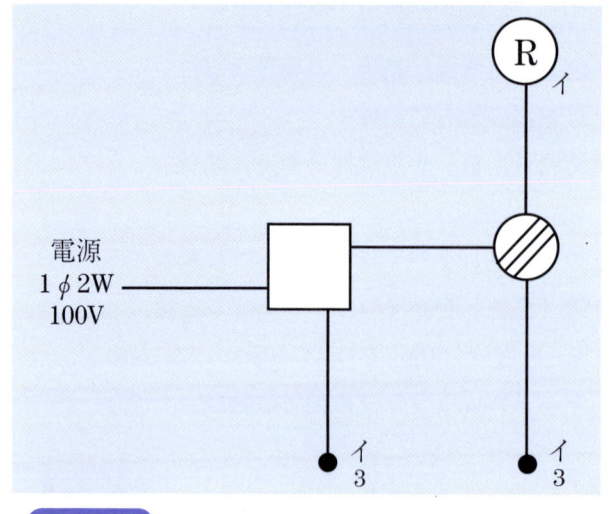

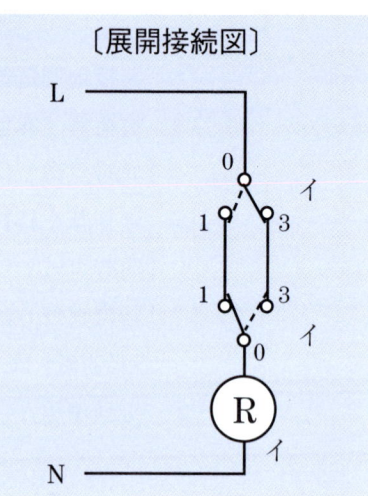

〔展開接続図〕

準 備

（方法その①）　　　（方法その②）

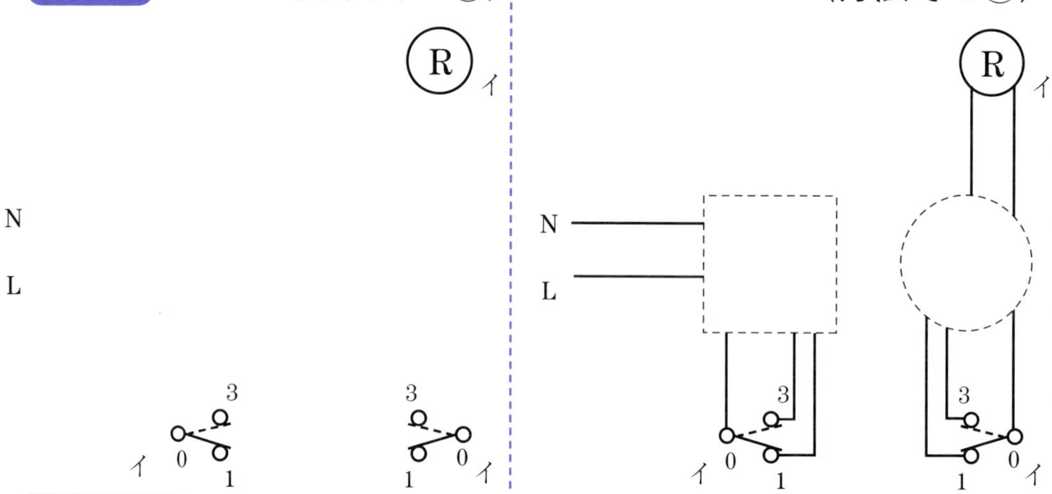

ステップ：1　接地側電線を描く．電線の色別は「白色」

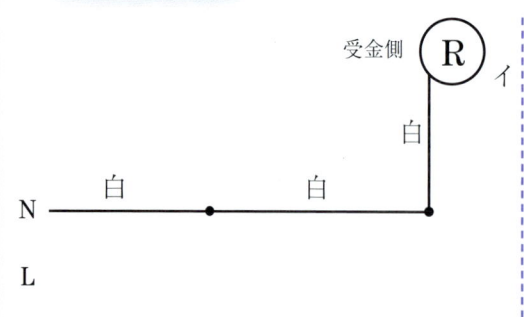

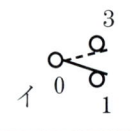

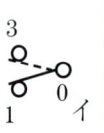

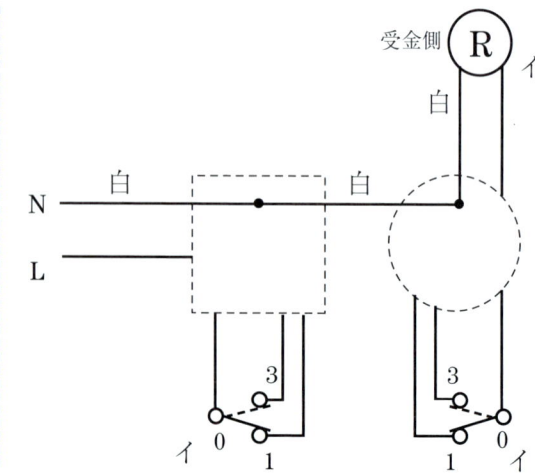

受金側

ステップ：2　非接地側電線を描く．電線の色別は「黒色」

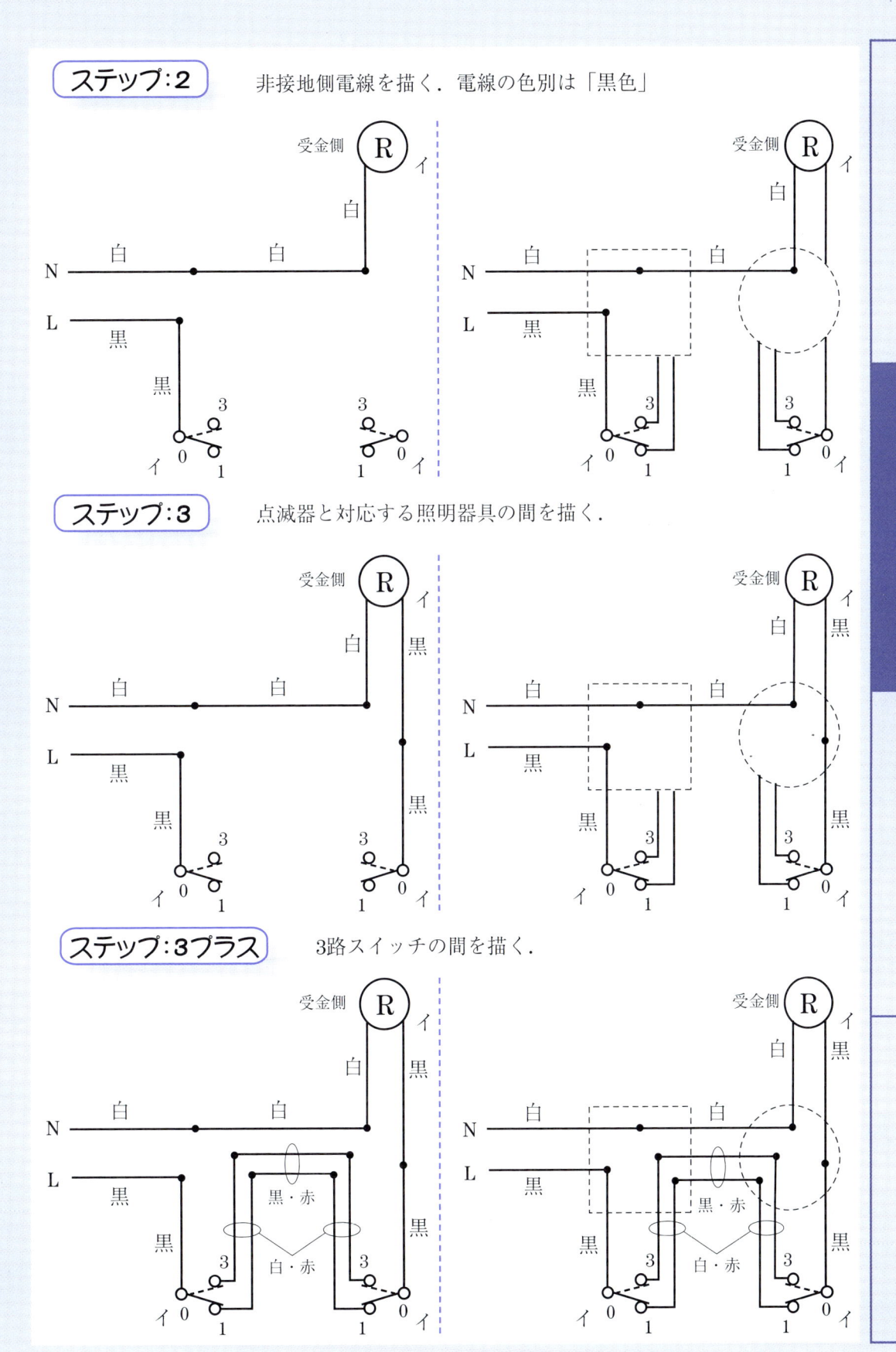

ステップ：3　点滅器と対応する照明器具の間を描く．

ステップ：3プラス　3路スイッチの間を描く．

第2編　複線図マスター

67

3.6 3路スイッチ回路のまとめ

〔ジョイントボックスが1箇所のとき，電気回路は2種類となる〕

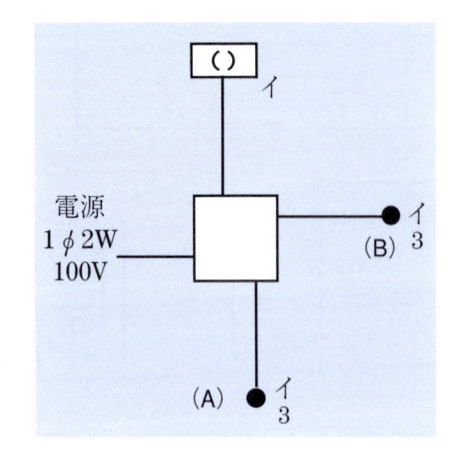

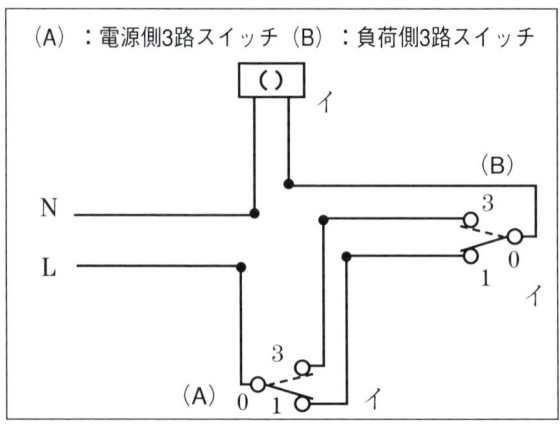

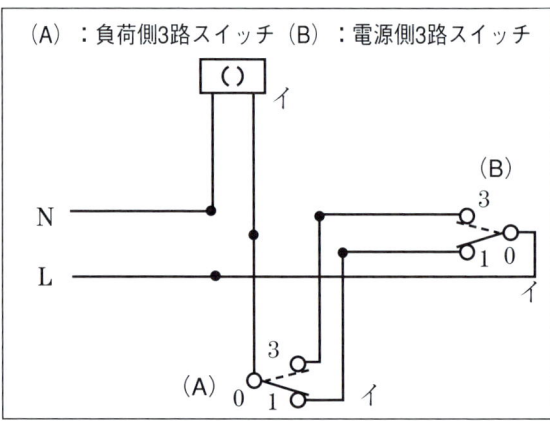

電源 1φ2W 100V

（A）：電源側3路スイッチ　（B）：負荷側3路スイッチ

（A）：負荷側3路スイッチ　（B）：電源側3路スイッチ

施工条件にて，（A）：電源側と指定された場合，または，コンセントが配置された場合には電気回路は1種類になる．

【3路・4路スイッチ3箇所・照明器具1灯の回路】

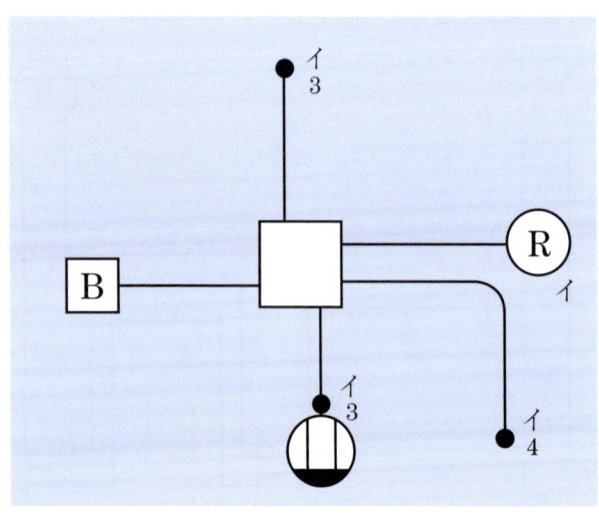

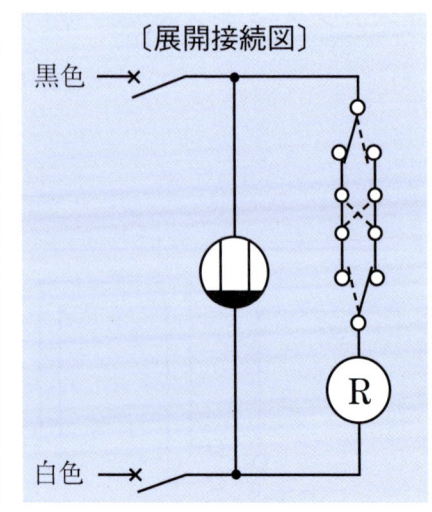

〔展開接続図〕

黒色

白色

準 備　　（方法その①）　　　　　　（方法その②）

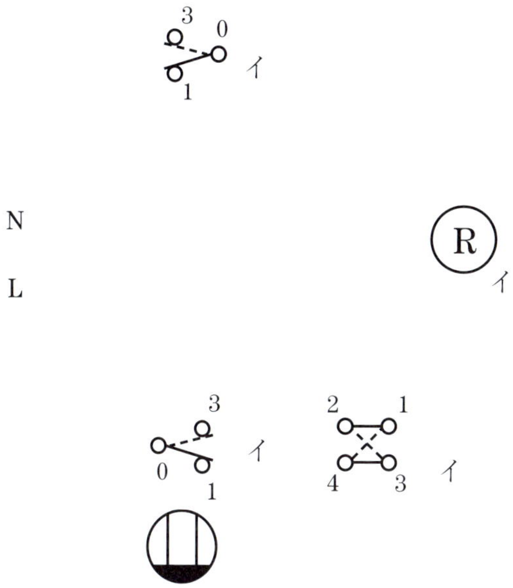

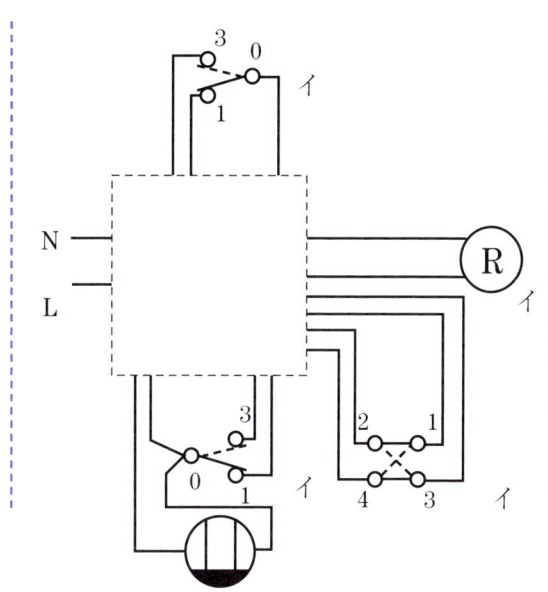

ステップ：1　　接地側電線を描く．電線の色別は「白色」

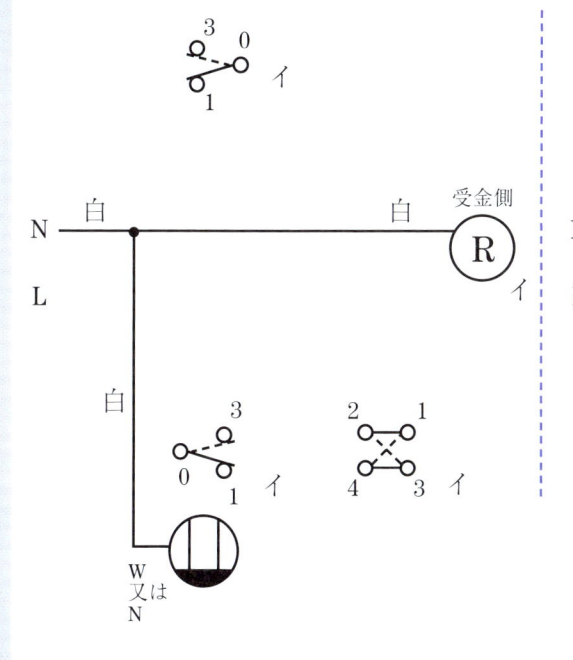

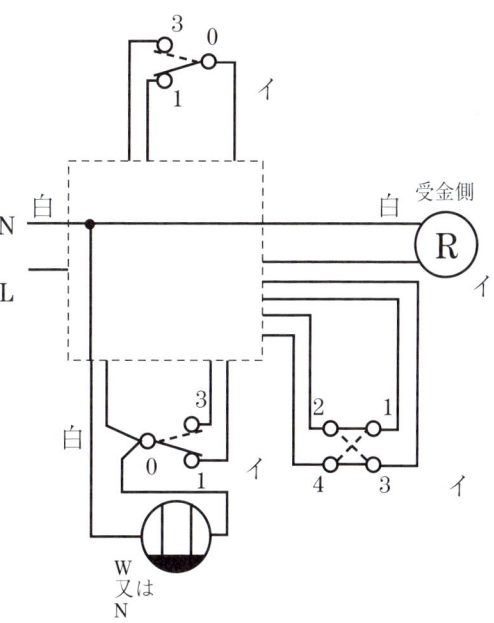

第2編　複線図マスター

ステップ:2　非接地側電線を描く．電線の色別は「黒色」

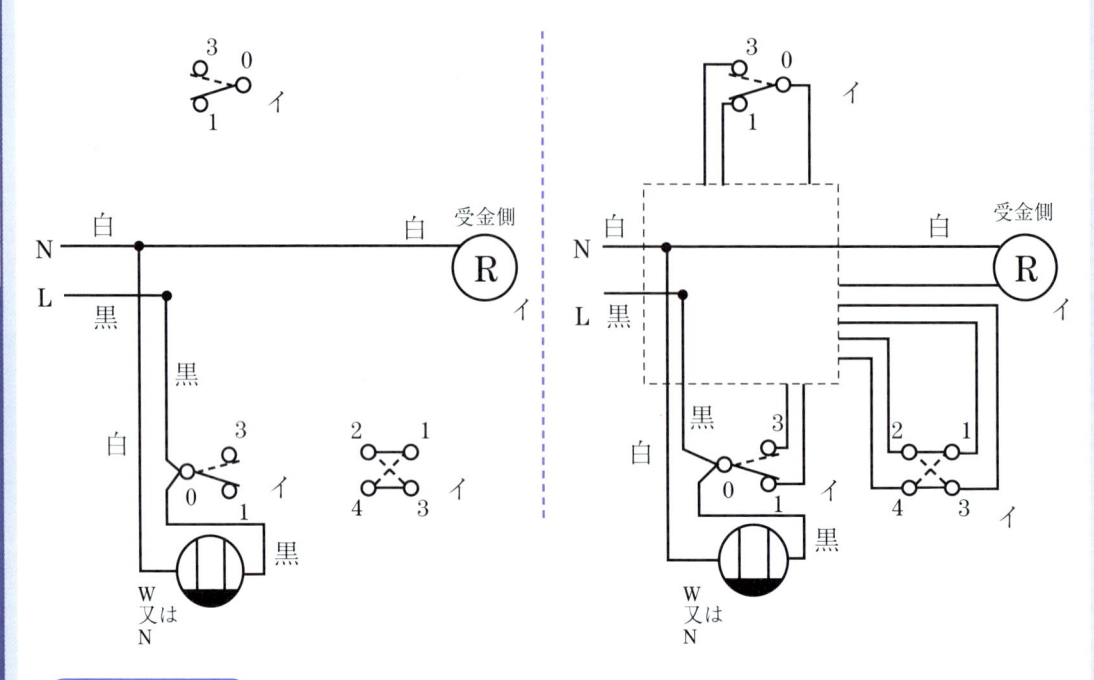

ステップ:3　点滅器と対応する照明器具の間を描く．

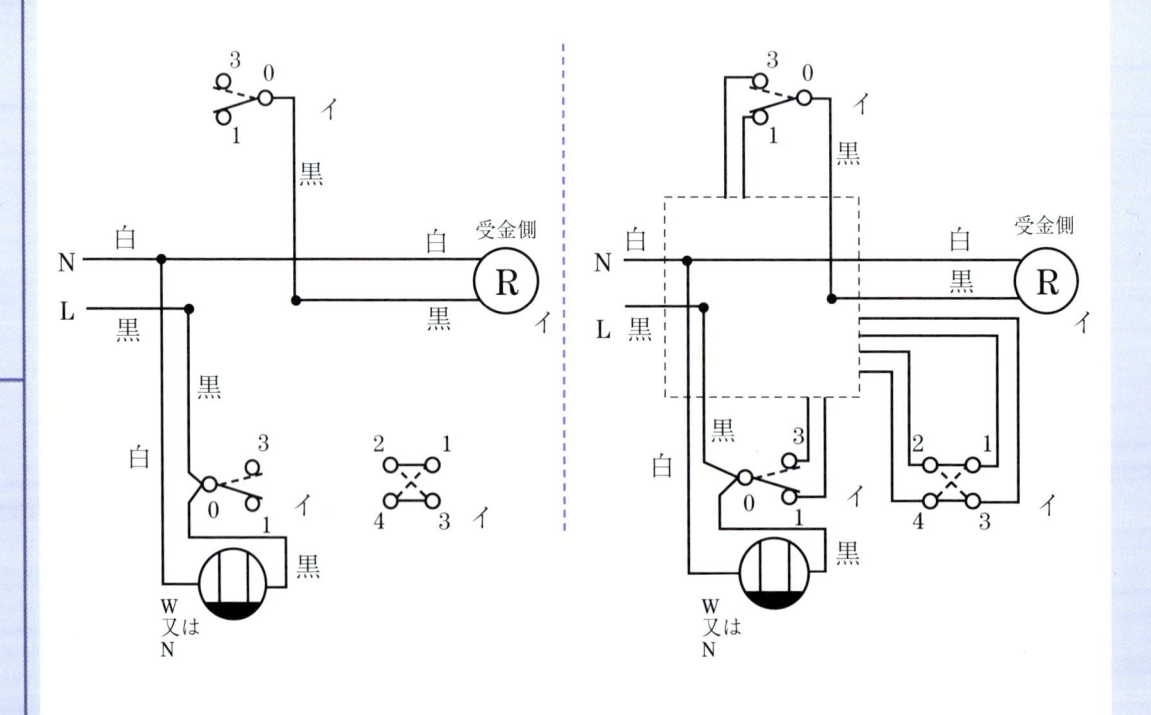

ステップ:3プラス	3路・4路スイッチの間を描く．

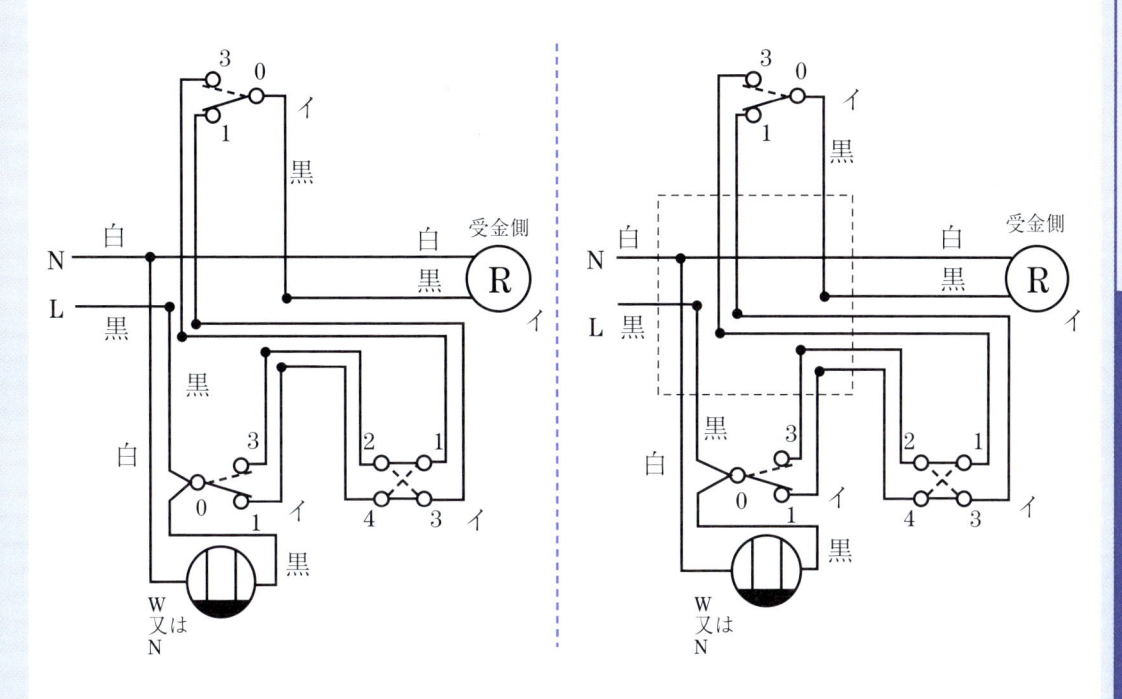

電線の色別	3路・4路スイッチ間は，残っている電線を自由に組み合わせる．

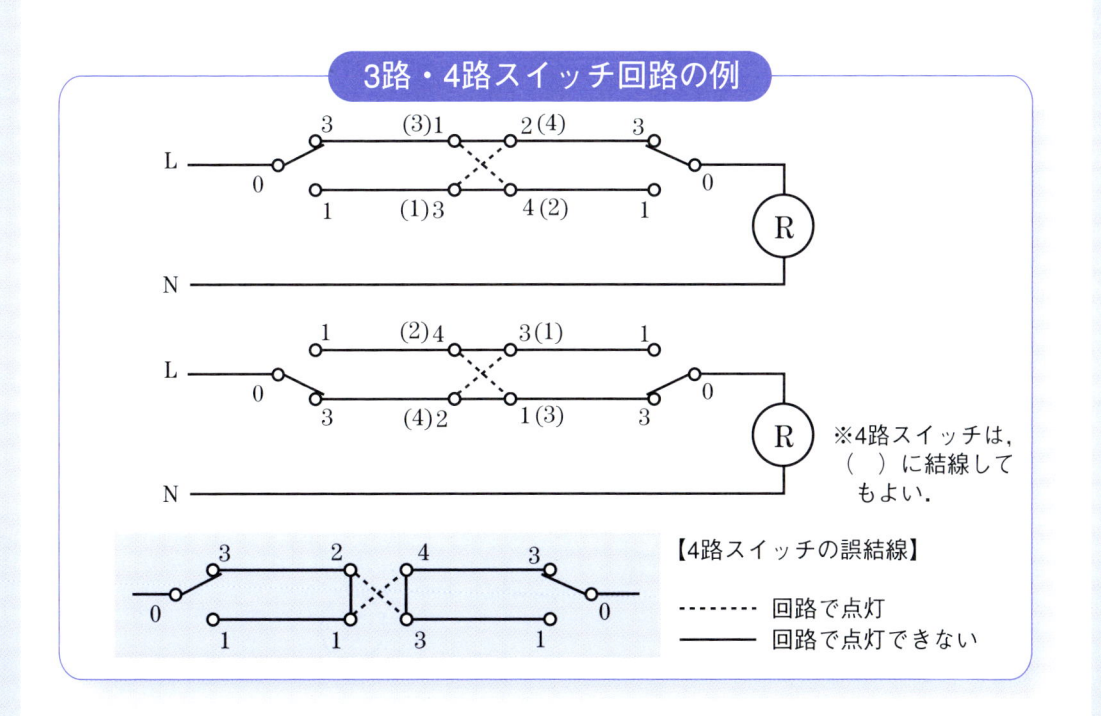

3路・4路スイッチ回路の例

※4路スイッチは，（　）に結線してもよい．

【4路スイッチの誤結線】

- - - - 回路で点灯
――― 回路で点灯できない

第2編　複線図マスター

71

3.7 タイムスイッチ・自動点滅器の組み合わせ回路

図1. 配線図

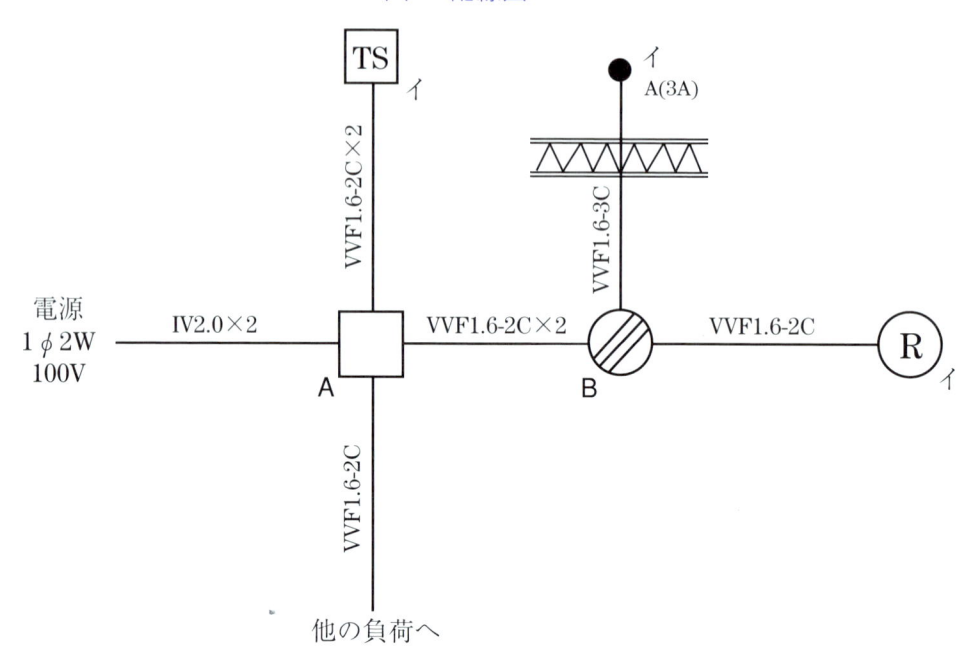

図2. タイムスイッチ代用の
ブロック端子の説明図

図3. 自動点滅器代用の
ブロック端子の説明図

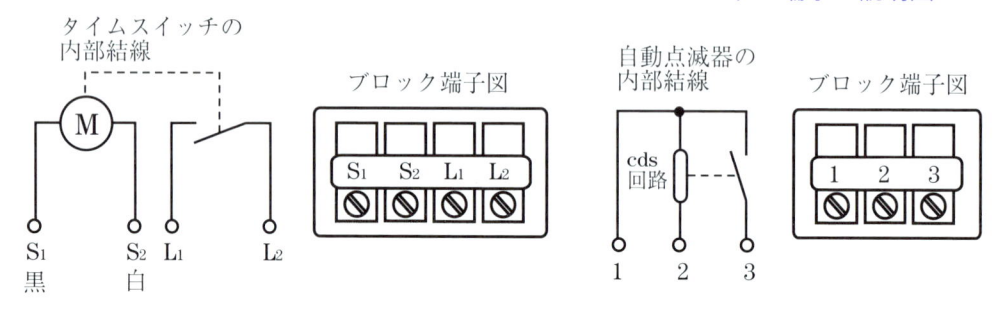

図4. 展開接続図

回路の説明

1) その他の負荷は，展開接続図に記入していないが，電源送りとする．
   電源から，接地側電線（N）の白線と非接地側電線（L）の黒線を送り配線する．（その他の負荷は，点滅器の無いコンセント回路と考えてよい）
2) タイムスイッチのS_1，S_2端子には，常時電圧を供給して，時刻設定用のダイヤル（24時間目盛の円板）を回転させる．
3) 自動点滅器の1, 2端子には，常時電圧を供給して，光を検出して接点を「開」，「閉」するためのcds回路を動作させる．
4) 自動点滅器とタイムスイッチの接点が同時に「閉」の状態で，ランプレセプタクルを点灯させる．（AND回路）

タイムチャート

タイムスイッチ 電源S_1, S_2	常時「電圧有り」							
自動点滅器 電源1, 2	常時「電圧有り」							
タイムスイッチ 電源L_1, L_2								
自動点滅器 接点1−3間			日入		日出		日入	日出
ランプレセプタクル			点灯		消灯		点灯	消灯
	6	12	18	24	6	12	18	24	6

設定例

- タイムスイッチ：接点「閉」12：00　「開」24：00（「開」は消灯時刻）
- 広告灯を想定する．（ランプレセプタクルを自動点滅器により日の入りで点灯して，タイムスイッチにより設定時刻で消灯する．）
- 最近のこのような配線工事には，ソーラタイムスイッチを用いて実際の明暗を検出しないで，全国各地ごとの日の出・日の入り時刻を記憶しているタイマを用いる場合がある．
- 自動点滅器を用いないため，配線が不要になり，安い工事費で施工できる場合が多い．

第2編　複線図マスター

········展開接続図により複線図を描く········

ステップ:1　　接地側電線（N）を描く．電線の色別は「白色」

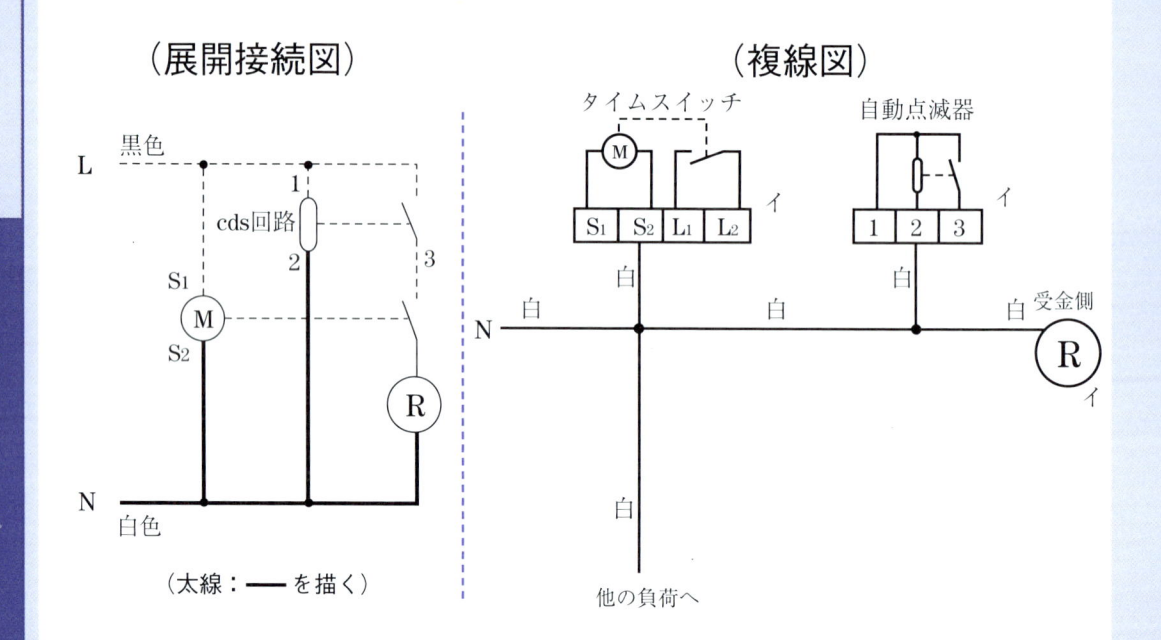

（展開接続図）　　　　　　　　（複線図）

（太線：—— を描く）

ステップ:2　　非接地側電線（L）を描く．電線の色別は「黒色」

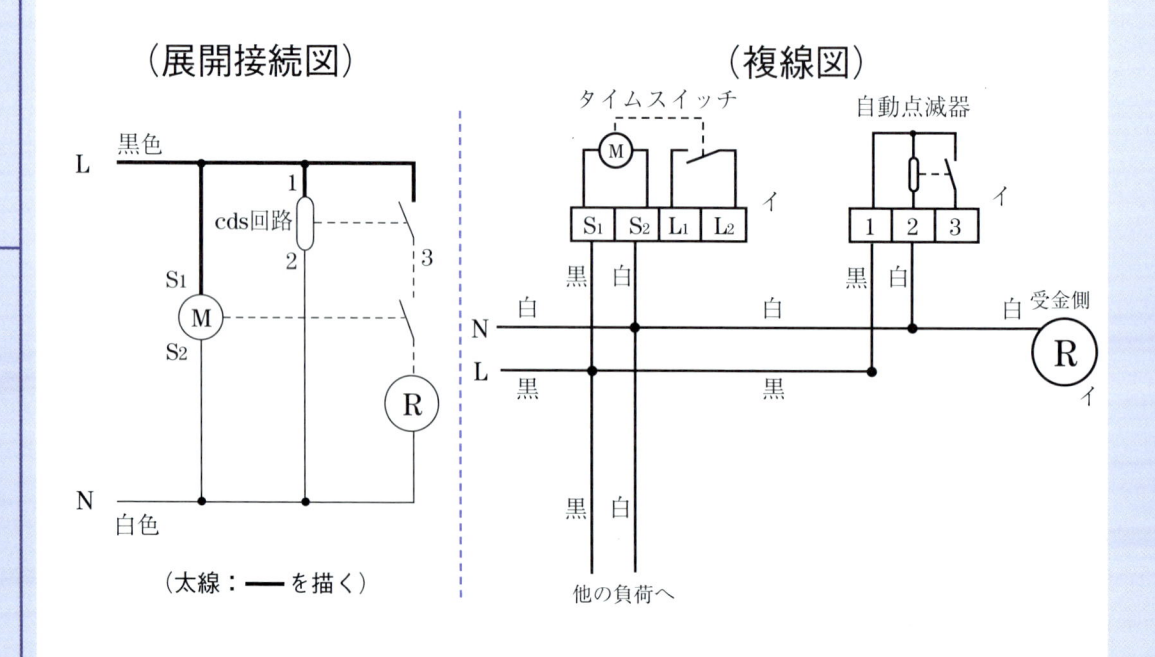

（展開接続図）　　　　　　　　（複線図）

（太線：—— を描く）

第2編　複線図マスター

ステップ:3　非接地側電線（L）の各接点間とランプレセプタクル間を描く．

（展開接続図）

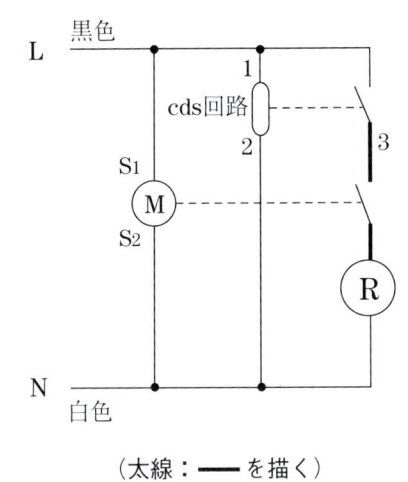

（太線：——を描く）

（複線図①）

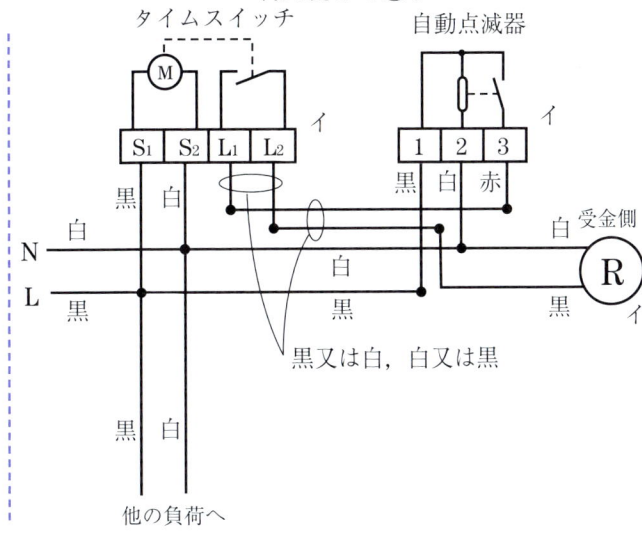

黒又は白，白又は黒

（複線図②）

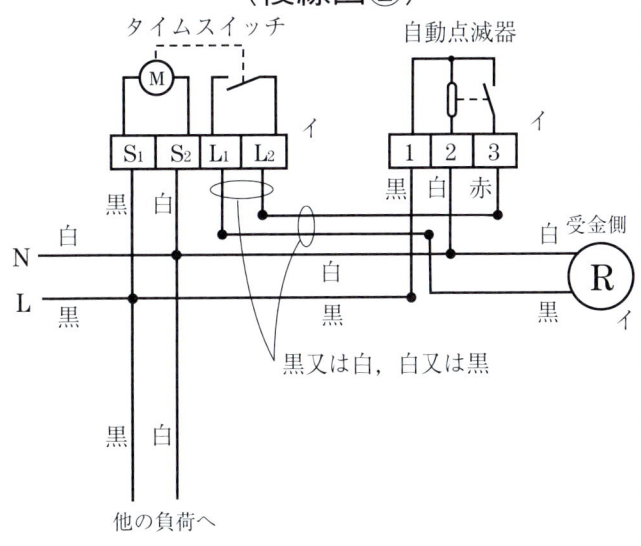

黒又は白，白又は黒

（タイムスイッチの接点端子を逆に使用してもよい）

3.8 単相3線式の分岐回路

原則として，住宅には単相3線式分岐回路は施設しない．（内線規程3605節 配線設計3605-2分岐回路の種類）施設する場合は，次のいずれかにより行う．

① 一つの電気機器に至る専用回路とする．
② 中性線が欠損した場合，電気機器に異常電圧が印加しないように施設する．（規定されたケーブル配線で施工し，電線に標識をする）
③ 中性線が欠損した場合，当該回路を自動的にかつ確実に遮断する装置を施設する．

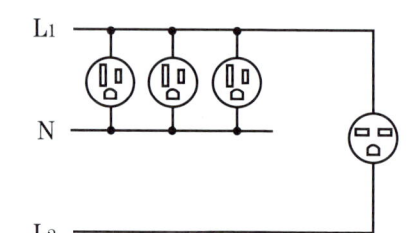

②の片寄せ配線例

受口の施設はコンセント専用とし，電灯受口は設けないこと．

〔片寄せ配線によるコンセント回路〕

注意 100V回路は，電線の色別「黒色」と「白色」の間を使用すること．「赤色」と「白色」には，100Vは接続出来ない．

内線規程 1編3章 保安原則 1315節 極性標識
1315-6 単相3線式分岐回路の電線の標識

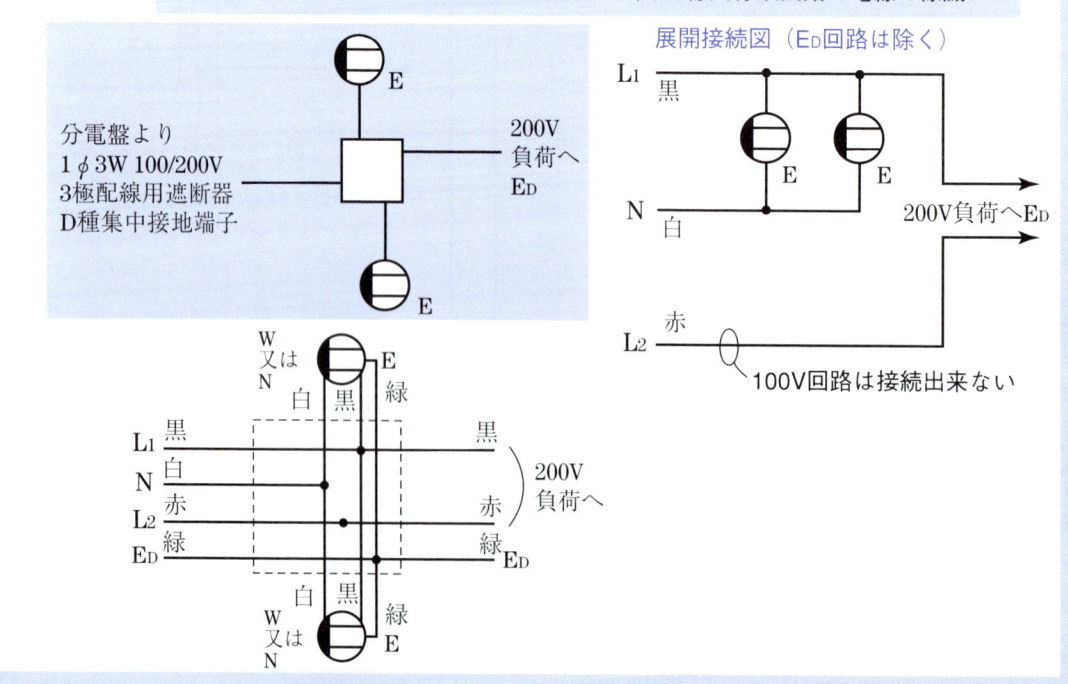

分電盤より
1φ3W 100/200V
3極配線用遮断器
D種集中接地端子

200V負荷へ E_D

展開接続図（E_D回路は除く）

200V負荷へE_D

100V回路は接続出来ない

200V負荷へ

Section 4 電灯負荷設備の複線図化の例

4.1 点滅器1箇所と照明器具2灯の回路

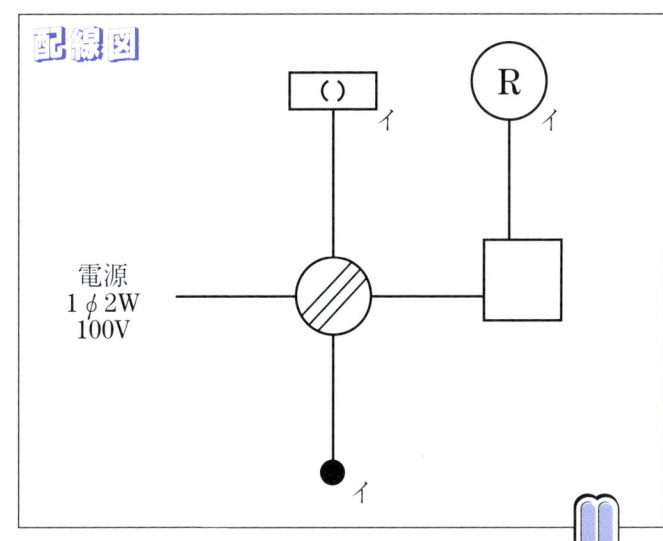

例1

配線図

電源
1φ2W
100V

手順1

展開接続図を描く（問題で示される場合もある）

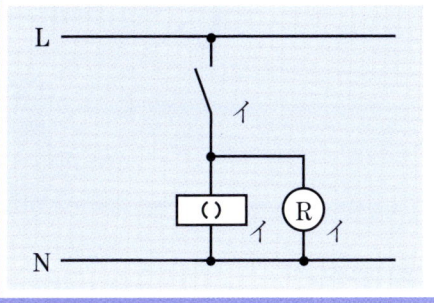

手順2

配置に従って図記号を描く

電源 N L

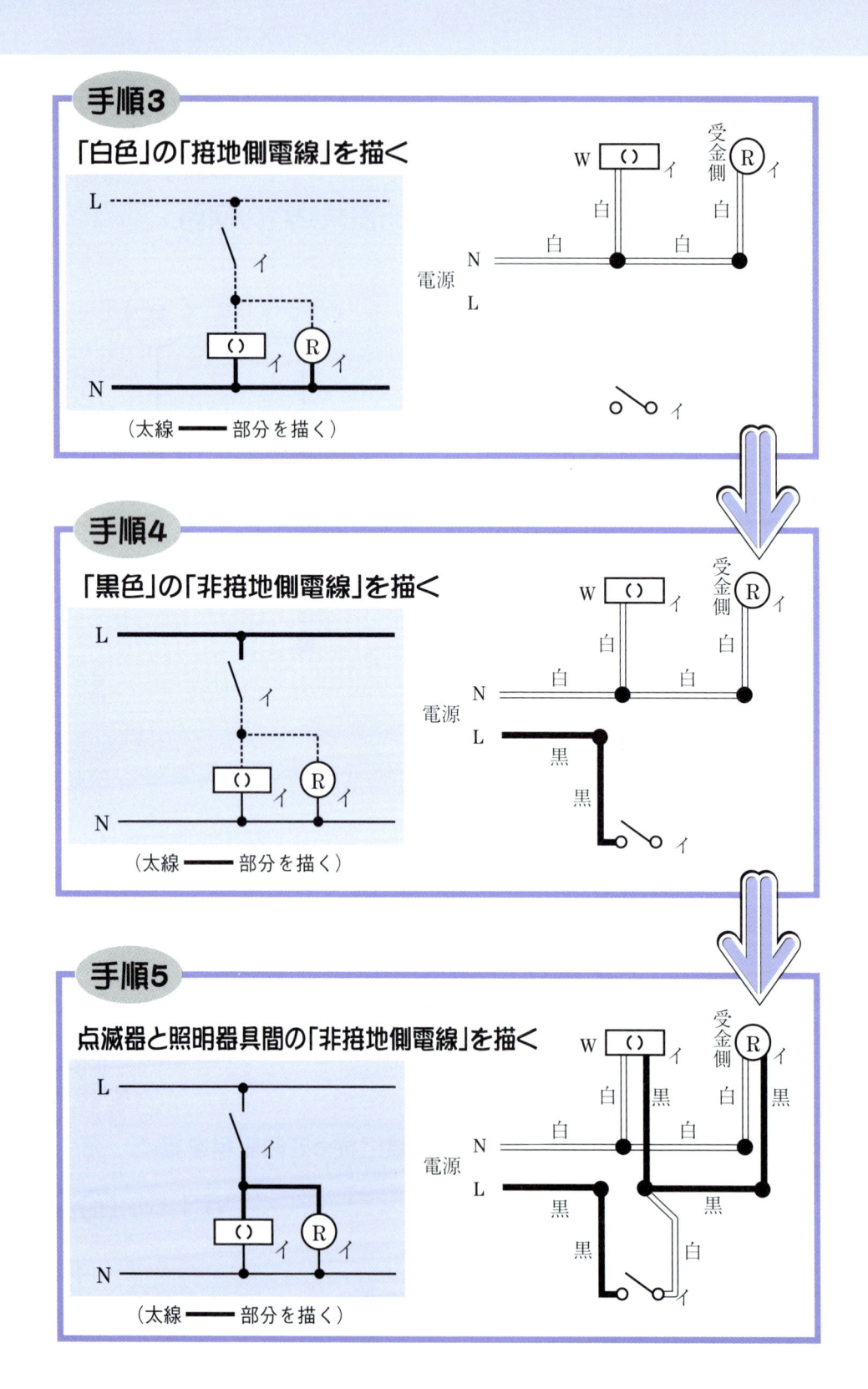

手順3

「白色」の「接地側電線」を描く

（太線 ——— 部分を描く）

手順4

「黒色」の「非接地側電線」を描く

（太線 ——— 部分を描く）

手順5

点滅器と照明器具間の「非接地側電線」を描く

（太線 ——— 部分を描く）

4.2 3路スイッチ回路（電源側指定）

例 2

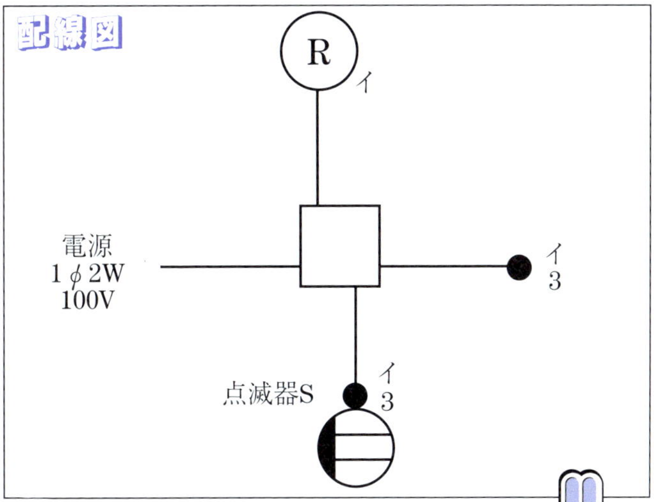

配線図

電源 1φ2W 100V

点滅器S

電源から点滅器Sまでの電線（非接地側）は黒色とする

手順1

展開接続図を描く（問題で示される場合もある）

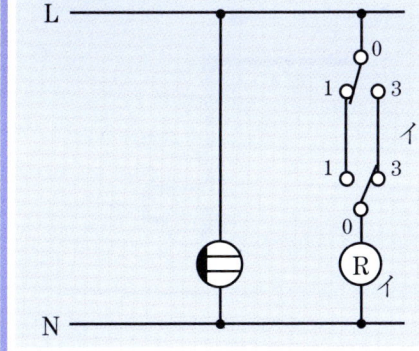

手順2

配置に従って図記号を描く

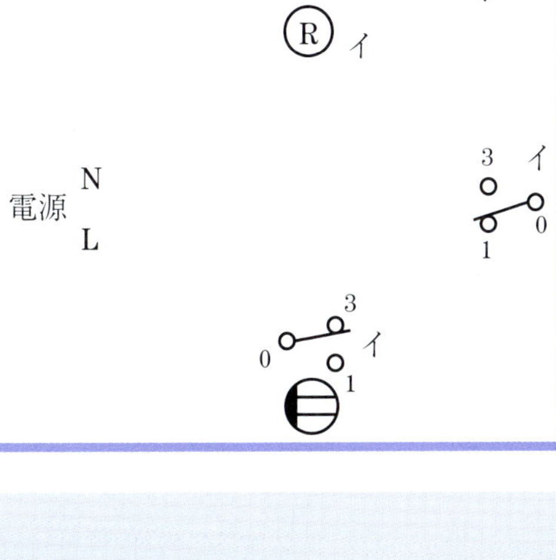

電源 N L

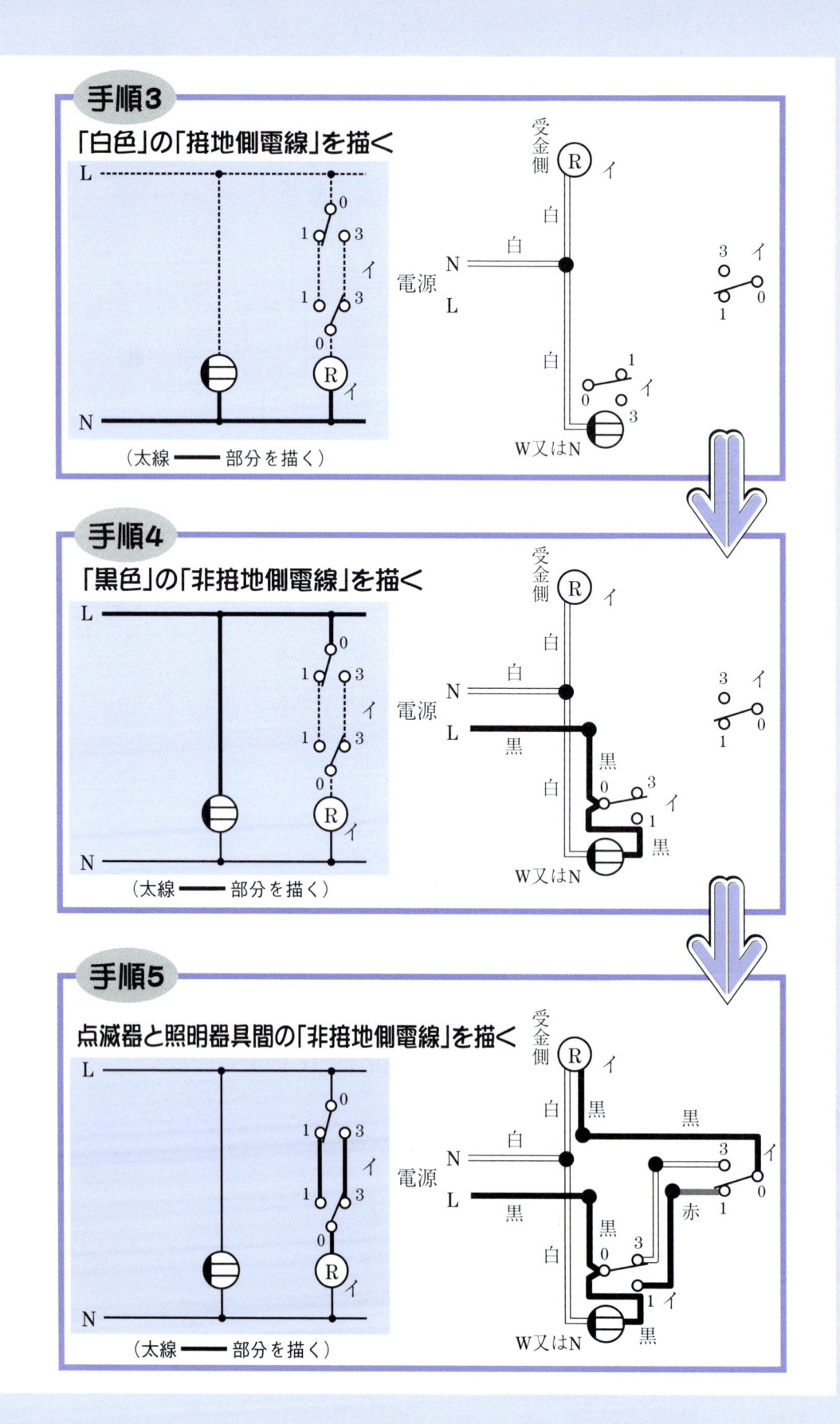

手順3

「白色」の「接地側電線」を描く

（太線 ━━ 部分を描く）

手順4

「黒色」の「非接地側電線」を描く

（太線 ━━ 部分を描く）

手順5

点滅器と照明器具間の「非接地側電線」を描く

（太線 ━━ 部分を描く）

4.3 タイムスイッチと点滅器のAND回路

例3 AND回路

配線図

電源 1φ2W 100V

TS イ
R イ
イ

タイムスイッチの接点と点滅器イが同時に閉じた場合に、ランプレセプタクルが点灯する.

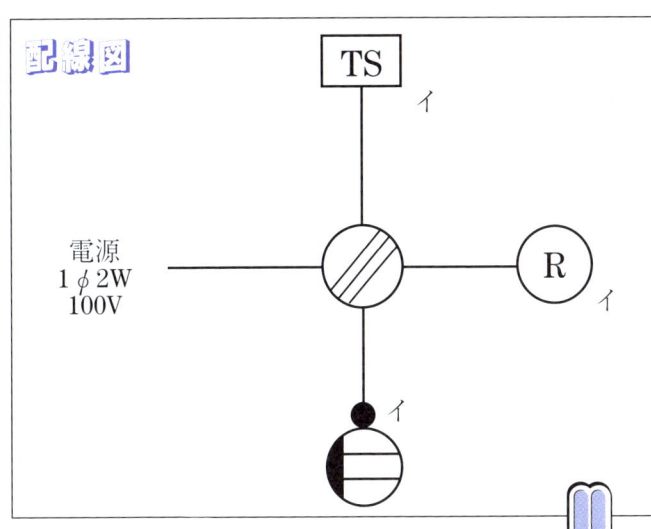

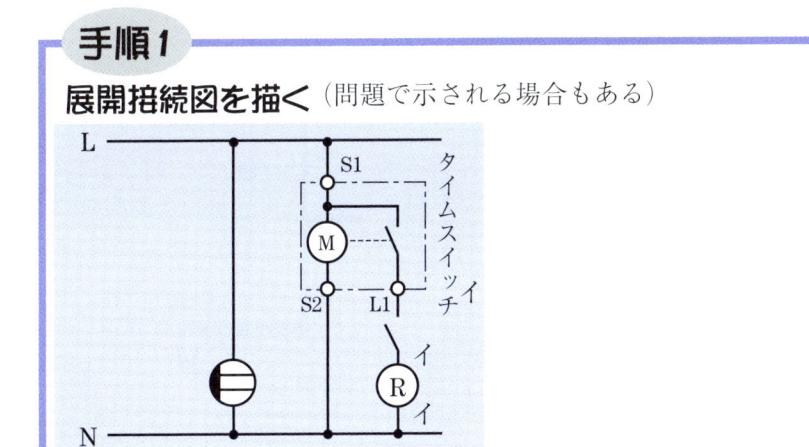

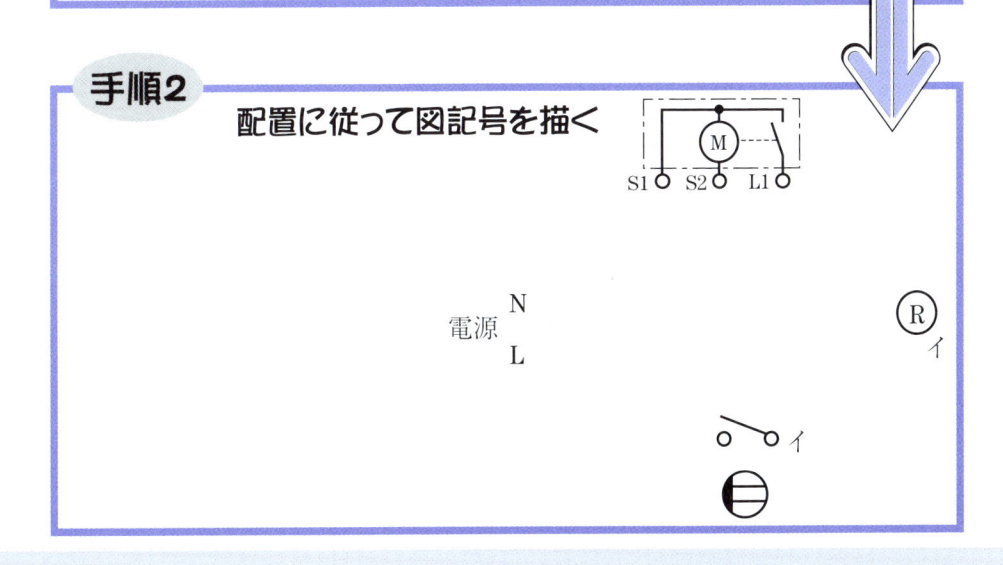

手順1

展開接続図を描く（問題で示される場合もある）

L
タイムスイッチ
S1
M
S2 L1
イ
R イ
イ
N

手順2

配置に従って図記号を描く

M
S1 S2 L1

電源 N / L

R イ

イ

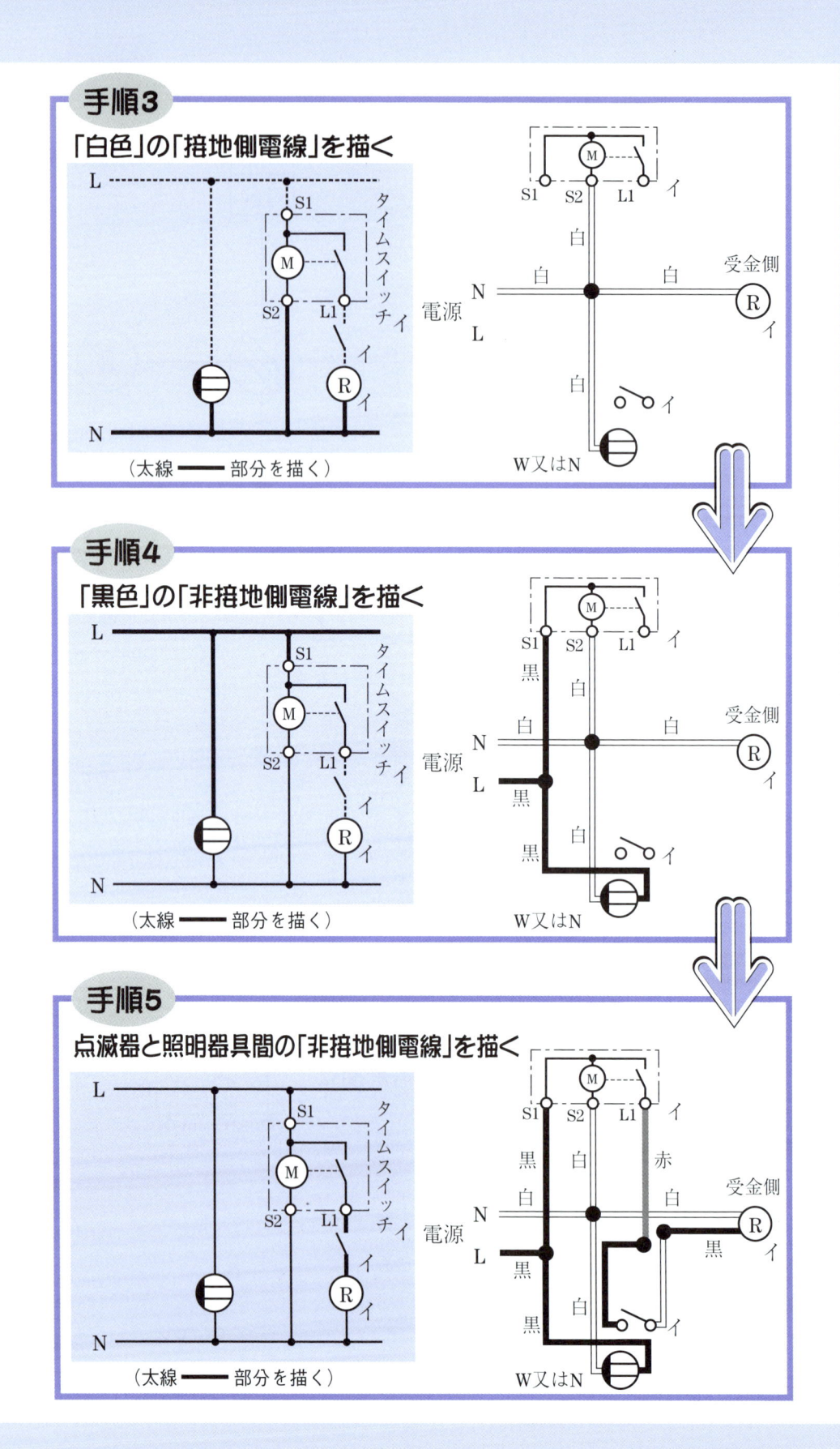

手順3

「白色」の「接地側電線」を描く

（太線 ━━ 部分を描く）

手順4

「黒色」の「非接地側電線」を描く

（太線 ━━ 部分を描く）

手順5

点滅器と照明器具間の「非接地側電線」を描く

（太線 ━━ 部分を描く）

Section 5 施工条件によって変わる複線図

問題の配線図によっては，展開接続図により，複数の複線図が描ける場合がある．（AND回路，OR回路，切替スイッチの配置）

ここでは，負荷の照明器具の点滅状態が異なることを，タイムチャートで確認し，展開接続図と複線図を濃い鉛筆でなぞって覚えよう．

5.1 自動点滅器と点滅器のAND回路

ランプレセプタクルを日没時に点灯して，終業時に点滅器により消灯する．ただし，点滅器を日没前の始業時に入りにする．（夜間営業表示）

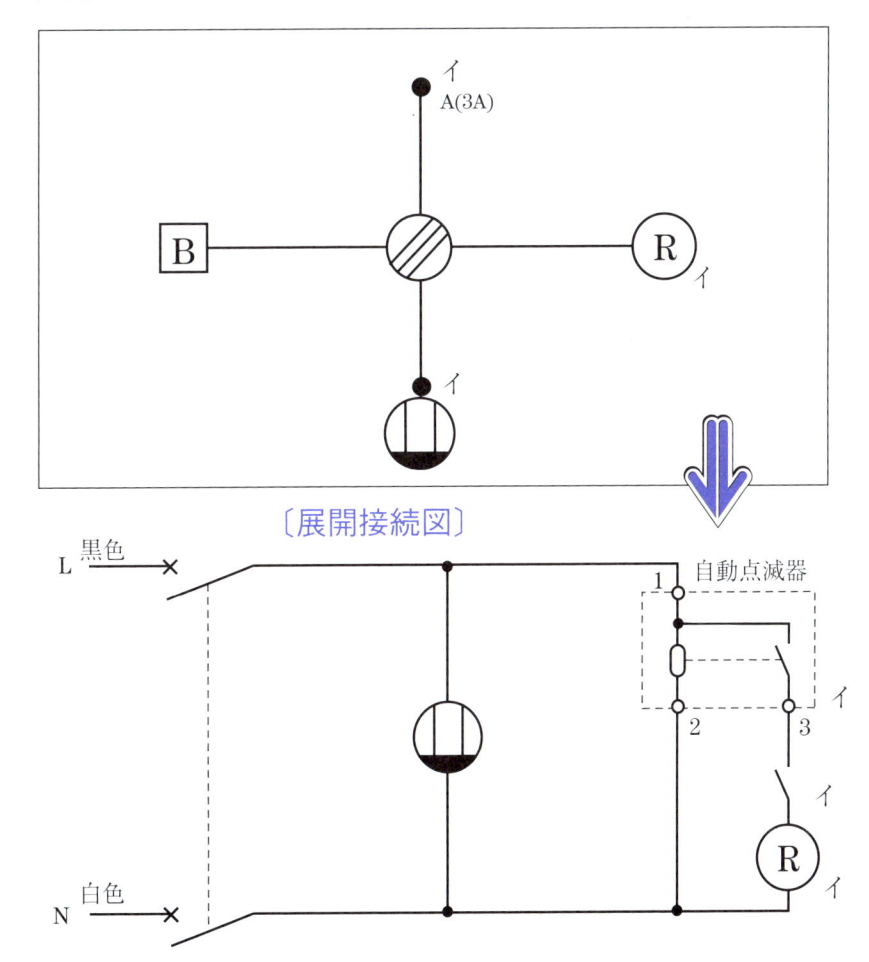

〔展開接続図〕

〔タイムチャート〕

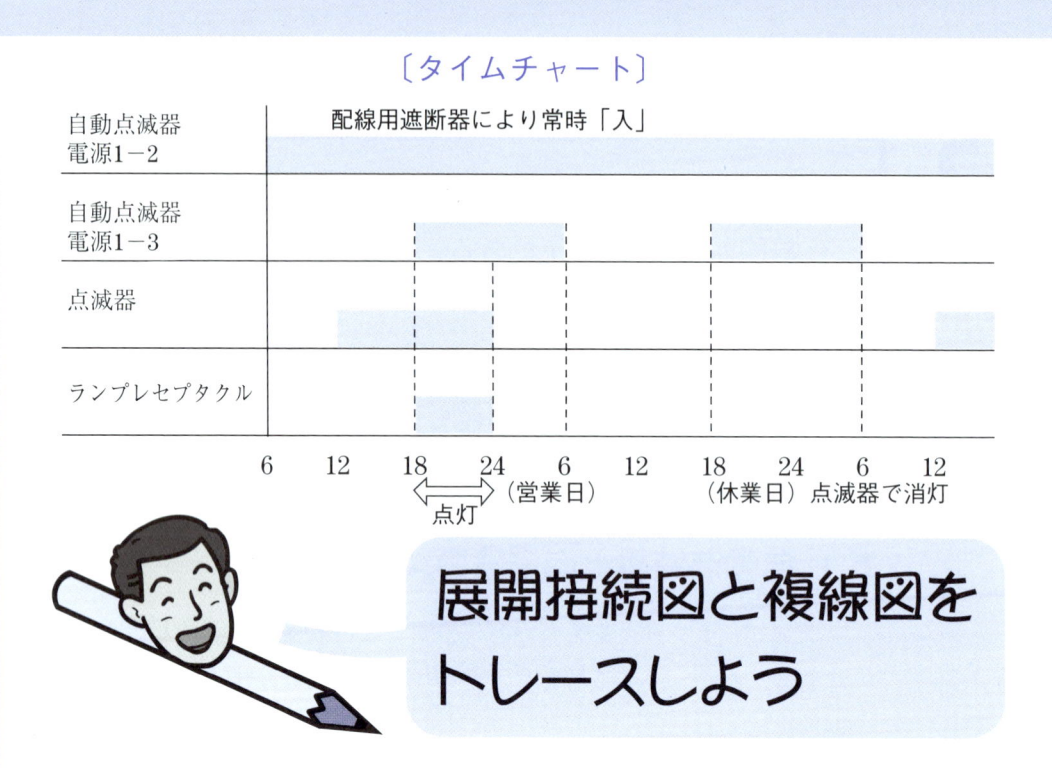

自動点滅器 電源1－2	配線用遮断器により常時「入」									
自動点滅器 電源1－3										
点滅器										
ランプレセプタクル										

6　　12　　18　　24　　6　　12　　18　　24　　6　　12
　　　　　　　⇔　　（営業日）　　　　（休業日）点滅器で消灯
　　　　　　点灯

展開接続図と複線図をトレースしよう

　施工条件の色指定は，接地側を白色，非接地側を黒色と指定されるので，先に接地側，非接地側の順序で描くと電線の色別を決めやすい．
（複線図を完成させてから，接地側白色，非接地側黒色を決め，他は残りの色で組み合わせてもよい）

ステップ：1　　接地側電線（N）を描く．（色指定：白色）

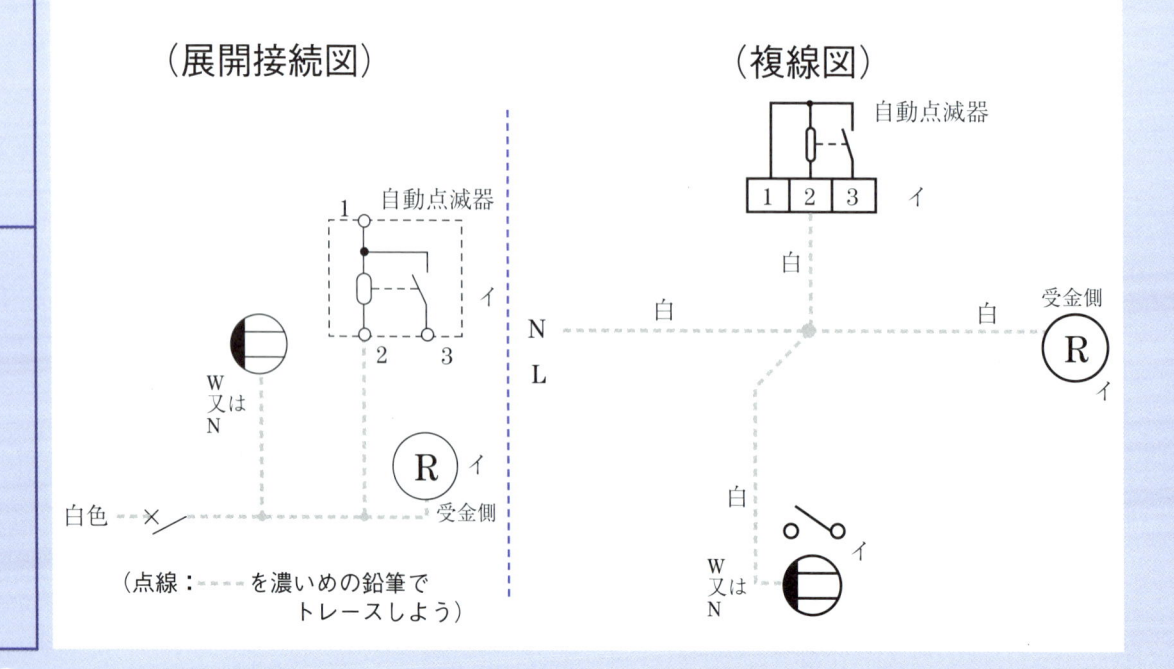

（展開接続図）　　　　　　　　　　（複線図)

（点線：-----を濃いめの鉛筆でトレースしよう）

ステップ：2　非接地側電線（L）を描く．（色指定：黒色）

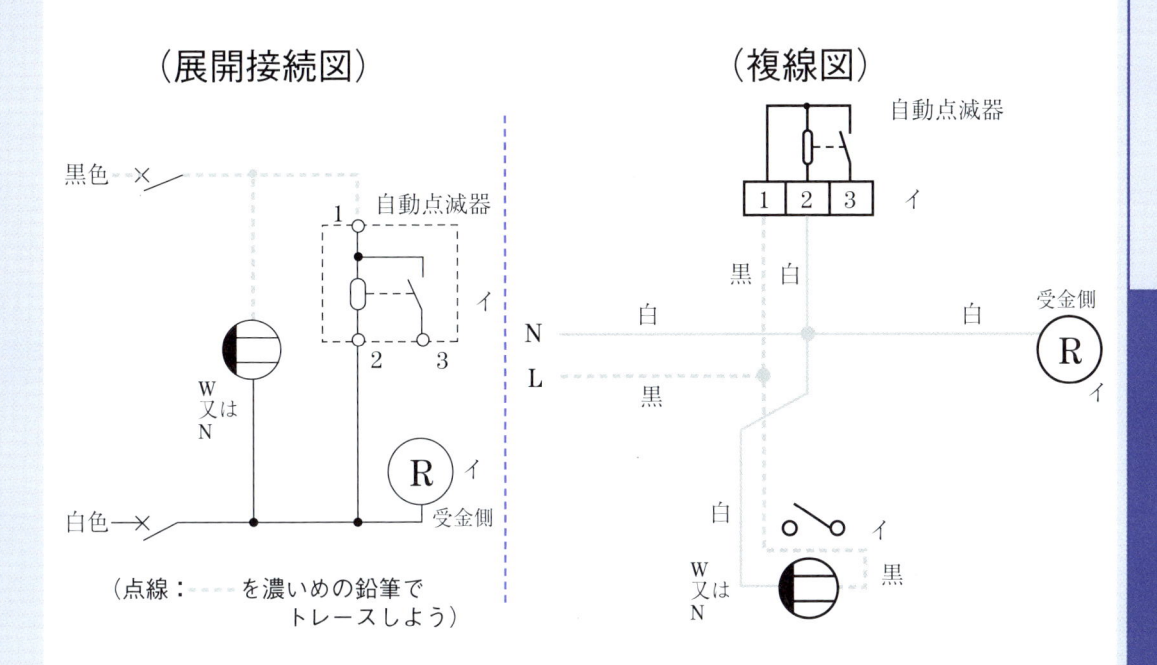

（展開接続図）　　　　　　　　　（複線図）

（点線：----を濃いめの鉛筆でトレースしよう）

ステップ：3　自動点滅器，点滅器とランプレセプタクルの間を描く．

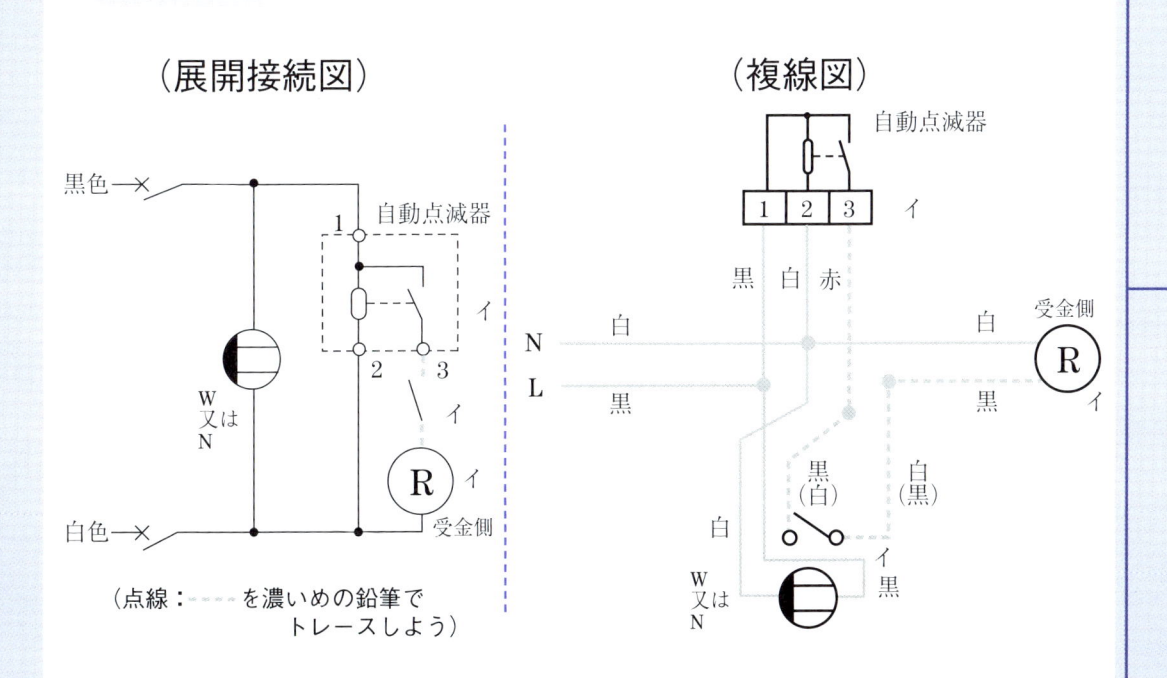

（展開接続図）　　　　　　　　　（複線図）

（点線：----を濃いめの鉛筆でトレースしよう）

第2編　複線図マスター

85

5.2 自動点滅器と点滅器のOR回路

ランプレセプタクルを日没時に点灯して，日の出時に消灯する自動点滅と，点滅器による試験消灯（手動点灯する）

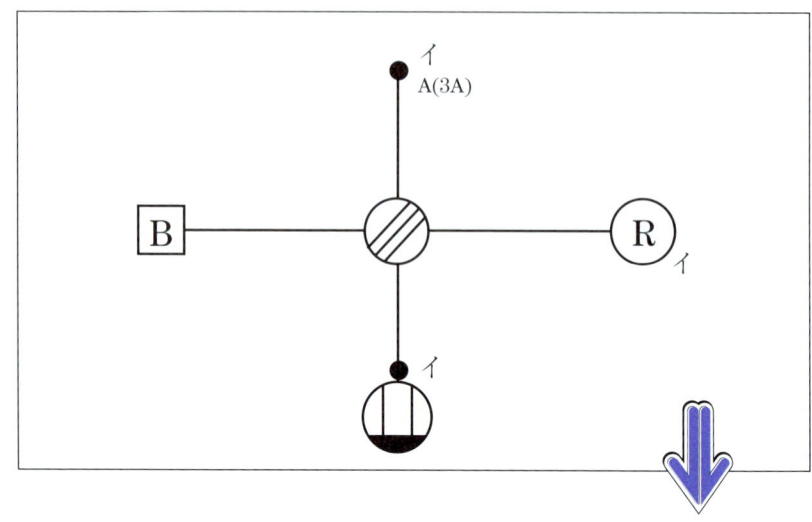

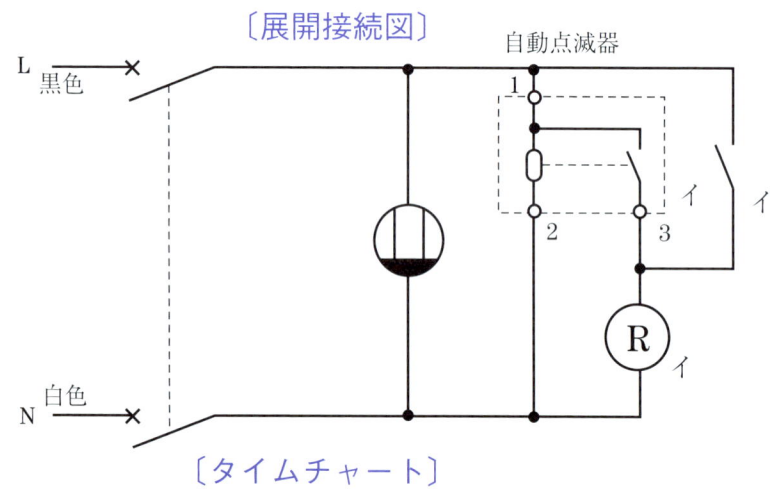

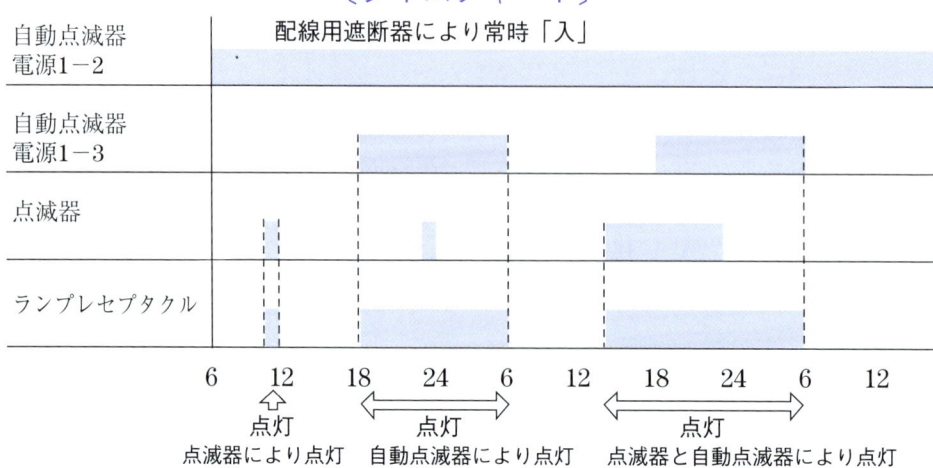

〔展開接続図〕　自動点滅器

〔タイムチャート〕

配線用遮断器により常時「入」

自動点滅器 電源1−2

自動点滅器 電源1−3

点滅器

ランプレセプタクル

6　12　18　24　6　12　18　24　6　12

点灯　点灯　点灯
点滅器により点灯　自動点滅器により点灯　点滅器と自動点滅器により点灯

展開接続図と複線図をトレースしよう

ステップ：1 　接地側電線（N）を描く．（色指定：白色）

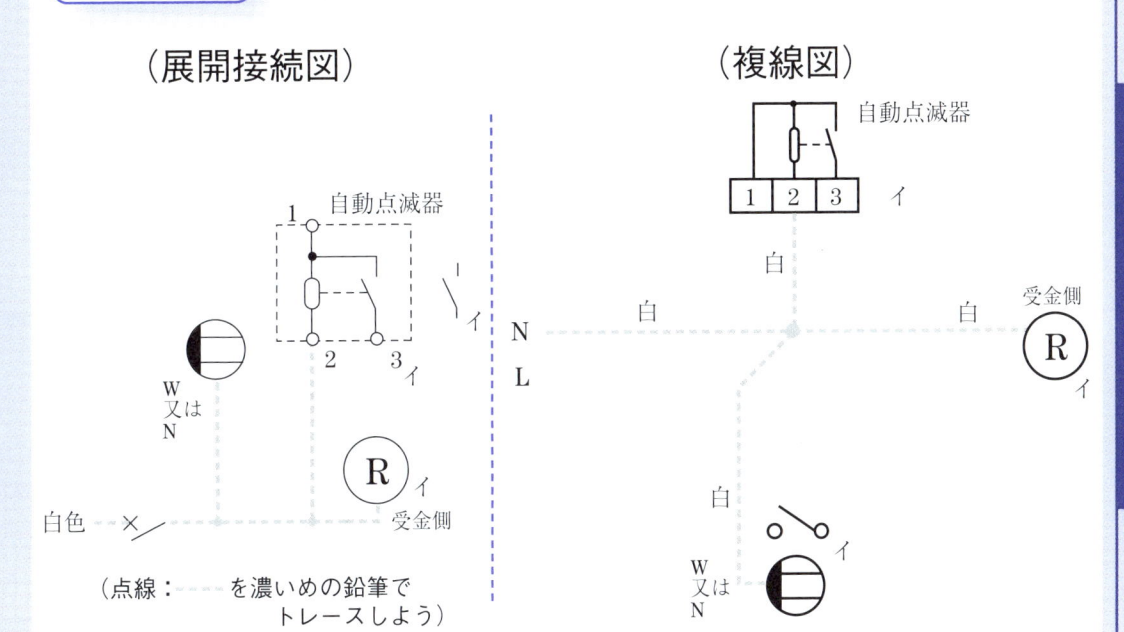

（展開接続図）　　　　　　　　（複線図）

(点線： を濃いめの鉛筆でトレースしよう)

ステップ：2 　非接地側電線（L）を描く．（色指定：黒色）

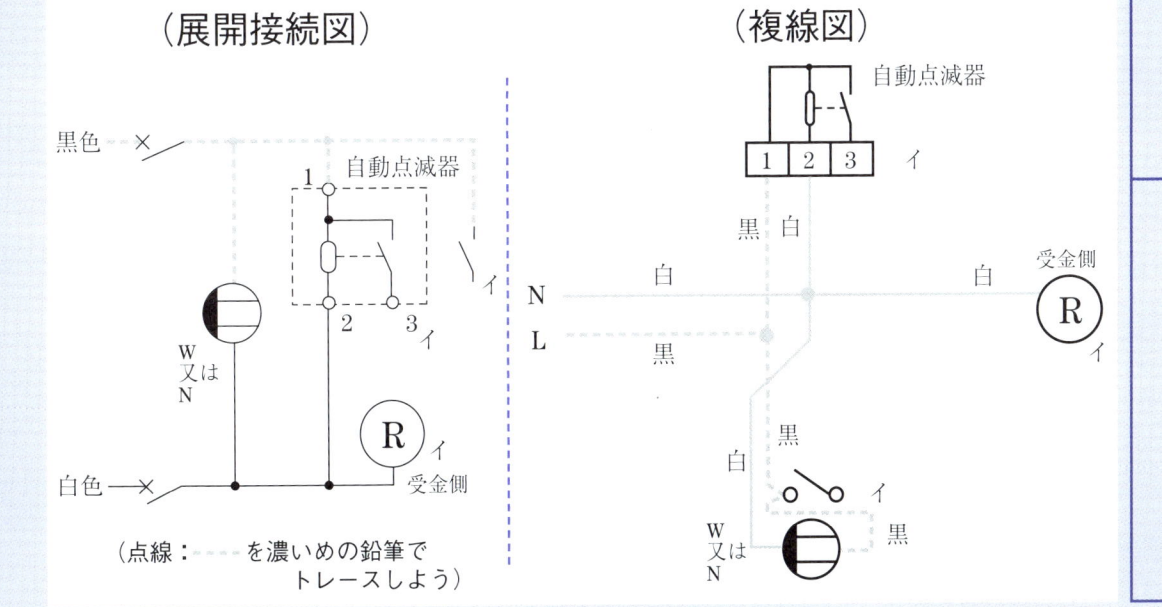

（展開接続図）　　　　　　　　（複線図）

(点線： を濃いめの鉛筆でトレースしよう)

第2編　複線図マスター

87

ステップ：3　自動点滅器，点滅器とランプレセプタクルの間を描く．

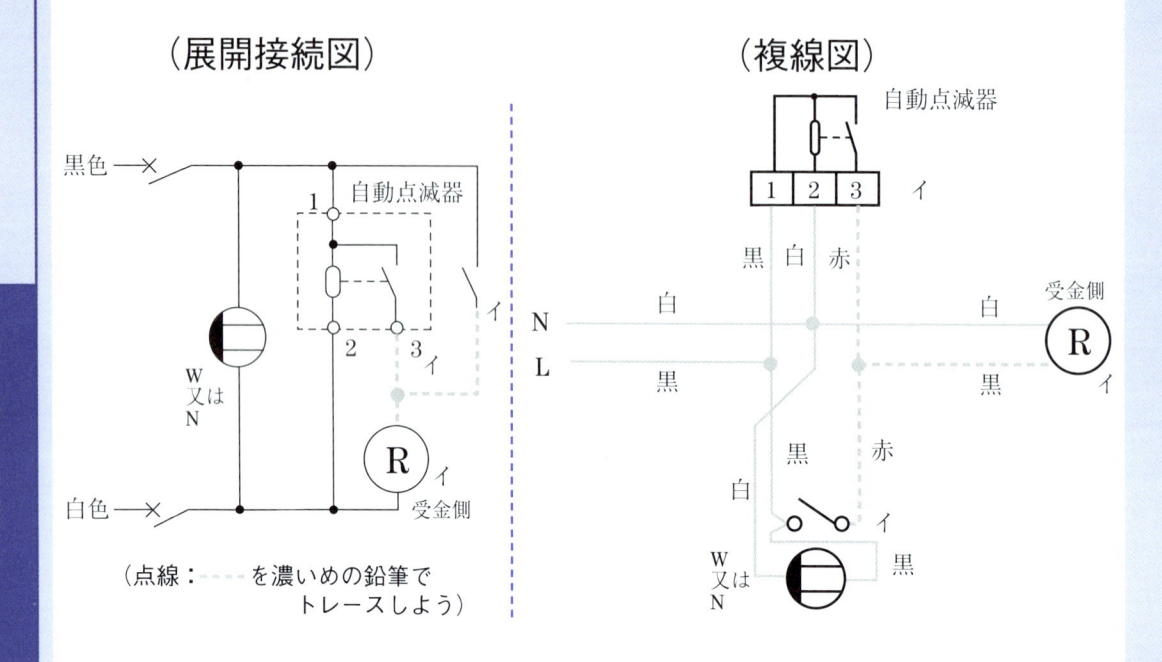

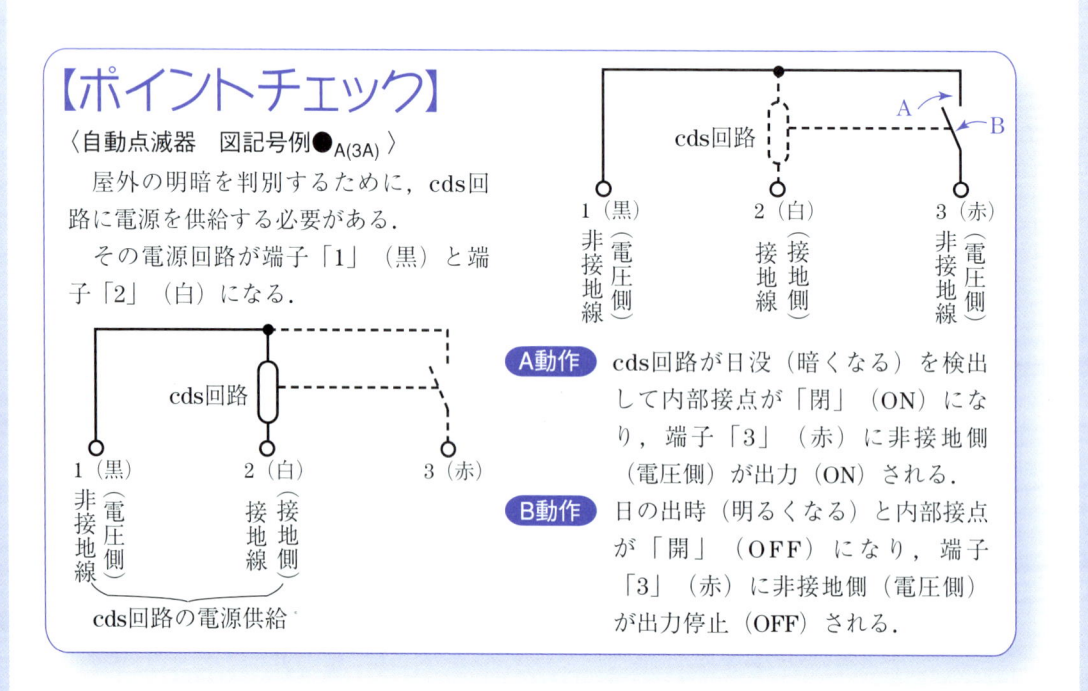

（展開接続図）　　　　　　　　（複線図）

（点線：----- を濃いめの鉛筆でトレースしよう）

【ポイントチェック】

〈自動点滅器　図記号例 ●A(3A)〉

屋外の明暗を判別するために，cds回路に電源を供給する必要がある．
その電源回路が端子「1」（黒）と端子「2」（白）になる．

cds回路の電源供給

1（黒）非接地側（電圧側）非接地線
2（白）接地側　接地線
3（赤）非接地側（電圧側）非接地線

A動作　cds回路が日没（暗くなる）を検出して内部接点が「閉」（ON）になり，端子「3」（赤）に非接地側（電圧側）が出力（ON）される．

B動作　日の出時（明るくなる）と内部接点が「開」（OFF）になり，端子「3」（赤）に非接地側（電圧側）が出力停止（OFF）される．

第2編　複線図マスター

88

5.3 タイムスイッチと点滅器・切替点滅器の回路

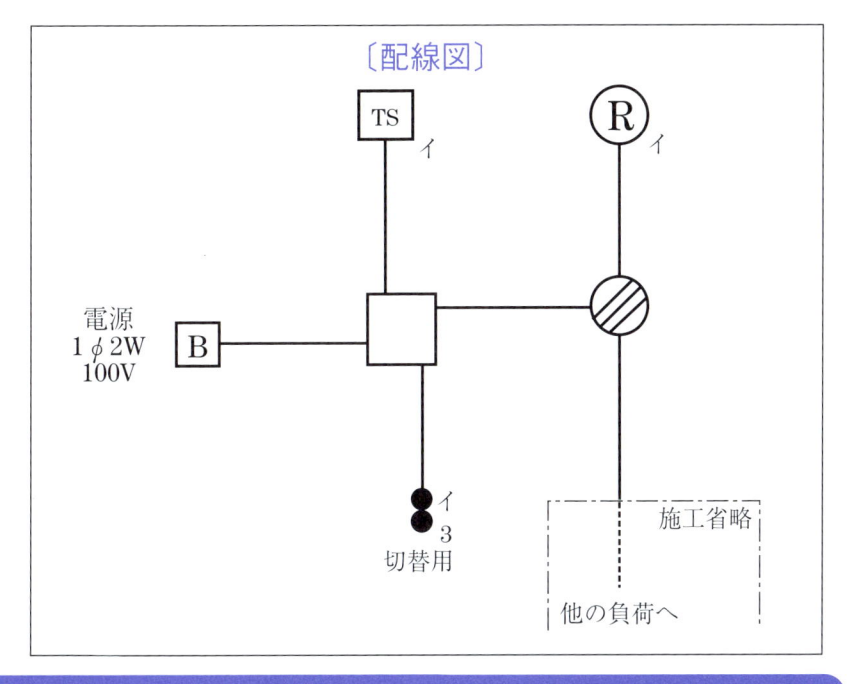

〔配線図〕

電源
1φ2W
100V

TS イ
R イ
B
施工省略
他の負荷へ
イ
3
切替用

タイムスイッチ代用のブロック端子と切替スイッチの回路位置により，考えられる複線図例

代用端子　その①（3端子）

〈タイムスイッチの内部結線〉　〈ブロック端子図〉

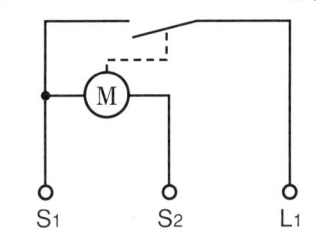

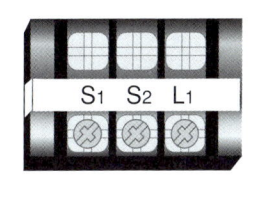

S_1　S_2　L_1

代用端子　その②（4端子）

〈タイムスイッチの内部結線〉　〈ブロック端子図〉

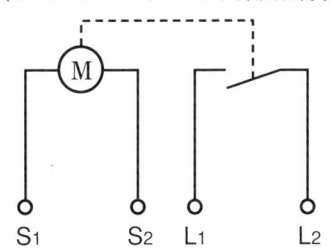

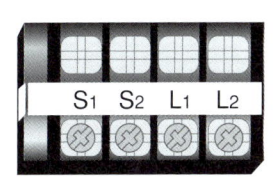

S_1　S_2　L_1　L_2

※ただし，タイムスイッチの「L1」と「L2」，切替スイッチ（3路）の「1」，「3」の施工条件による指定はなく，逆に使用しても良いものとする．

代用端子　その①（3端子）による展開接続図の例　／　切替スイッチを照明器具側に配置

【例 1】

・ $\boxed{TS}_イ$ と $●_イ$（点滅器）を $●_3$（3路スイッチ）で切替る回路．

・ $\boxed{TS}$ or（または） $●_イ$ の回路．

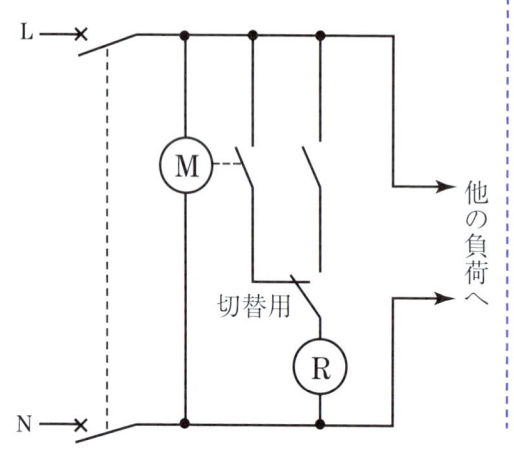

【例 2】

・ $\boxed{TS}_イ$ と $●_イ$（点滅器）が同時に「入」と，切替スイッチによる「試験点灯」（手動点灯）させる回路．

・ $\boxed{TS}_イ$ and（と） $●_イ$ の回路と「試験点灯」（手動点灯）の組み合わせ回路．

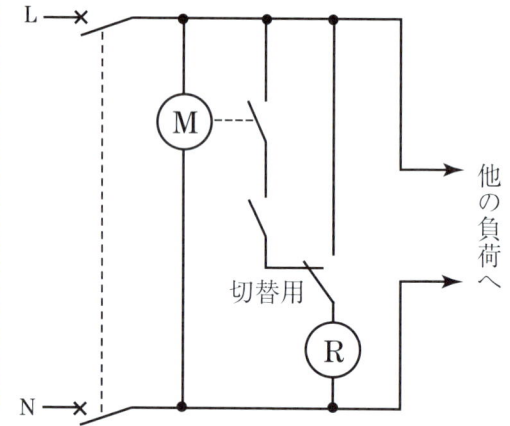

代用端子　その②（4端子）による展開接続図の例　／　切替スイッチを電源側に配置

【例 1】

・ $\boxed{TS}_イ$ と $●_イ$（点滅器）を $●_3$（3路スイッチ）で切替る回路．

・ $\boxed{TS}$ or（または） $●_イ$ の回路．

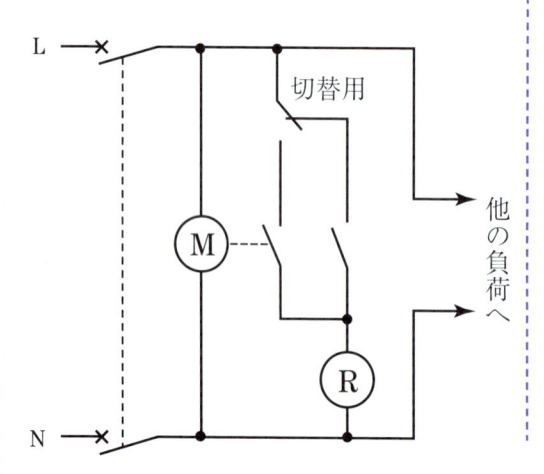

【例 2】

・ $\boxed{TS}_イ$ と $●_イ$（点滅器）が同時に「入」と，切替スイッチによる「試験点灯」（手動点灯）させる回路．

・ $\boxed{TS}_イ$ and（と） $●_イ$ の回路と「試験点灯」（手動点灯）の組み合わせ回路．

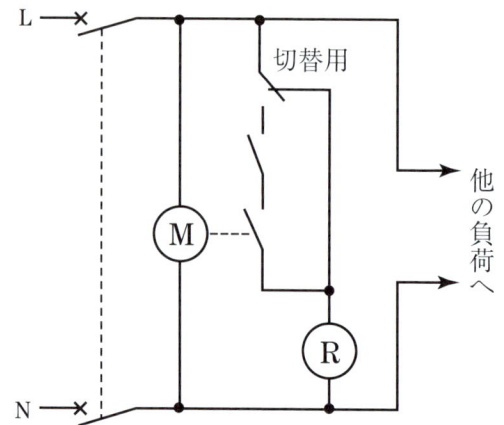

代用端子　その①（3端子）による複線結線図の例

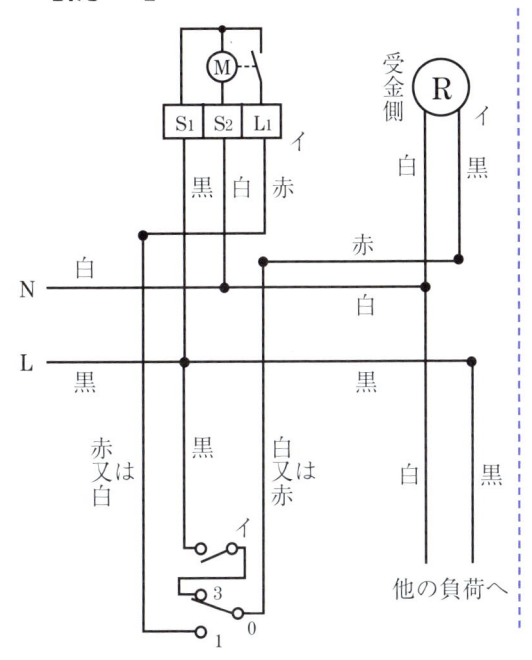

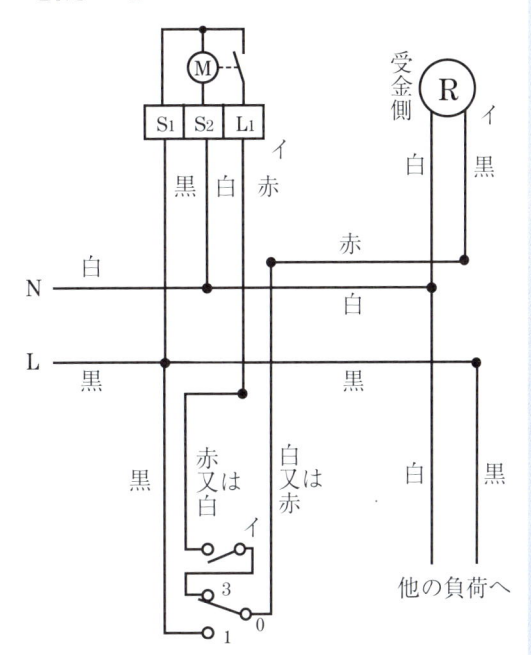

【例 1】　　　　　　　　　　　【例 2】

※施工条件より、切替スイッチ（3路スイッチ）の「1」と「3」は逆でも良い.

代用端子　その②（4端子）による複線結線図の例

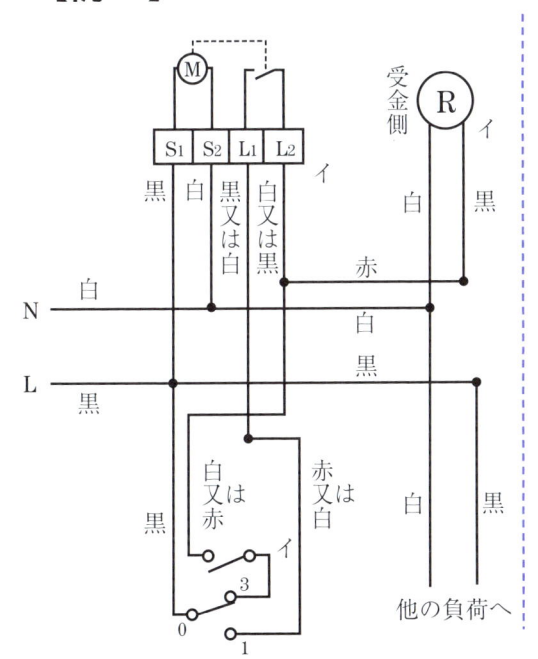

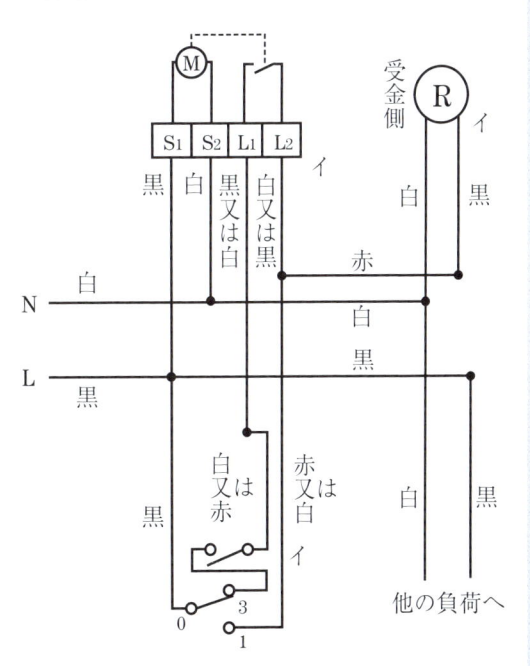

【例 1】　　　　　　　　　　　【例 2】

※施工条件より、タイムスイッチの「L1」と「L2」、切替スイッチの「1」と「3」は逆でも良い.

Section 6 複線図化のための各種機器について

6.1 各種変圧器の結線方法について

　第一種電気工事士技能試験で出題される「変圧器」は，主に高圧回路の電圧6,600〔V〕を低圧の使用電圧100V，200V，400Vに変圧する機器である．

　種類は相数により，「単相変圧器」，「三相変圧器」がある．

主な変圧器の図記号（JIS C 0617-6）

変圧器　名称	図記号（単線図用）	図記号（複線図用）
単相変圧器 （2巻線変圧器）		
単相変圧器 （中間点引き出し 単相変圧器）		
三相変圧器 （星形三角結線の 三相変圧器） （スター・デルタ結線）		

6.2 変圧器の技能試験で用いられる単線図・複線図および変圧器代用のブロック端子説明図・結線図

単相変圧器1台による結線

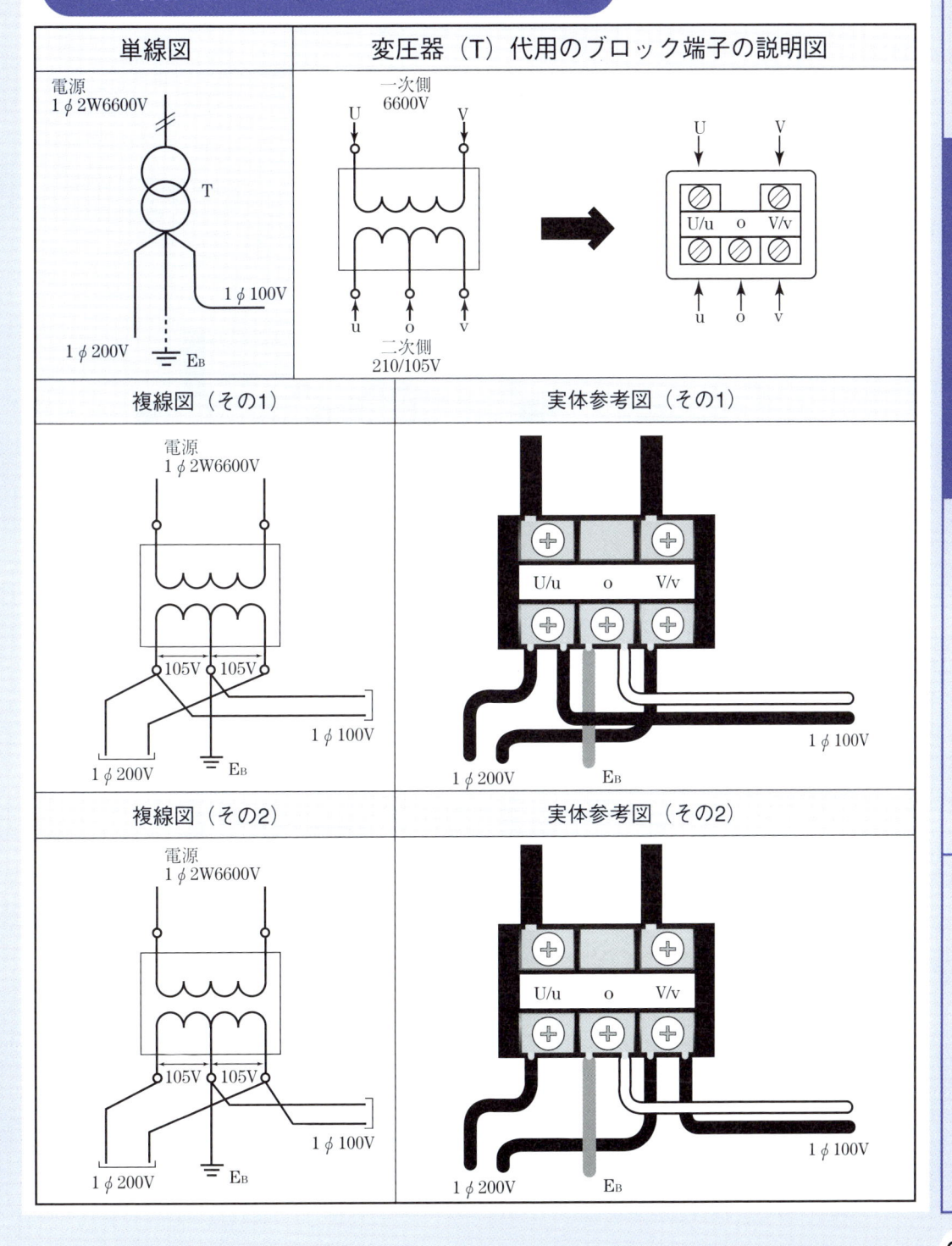

単線図	変圧器（T）代用のブロック端子の説明図
電源 1φ2W6600V／T／1φ200V／1φ100V／E_B	一次側 6600V　U　V ／ 二次側 210/105V　u　o　v　→　U　V／U/u　o　V/v／u　o　v

複線図（その1）	実体参考図（その1）
電源 1φ2W6600V／105V　105V／1φ200V　E_B　1φ100V	U/u　o　V/v／1φ200V　E_B　1φ100V

複線図（その2）	実体参考図（その2）
電源 1φ2W6600V／105V　105V／1φ200V　E_B　1φ100V	U/u　o　V/v／1φ200V　E_B　1φ100V

第2編　複線図マスター

93

単相変圧器2台によるV-V結線

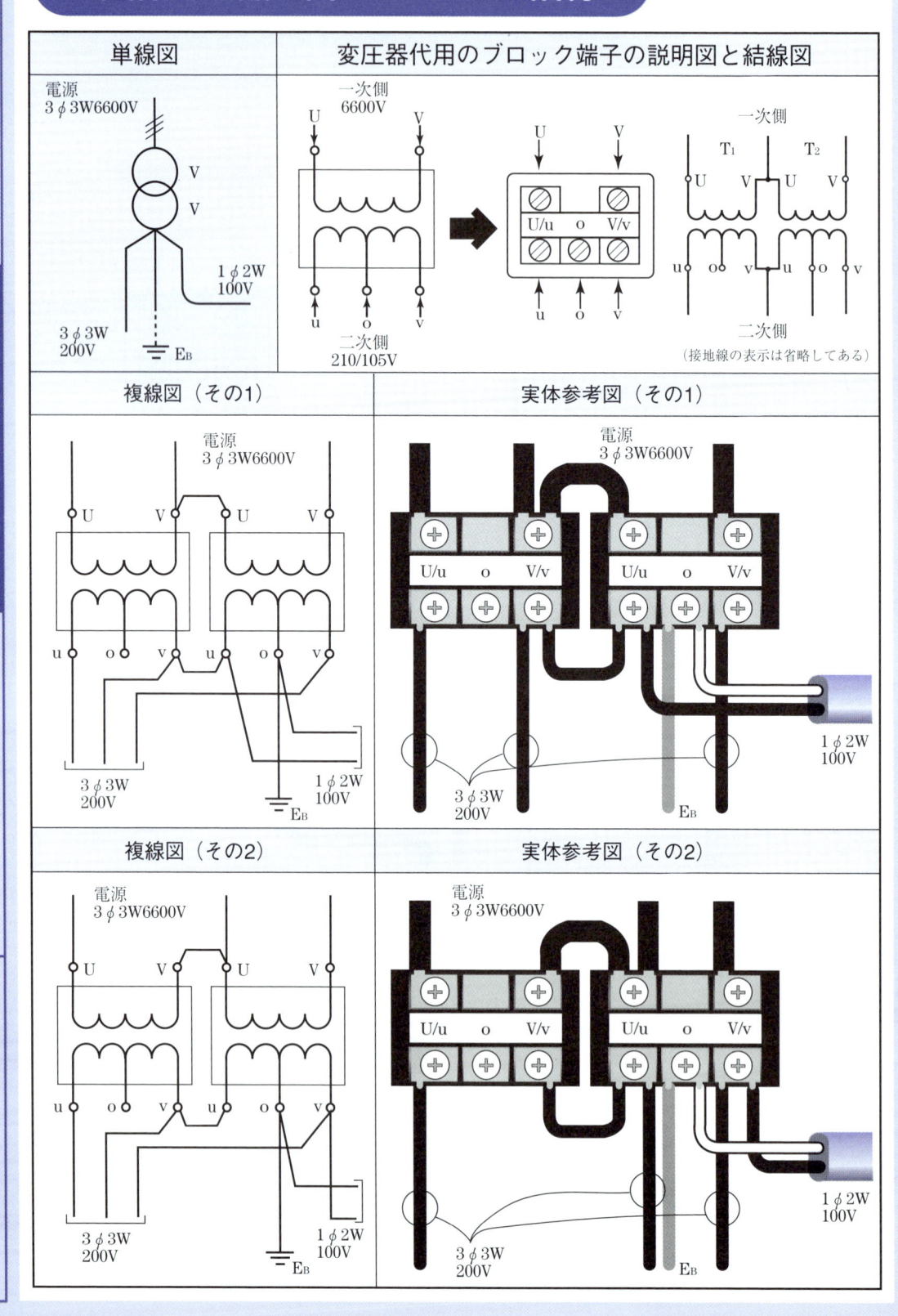

単相変圧器3台による△-△結線

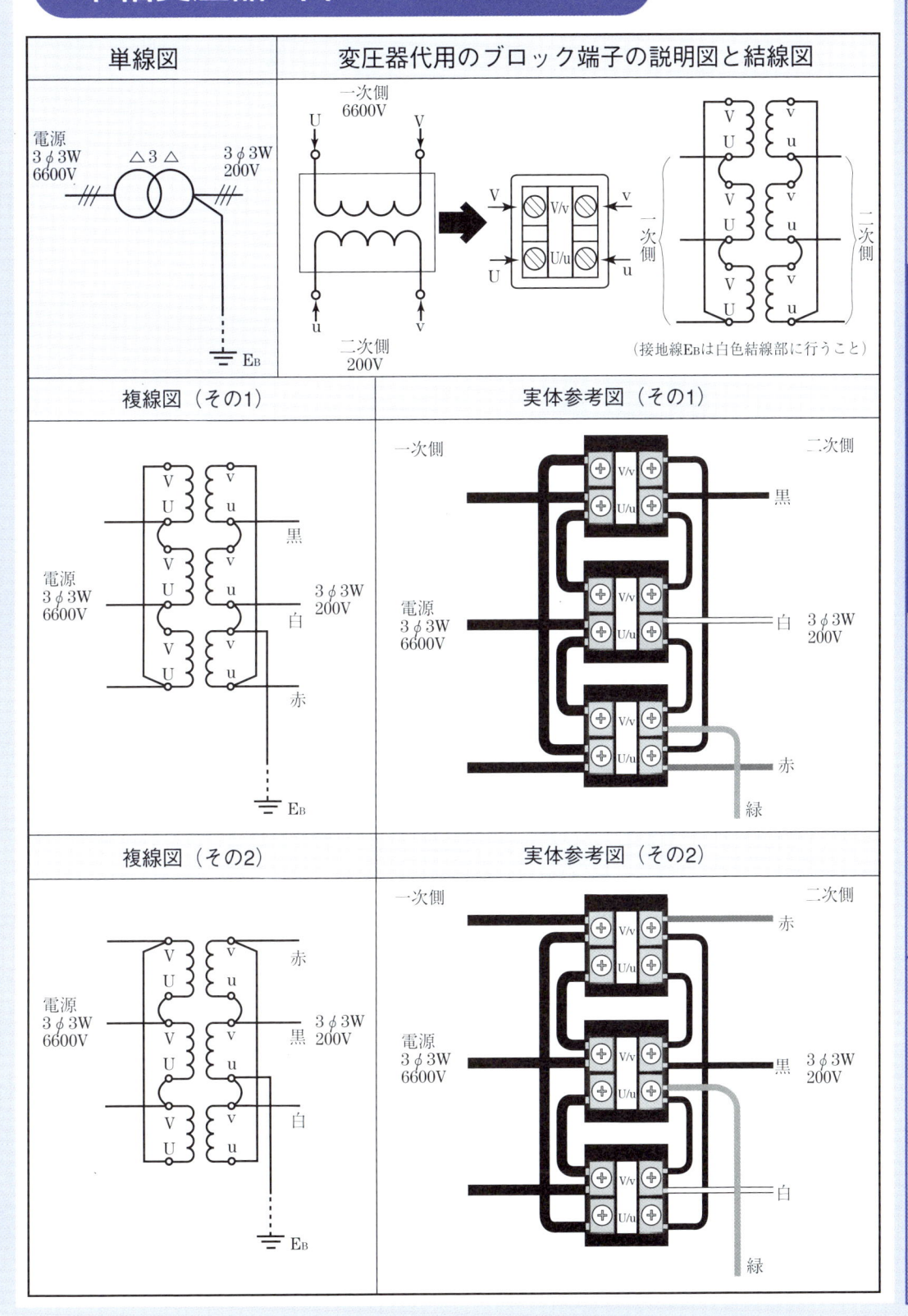

単線図	変圧器代用のブロック端子の説明図と結線図
電源 3φ3W 6600V　△3△　3φ3W 200V　E_B	一次側 6600V / 二次側 200V（接地線E_Bは白色結線部に行うこと）

複線図（その1）	実体参考図（その1）
電源 3φ3W 6600V ／ 3φ3W 200V 黒・白・赤 E_B	一次側／二次側 黒・白・赤・緑 電源 3φ3W 6600V／3φ3W 200V

複線図（その2）	実体参考図（その2）
電源 3φ3W 6600V ／ 3φ3W 200V 赤・黒・白 E_B	一次側／二次側 赤・黒・白・緑 電源 3φ3W 6600V／3φ3W 200V

第2編　複線図マスター

95

三相変圧器による結線

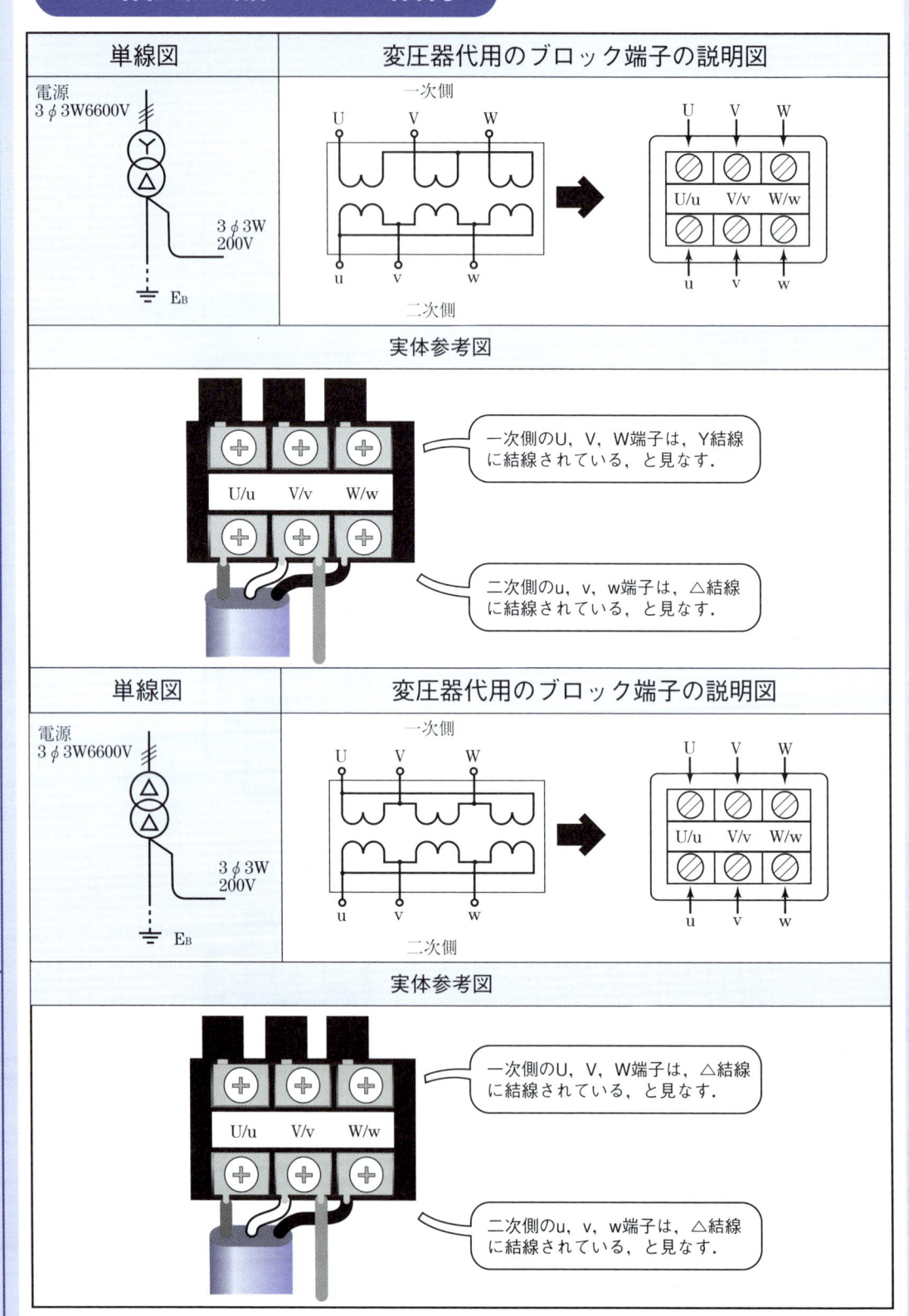

単線図
電源 3φ3W6600V
3φ3W 200V
E_B

変圧器代用のブロック端子の説明図
一次側: U V W
二次側: u v w

実体参考図

一次側のU，V，W端子は，Y結線に結線されている，と見なす．

二次側のu，v，w端子は，△結線に結線されている，と見なす．

単線図
電源 3φ3W6600V
3φ3W 200V
E_B

変圧器代用のブロック端子の説明図
一次側: U V W
二次側: u v w

実体参考図

一次側のU，V，W端子は，△結線に結線されている，と見なす．

二次側のu，v，w端子は，△結線に結線されている，と見なす．

6.3 配線用遮断器について

　配線用遮断器とは，JISによれば「開閉機構・引きはずし装置などを絶縁物の容器内に一体に組み立てたもので，通常の使用状態の電路を手動又は電気操作により開閉することができ，かつ過負荷および短絡などのとき，自動的に電路を遮断する器具をいう．」と定義している．

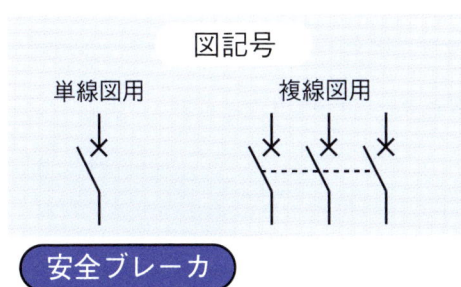

図記号

単線図用　　複線図用

文字記号

MCCB（Molded Case Circuit Breakers）
モールデッド ケース サーキット ブレーカ
（ノーヒューズブレーカは商品名）

安全ブレーカ

2極1素子（2P1E）

開閉遮断部　過電流検出素子

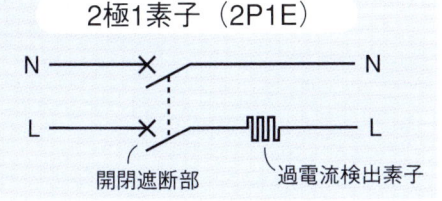

2極1素子とは，開閉遮断部は2極あり，過電流検出素子が非接地側に1素子付いているもの．

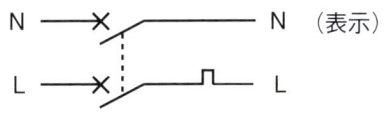

（表示）100V用
極性表示：有
N：接地側
L：非接地側

2極2素子（2P2E）

開閉遮断部　過電流検出素子

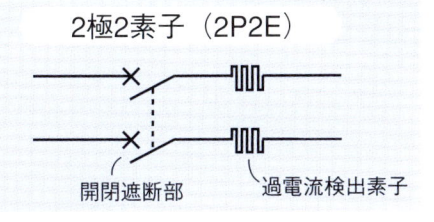

2極2素子とは，開閉遮断部は2極あり，過電流検出素子が非接地側，接地側両方に付いているもの．

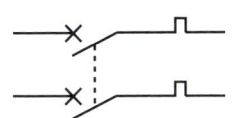

（表示）100/200V用
極性表示：無し

結線図

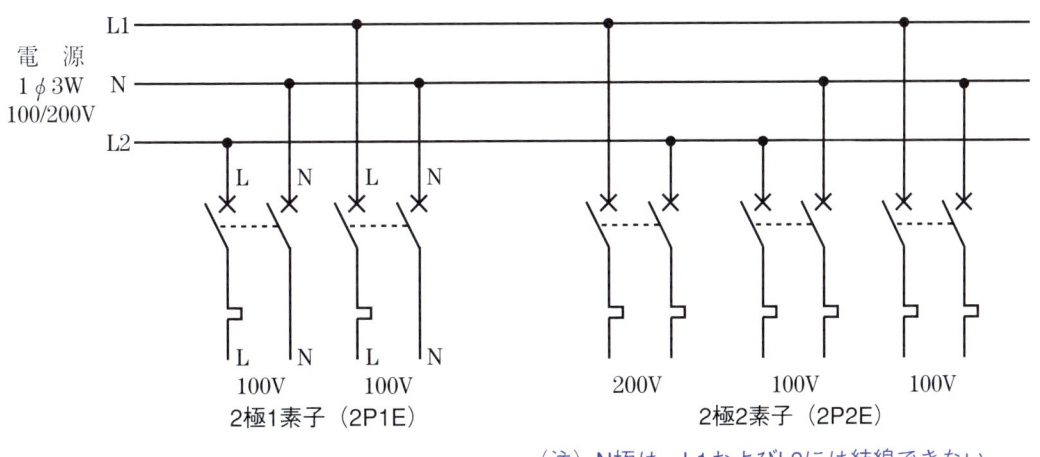

電源 1φ3W 100/200V
L1／N／L2

2極1素子（2P1E）：100V，100V
2極2素子（2P2E）：200V，100V，100V

（注）N極は，L1およびL2には結線できない．

6.4 自動点滅器について

屋外灯を自動点滅するために，光導電素子とバイメタルスイッチ式と電子式がある．暗くなれば，自動的に点灯し，明るくなると自動的に消灯する．

〈**自動点滅器の内部構造**（光導電素子とバイメタルスイッチ式）〉

光センサには，硫化カドミウム光導電セルを用い，cds（硫化カドミウム光導電）セルに光を受けるとバイメタル加熱抵抗への電流が増え，抵抗の発熱によりバイメタルが湾曲して，接点が「開」になる．

そのため，昼間に電源を入れた直後1～2分は，加熱抵抗によりバイメタルが湾曲して接点が「開」になるまで，明るいのに点灯する．

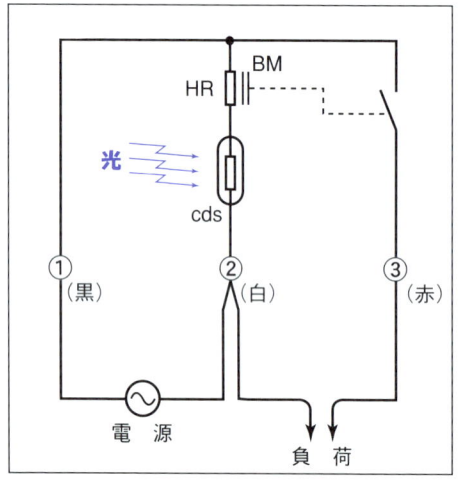

BM ：バイメタル
HR ：バイメタル加熱抵抗
cds ：硫化カドミウム光導電セル

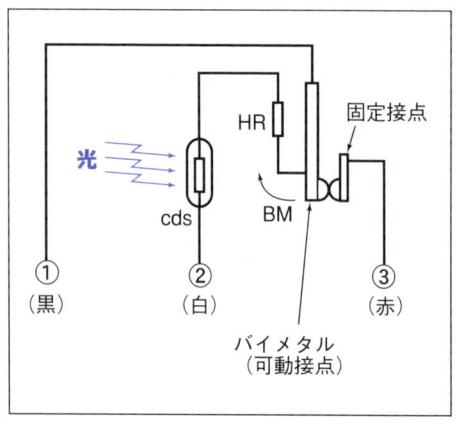

明るいとき ：cdsセルの抵抗が減少し，バイメタルを加熱して接点が「開」になり消灯します．

暗くなると ：cdsセルの抵抗が増加し，バイメタル加熱抵抗への電流が減少してバイメタルの湾曲が戻り，接点が「閉」になり点灯します．

6.5 タイムスイッチについて

交流モータ式と電子式があるが，技能試験で出題されている交流モータ式について述べる．

交流モータでダイヤル（24時間目盛り付き円板）を回転させ，そのダイヤルに「入」及び「切」の時刻にセットピン（設定子）をセットすると，内部の接点が「閉」及び「開」するため，設定した時刻に負荷を「入」「切」できるようになっている．

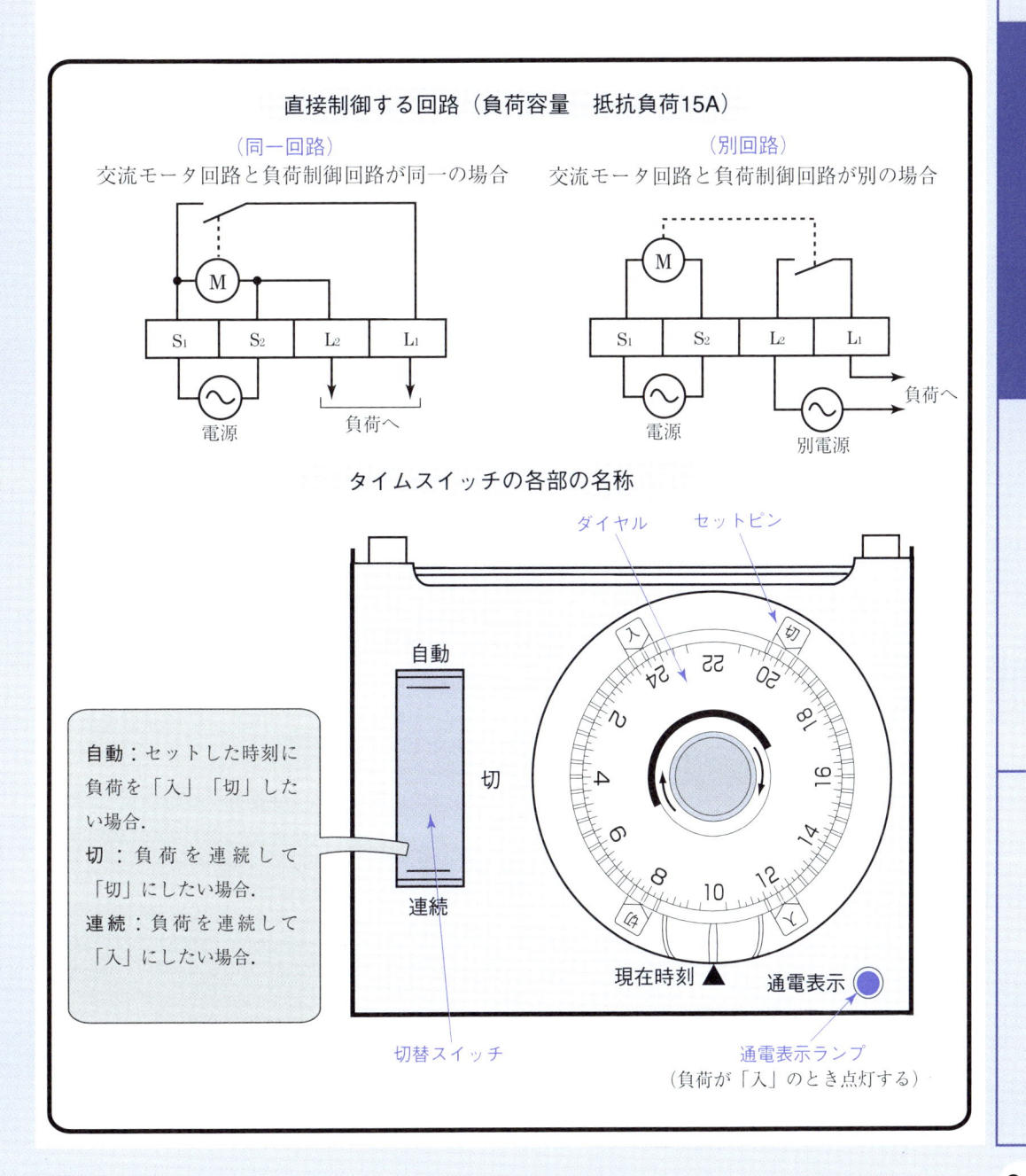

直接制御する回路（負荷容量　抵抗負荷15A）

（同一回路）
交流モータ回路と負荷制御回路が同一の場合

（別回路）
交流モータ回路と負荷制御回路が別の場合

タイムスイッチの各部の名称

自動：セットした時刻に負荷を「入」「切」したい場合．
切：負荷を連続して「切」にしたい場合．
連続：負荷を連続して「入」にしたい場合．

通電表示ランプ（負荷が「入」のとき点灯する）

6.6 電磁接触器について

構成：主接点（大電流を開閉する．接点容量は各種ある．），補助接点（自己保持用a接点，インタロック用b接点，その他に使用）電磁コイル，機構部がモールドケースに組み込まれている．

主接点：電源と負荷に結線する．

補助接点：a接点は主接点と同じ動作をする．容量は交流200V/5A程度で，制御回路（自己保持回路，インターロック回路，状態表示灯回路，その他）に使用する．

▲電磁接触器

電磁コイルを励磁（電流を流す）と，プランジャ（可動鉄心）に連動して可動接点が固定接点に接触して回路を「閉」にする．消磁（電流を流さない）すると，スプリングにより可動接点が戻り回路を「開」にする．

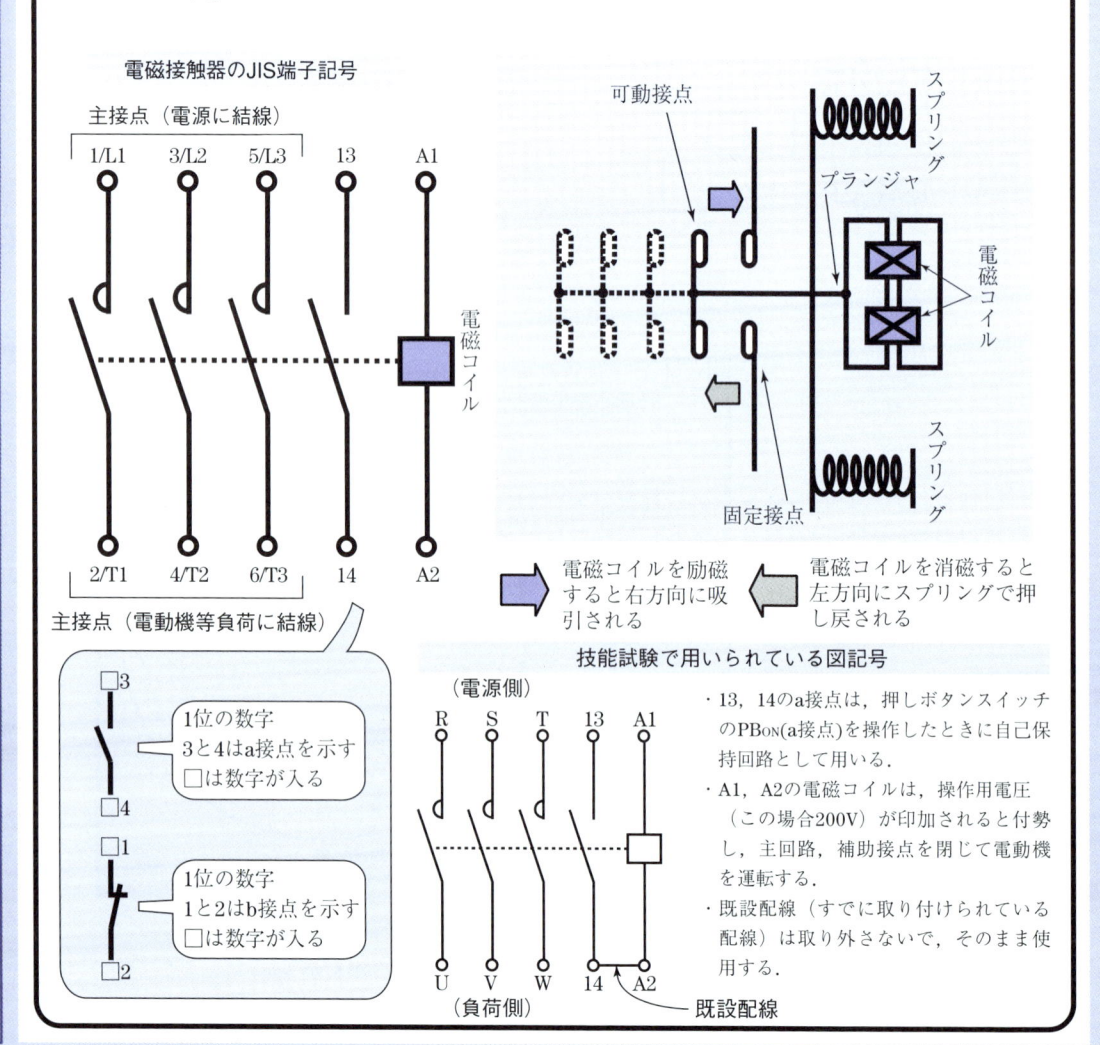

電磁接触器のJIS端子記号

主接点（電源に結線）
1/L1 3/L2 5/L3 13 A1

2/T1 4/T2 6/T3 14 A2
主接点（電動機等負荷に結線）

電磁コイル

可動接点／スプリング／プランジャ／電磁コイル／固定接点／スプリング

➡ 電磁コイルを励磁すると右方向に吸引される

⬅ 電磁コイルを消磁すると左方向にスプリングで押し戻される

□3
□4
1位の数字
3と4はa接点を示す
□は数字が入る

□1
□2
1位の数字
1と2はb接点を示す
□は数字が入る

技能試験で用いられている図記号

（電源側）
R S T 13 A1

U V W 14 A2
（負荷側）
└ 既設配線

- 13，14のa接点は，押しボタンスイッチのPB_{ON}(a接点)を操作したときに自己保持回路として用いる．
- A1，A2の電磁コイルは，操作用電圧（この場合200V）が印加されると付勢し，主回路，補助接点を閉じて電動機を運転する．
- 既設配線（すでに取り付けられている配線）は取り外さないで，そのまま使用する．

6.7 電磁開閉器について

　屋内に施設する電動機には，電動機が過電流により焼損する恐れがある場合は，過負荷保護装置により電動機巻線を回路より切り離すこと，または警報装置により過電流を故障表示することが，電気設備技術基準の解釈に規定されている．

　そのため，電磁開閉器・モータブレーカ等を用いて，電動機巻線を過負荷・拘束による焼損から保護する．

　電磁開閉器は，電磁接触器とサーマルリレー（熱動式保護継電器）の組み合わせで構成される．サーマルリレーは，熱動素子としてバイメタルとヒータからなり，この動作に連動する速切接点機構をモールドケース内に組み込んだものである．

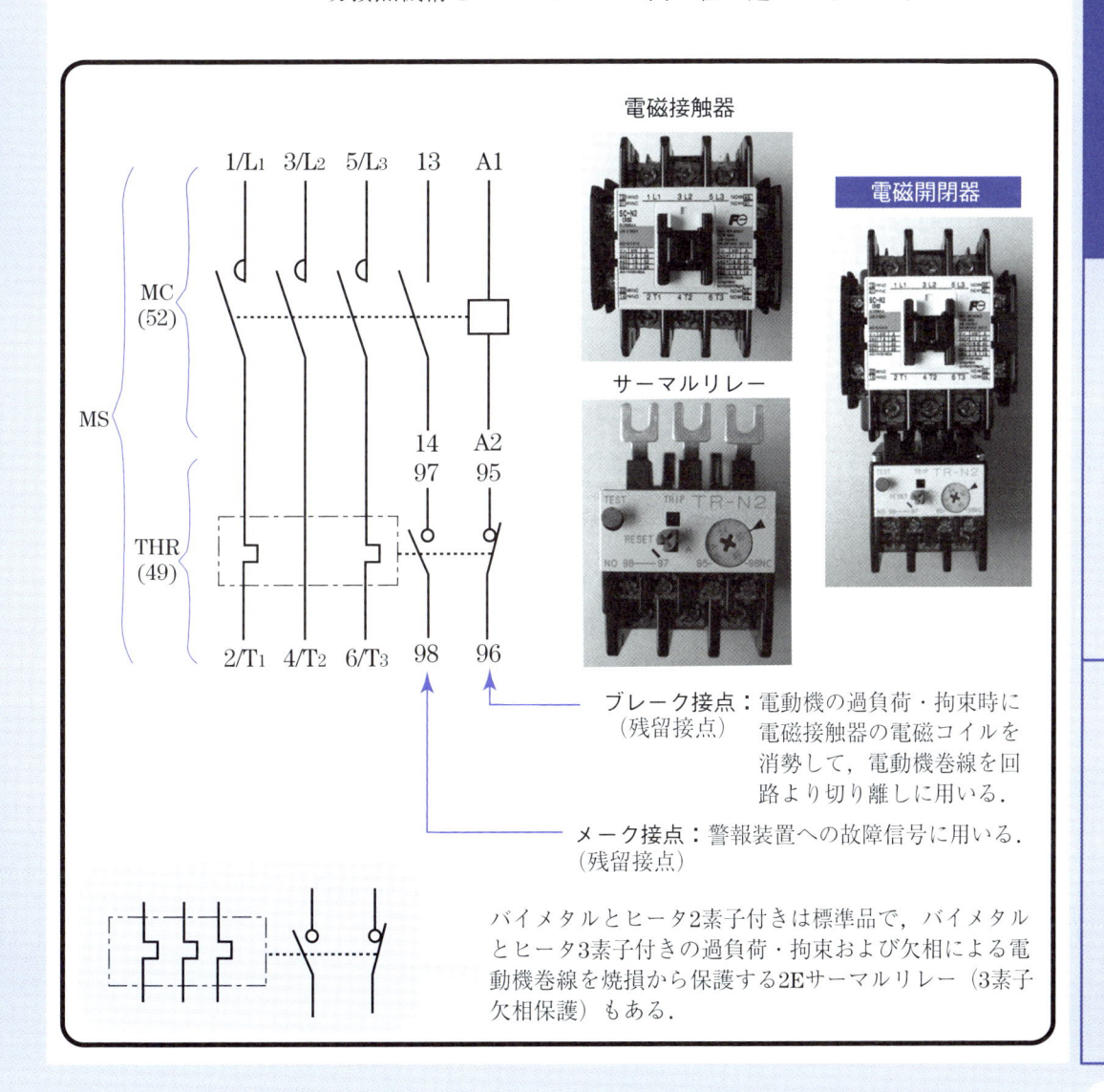

電磁接触器

電磁開閉器

サーマルリレー

ブレーク接点：電動機の過負荷・拘束時に電磁接触器の電磁コイルを消勢して，電動機巻線を回路より切り離しに用いる．
（残留接点）

メーク接点：警報装置への故障信号に用いる．
（残留接点）

バイメタルとヒータ2素子付きは標準品で，バイメタルとヒータ3素子付きの過負荷・拘束および欠相による電動機巻線を焼損から保護する2Eサーマルリレー（3素子欠相保護）もある．

6.8 押しボタンスイッチについて

メーク接点（a接点）

E---/ PB_{ON}
図記号

記号 PB_{ON} を押すと，接点が閉じ電動機の運転信号になる

ブレーク接点（b接点）

E---/ PB_{OFF}
図記号

記号 PB_{OFF} を押すと，接点が開いて電動機を停止する

E---- ：操作方式記号で，押し操作を示す．

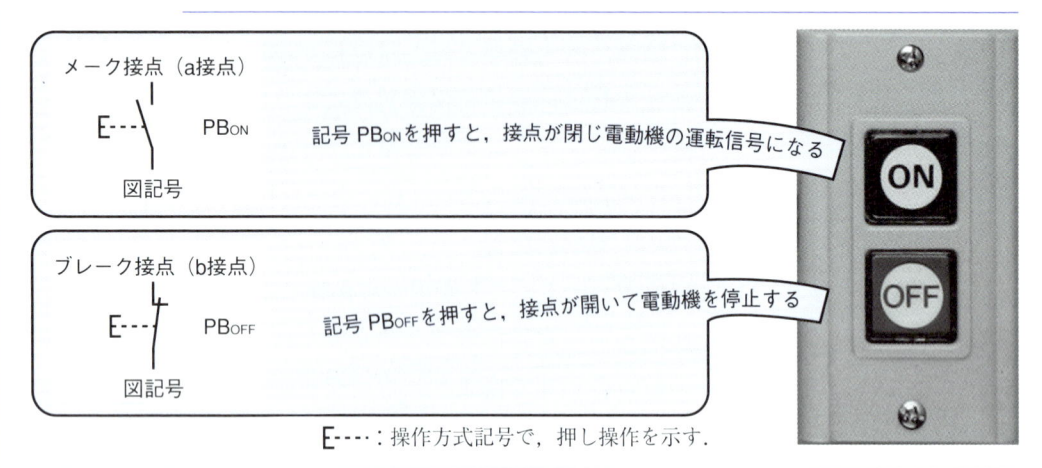

技能試験で用いられている図記号と端子配置図

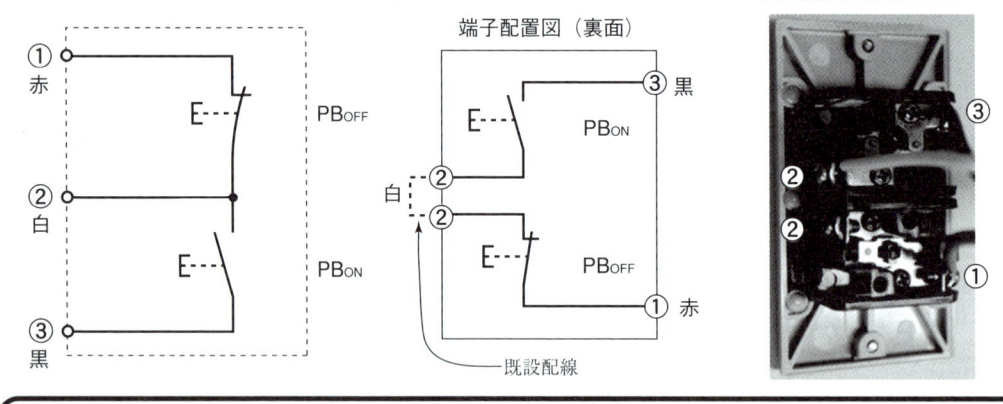

① 赤　② 白　③ 黒　PB_{OFF}　PB_{ON}

端子配置図（裏面）
③ 黒　② 白　① 赤　PB_{ON}　PB_{OFF}
既設配線

押しボタンスイッチ（裏面）

〈自己保持回路〉

　押しボタンスイッチPB_{ON}を押すと，接点が閉じて電流が流れる（付勢）．下図Aの状態では，手を離すと接点が離れて開になり，消勢する．

　これでは，連続運転できないため，電磁接触器の13－14間のメーク接点（a接点）をPB_{ON}と並列に結線する．

　図Bは，PB_{ON}を押してコイルを励磁し，PB_{ON}を元に戻しても電磁接触器の補助接点が閉じているため，電磁コイルを励磁して電動機の運転を継続する．

　停止用押しボタンPB_{OFF}を直列に結線（図C）して，電磁接触器，押しボタンスイッチを用いた電動機の制御回路である．ただし，サーマルリレー（熱動継電器）は省略している．

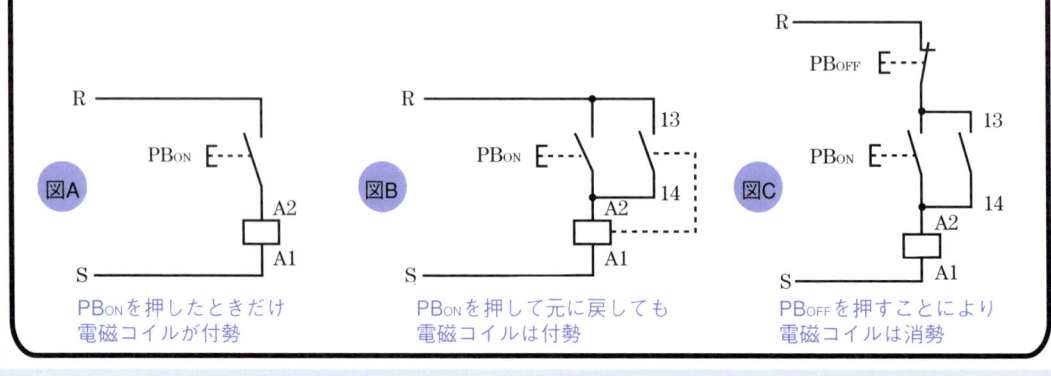

図A　PB_{ON}を押したときだけ電磁コイルが付勢

図B　PB_{ON}を押して元に戻しても電磁コイルは付勢

図C　PB_{OFF}を押すことにより電磁コイルは消勢

第2編　複線図マスター

Section 7 トレースでトレーニングをして総まとめ

展開接続図と複線図をトレースしよう

第2編 複線図マスター

·······トレースでトレーニングNo.1········

図1．配線図

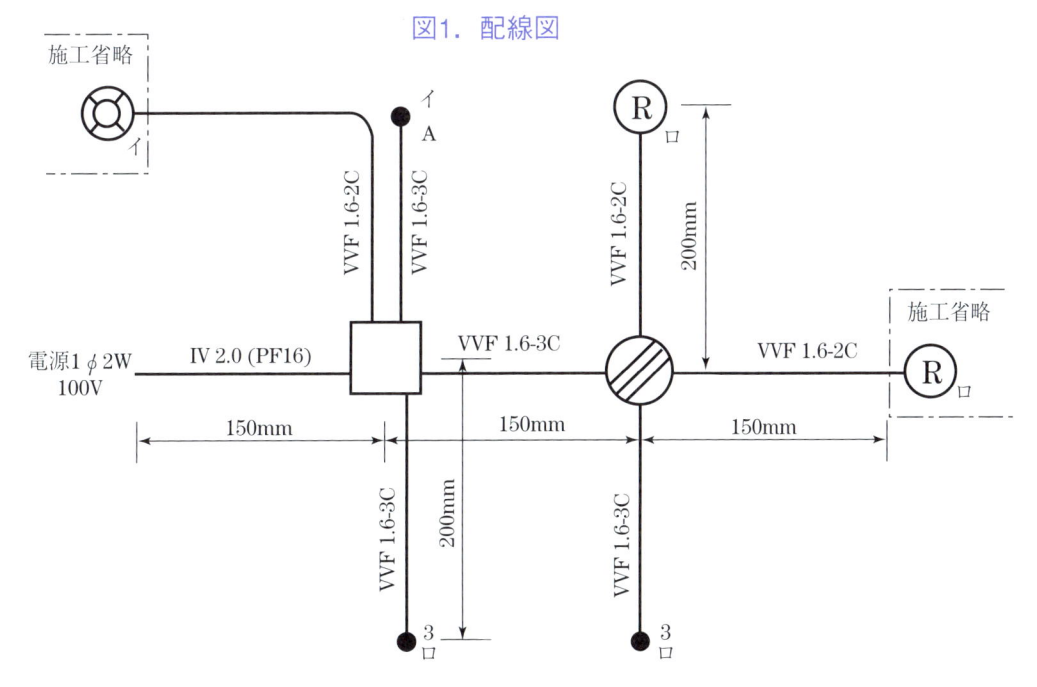

図2．自動点滅器代用のブロック端子の説明図

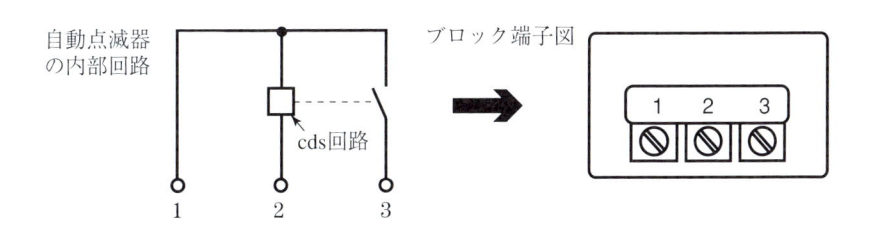

部分を順に濃いめの鉛筆でなぞって覚えよう

103

複線図の描き方 ステップ：①

接地側電線（N）を描く．
（色指定：白色）

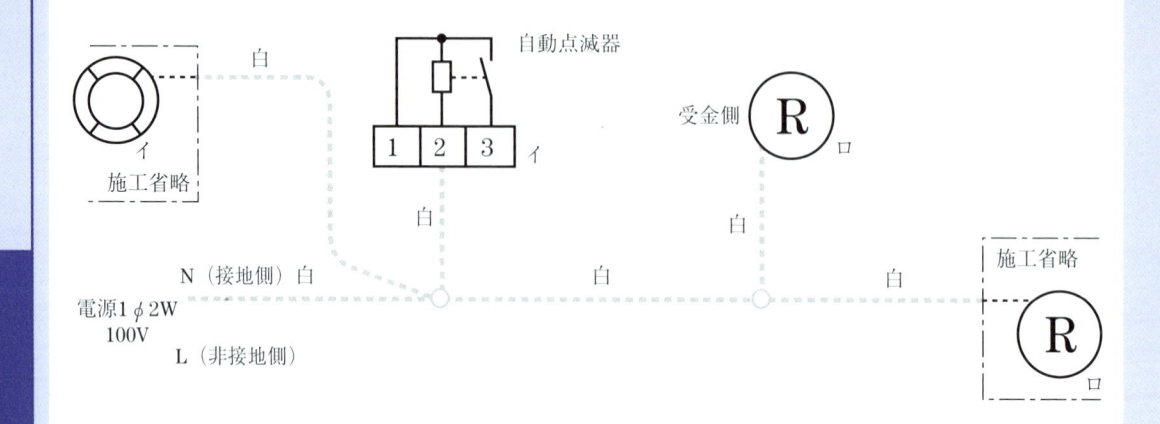

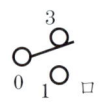

複線図の描き方 ステップ：②

非接地側電線（L）を描く．
（色指定：黒色）

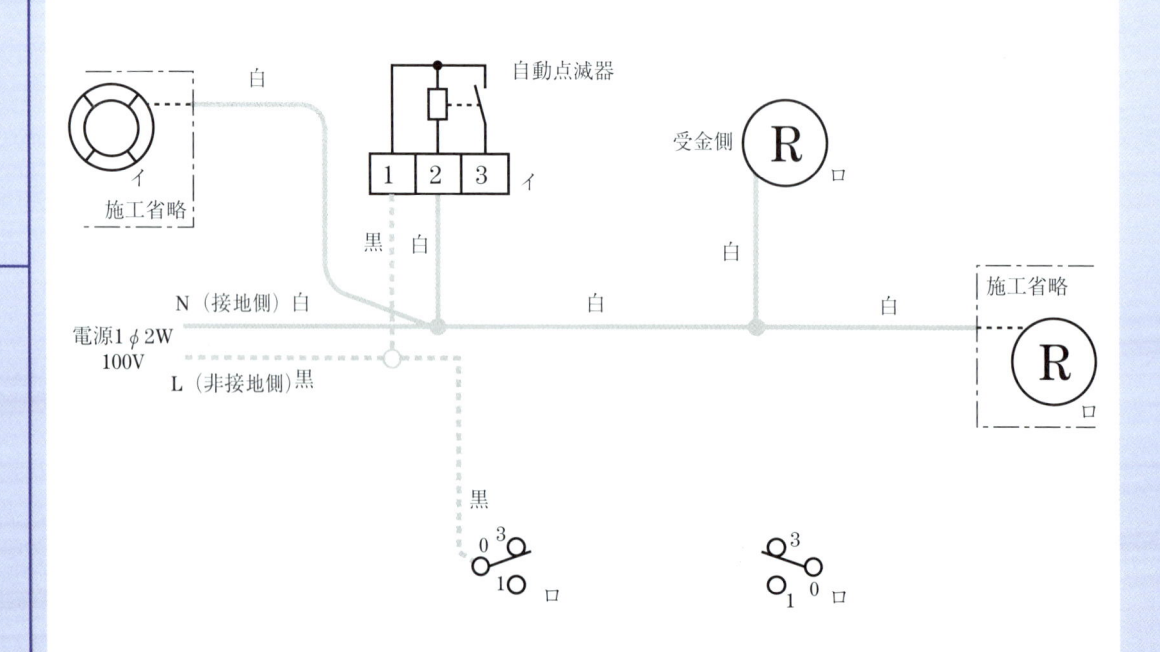

展開図の描き方 ステップ：①

・・・・・・を濃いめの鉛筆でトレース

① 電源母線「N」を水平に描く．
② 自動点滅器・各照明器具の接地側「N」の白色を描く．

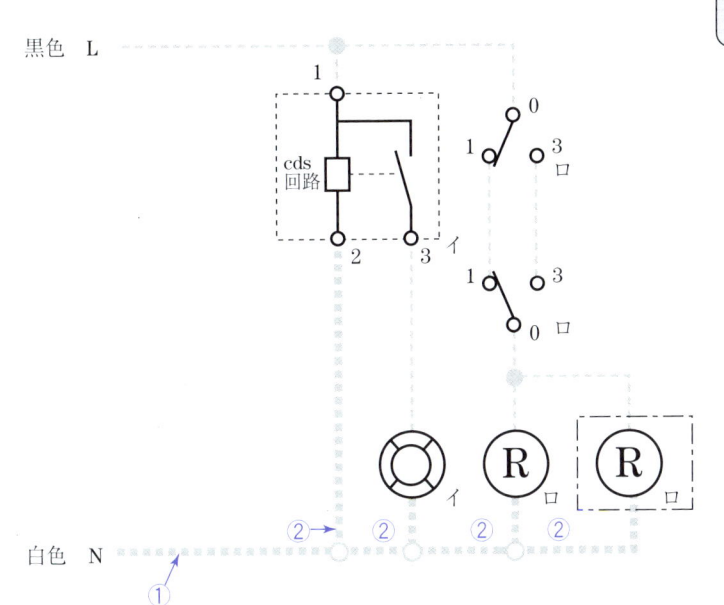

展開図の描き方 ステップ：②

・・・・・・を濃いめの鉛筆でトレース

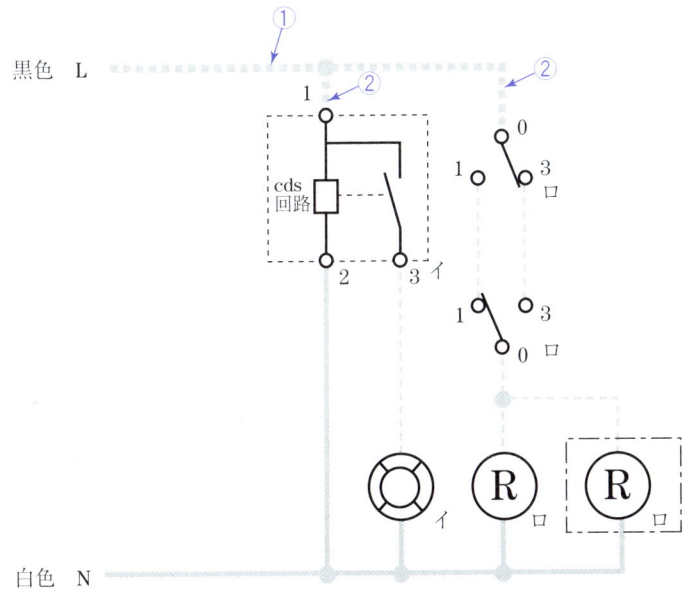

① 電源母線「L」を水平に描く．
② 自動点滅器・3路スイッチ（電源側）「0」端子の非接地側「L」の黒線を描く．

第2編 複線図マスター

複線図の描き方 ステップ：③

点滅器と対応する各照明器具への結線を描く

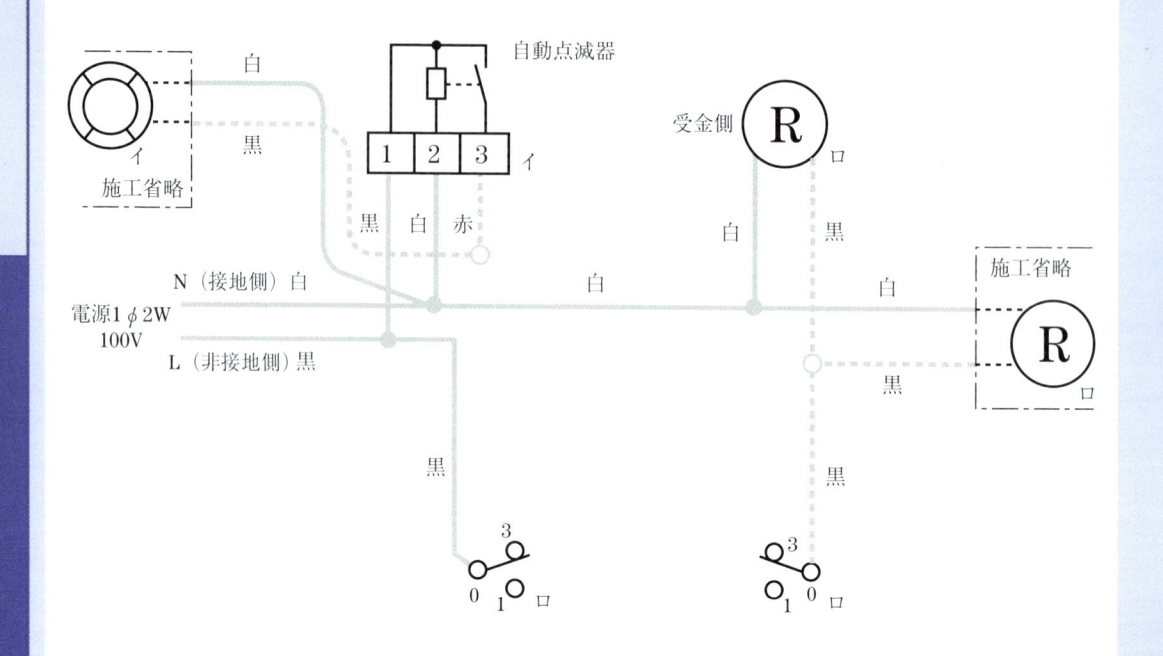

複線図の描き方 ステップ：④

3路スイッチ相互間の結線をして完成

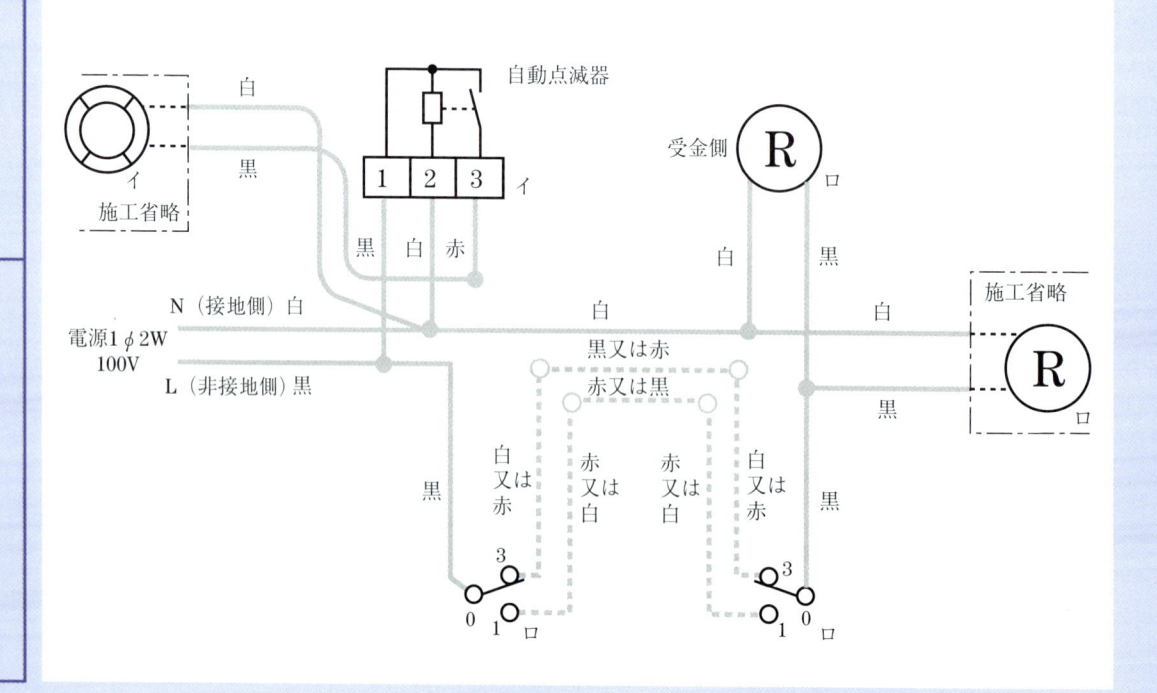

展開図の描き方 ステップ：③

・・・・・・ を濃いめの鉛筆でトレース

① 自動点滅器「3」端子と屋外灯間を描く．
② 3路スイッチ（負荷側）「0」端子と各ランプレセプタクル間を描く．

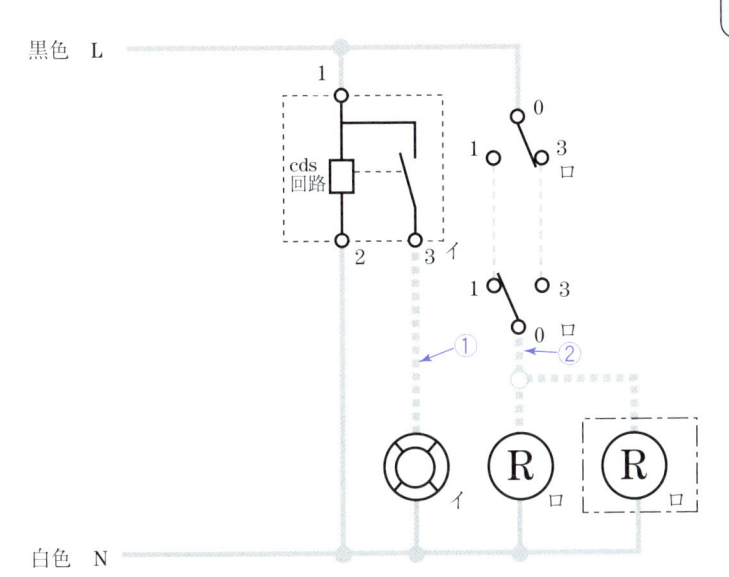

黒色 L

cds回路

白色 N

展開図の描き方 ステップ：④

・・・・・・ を濃いめの鉛筆でトレース

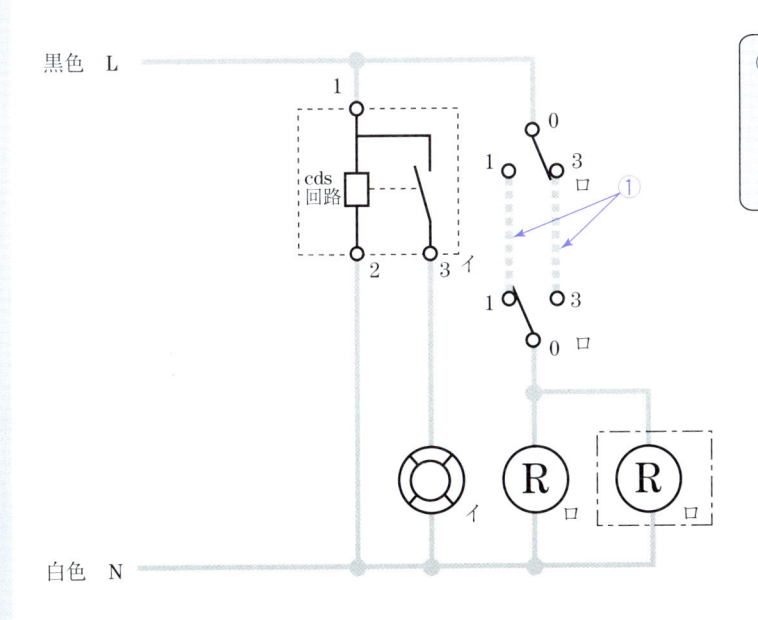

① 3路スイッチ（電源側と負荷側）「1」「3」端子相互間を描く．

黒色 L

cds回路

白色 N

第2編 複線図マスター

107

3路スイッチの電源側が点滅器（S）と指定された場合

（注）実際の工事ではケーブルが無駄になるので施工しないが，複線図の練習をする．

〈配線図〉

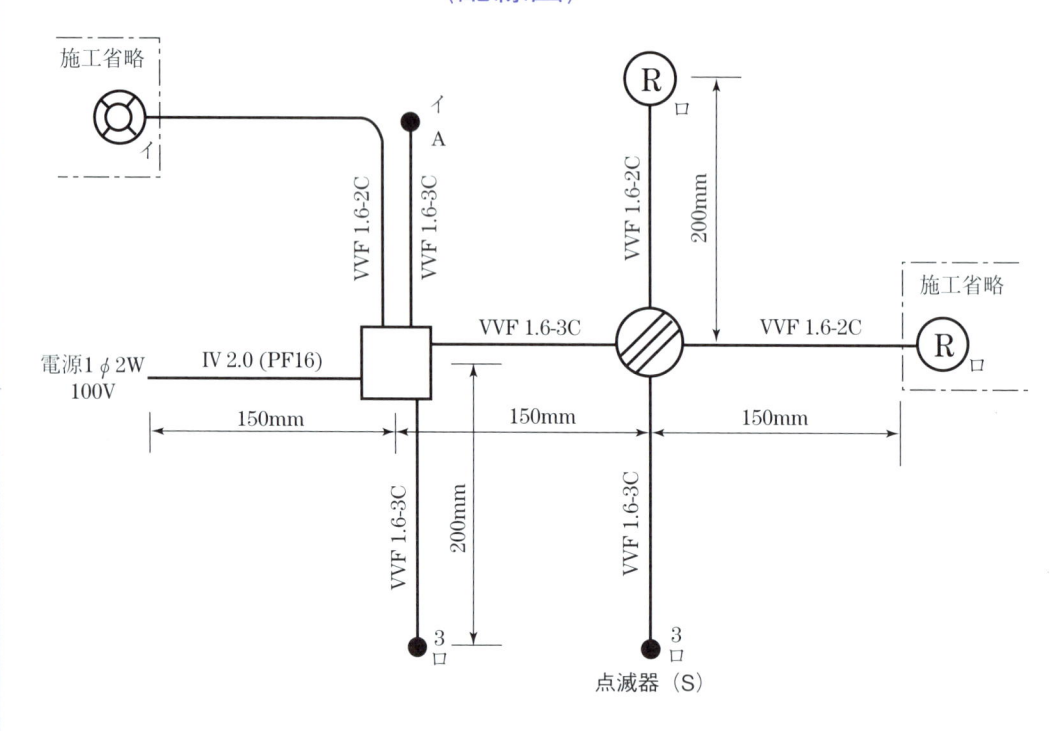

〈複線図〉

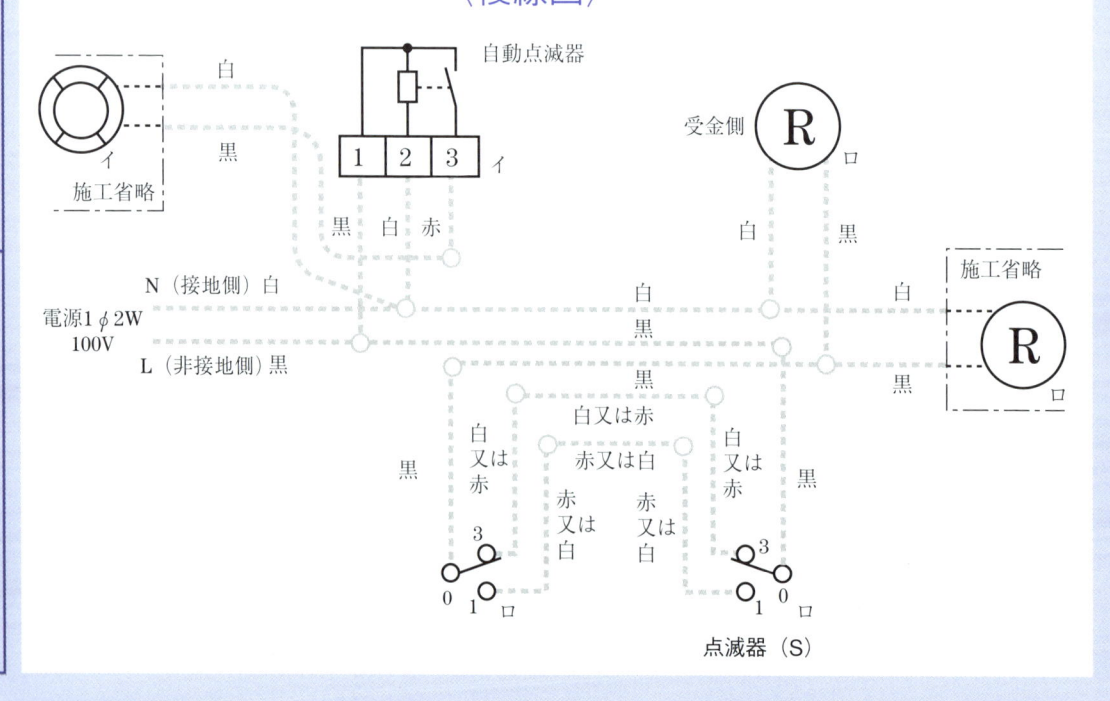

········トレースでトレーニングNo.2·········

図1．配線図

電源1φ2W
6600V

100mm

KIP 8mm²

IV 5.5mm²

100mm

200mm

1φ200V

施工省略
他の負荷へ

E_B

1φ2W100V

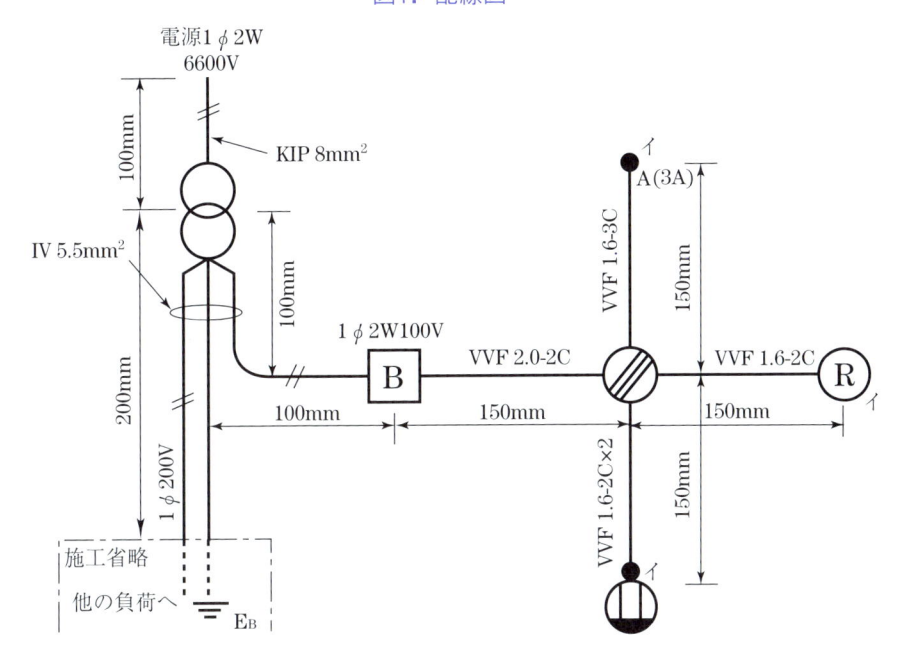

B

100mm

VVF 2.0-2C

150mm

VVF 1.6-3C

150mm

A(3A)

イ

VVF 1.6-2C

150mm

R イ

VVF 1.6-2C×2

150mm

イ

図2．変圧器代用のブロック端子の説明図

変圧器回路図

一次側　U　V

二次側　u o v

ブロック端子図

U　　V
U/u　o　V/v
u　o　v

図4．配線用遮断器から負荷側の展開接続図

配線用遮断器
黒色

自動点滅器

1
2　3

白色

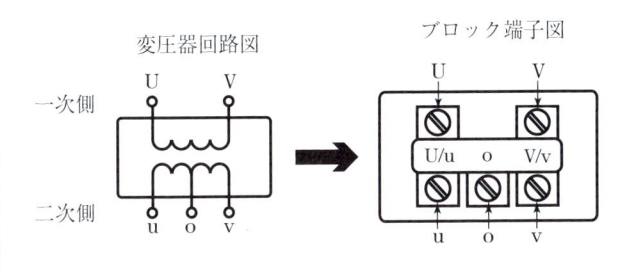

R

図3．自動点滅器代用のブロック端子の説明図

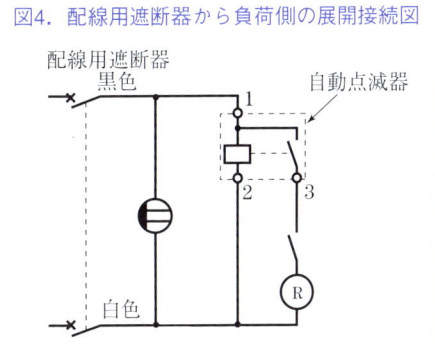

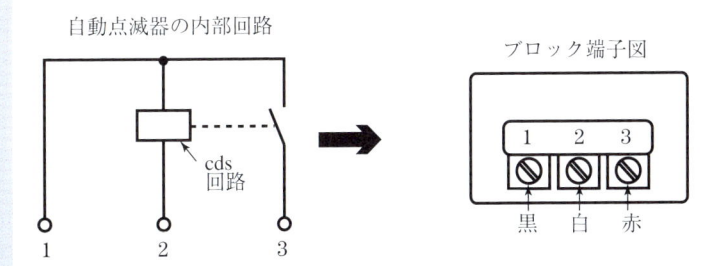

自動点滅器の内部回路

cds
回路

1　2　3

ブロック端子図

1　2　3
黒　白　赤

部分を順に濃いめの鉛筆でなぞって覚えよう

第2編　複線図マスター

複線図の描き方 ステップ：①

接地側電線（N）を描く．
（色指定：白色）

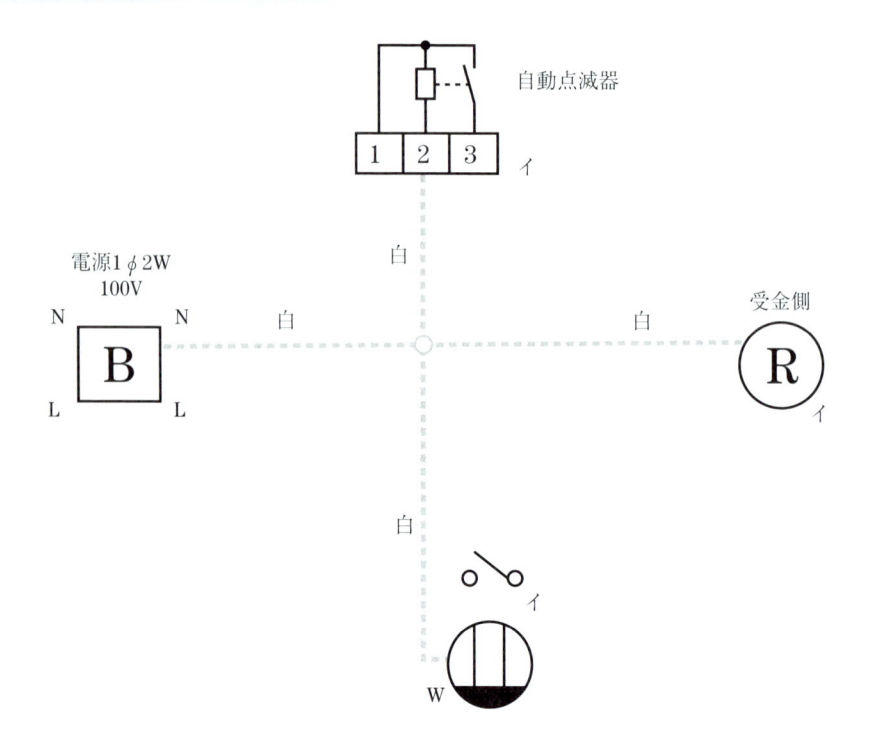

自動点滅器

電源1φ2W 100V

受金側

複線図の描き方 ステップ：②

非接地側電線（L）を描く．
（色指定：黒色）

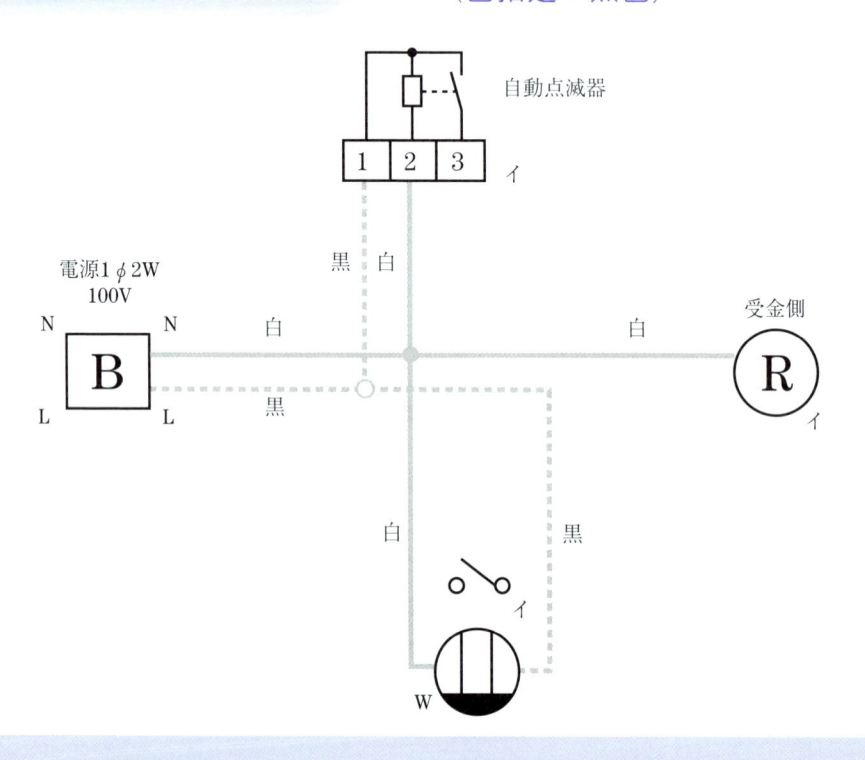

自動点滅器

電源1φ2W 100V

受金側

第2編 複線図マスター

110

展開図の描き方 ステップ:①

▪▪▪▪▪▪▪ を濃いめの鉛筆でトレース

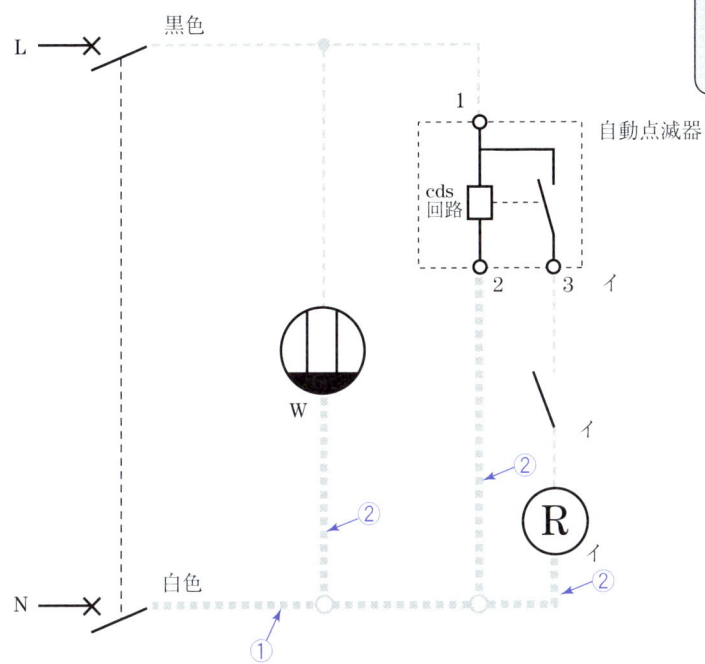

> ① 電源母線「N」を水平に描く．
> ② コンセント・自動点滅器2端子・ランプレセプタクルの接地側「N」の白色を描く．

展開図の描き方 ステップ:②

▪▪▪▪▪▪▪ を濃いめの鉛筆でトレース

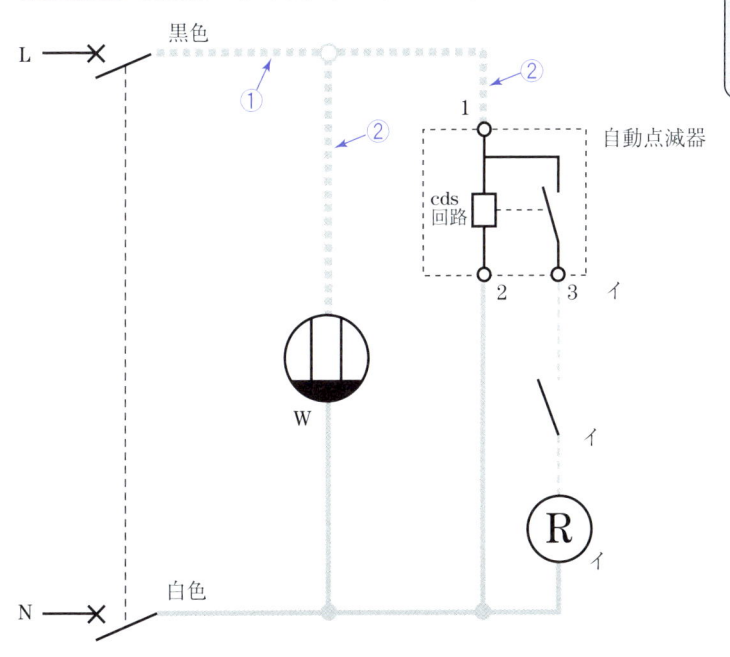

> ① 電源母線「L」を水平に描く．
> ② コンセント・自動点滅器1端子の非接地側「L」の黒線を描く．

第2編 複線図マスター

111

複線図の描き方 ステップ：③ 点滅器と対応する照明器具間の結線を描く

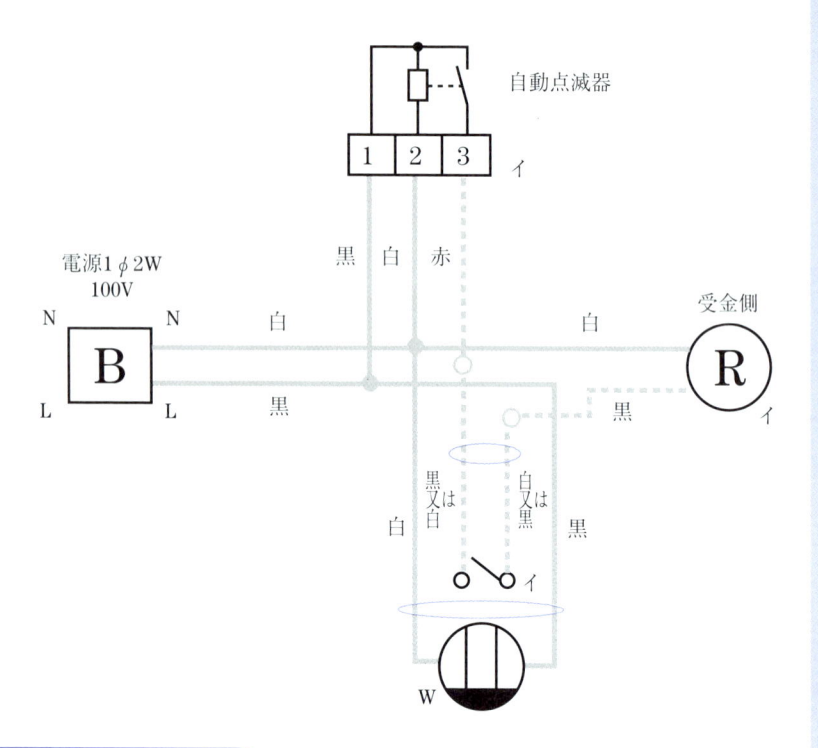

自動点滅器

電源1φ2W 100V

受金側

複線図の描き方 ステップ：④ 変圧器の結線を描く

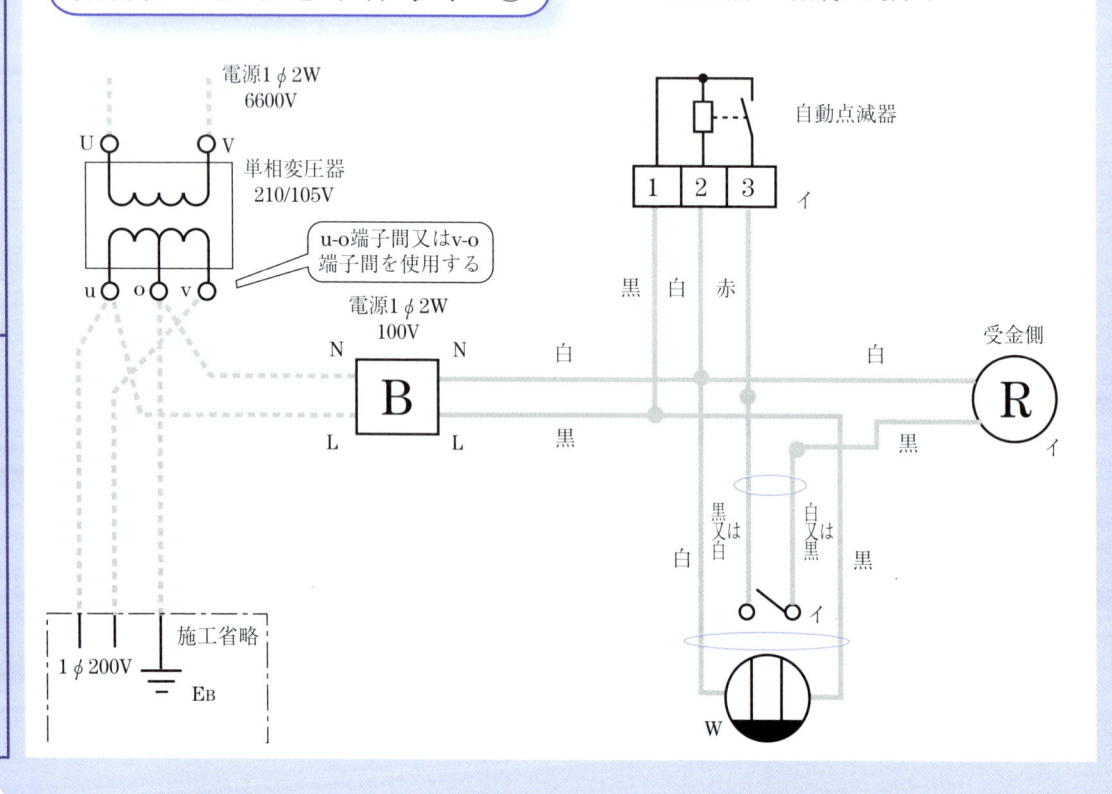

電源1φ2W 6600V

単相変圧器 210/105V

u-o端子間又はv-o端子間を使用する

電源1φ2W 100V

自動点滅器

受金側

1φ200V 施工省略 E_B

展開図の描き方 ステップ：③

------- を濃いめの鉛筆でトレース

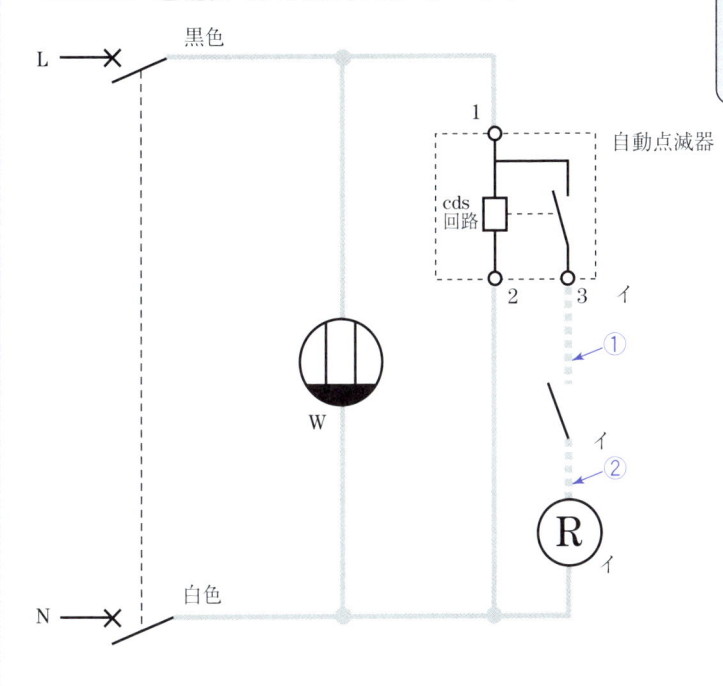

① 自動点滅器3端子とAND条件の点滅器イを描く．
② 点滅器イとランプレセプタクルの非接地側を描く．

- L 黒色
- N 白色
- 自動点滅器（端子 1, 2, 3）
- cds回路
- イ
- W
- R イ

変圧器の結線

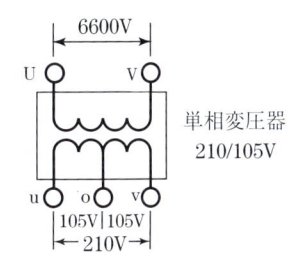

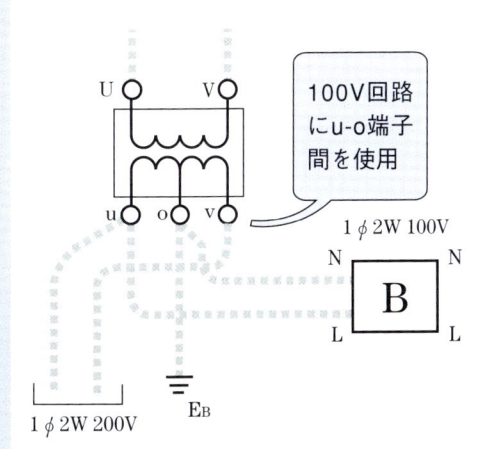

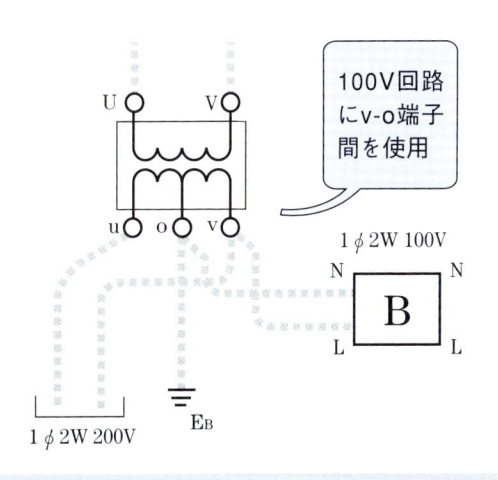

単相変圧器 210/105V
- 6600V（U-V）
- 105V / 105V（u-o, o-v）
- 210V

100V回路にu-o端子間を使用
1φ2W 100V
1φ2W 200V
B
E_B

100V回路にv-o端子間を使用
1φ2W 100V
1φ2W 200V
B
E_B

第2編 複線図マスター

113

⋯⋯⋯⋯考えられる別な展開接続図⋯⋯⋯⋯

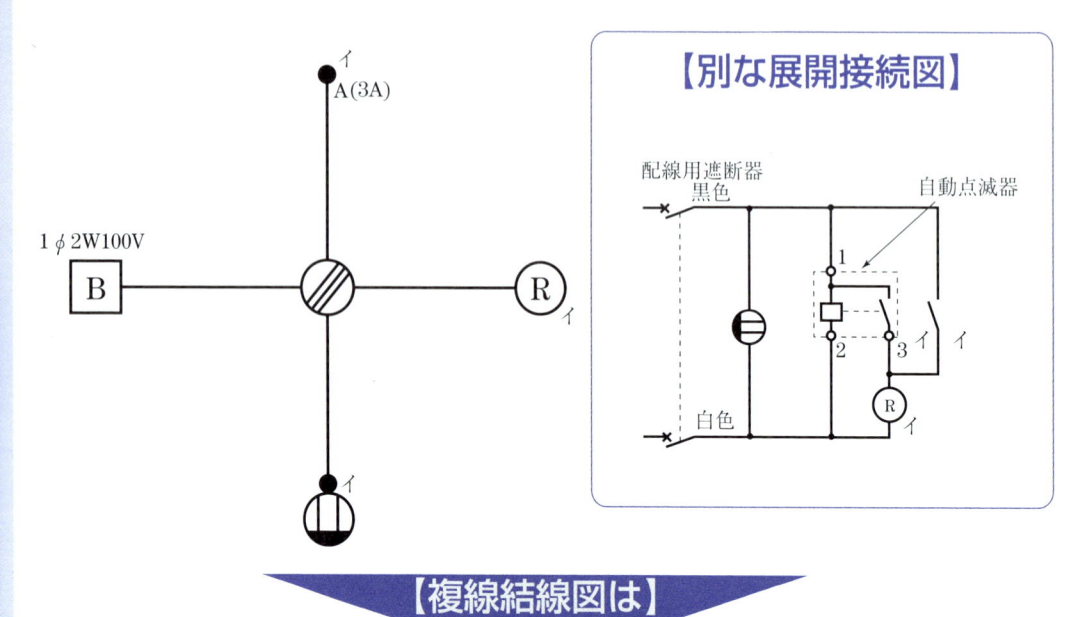

【別な展開接続図】

1φ2W100V
A(3A)

配線用遮断器
黒色
自動点滅器
白色

【複線結線図は】

自動点滅器
1 2 3 イ

電源1φ2W 100V

黒 白 赤

白

受金側

黒

白 黒 赤

黒

W

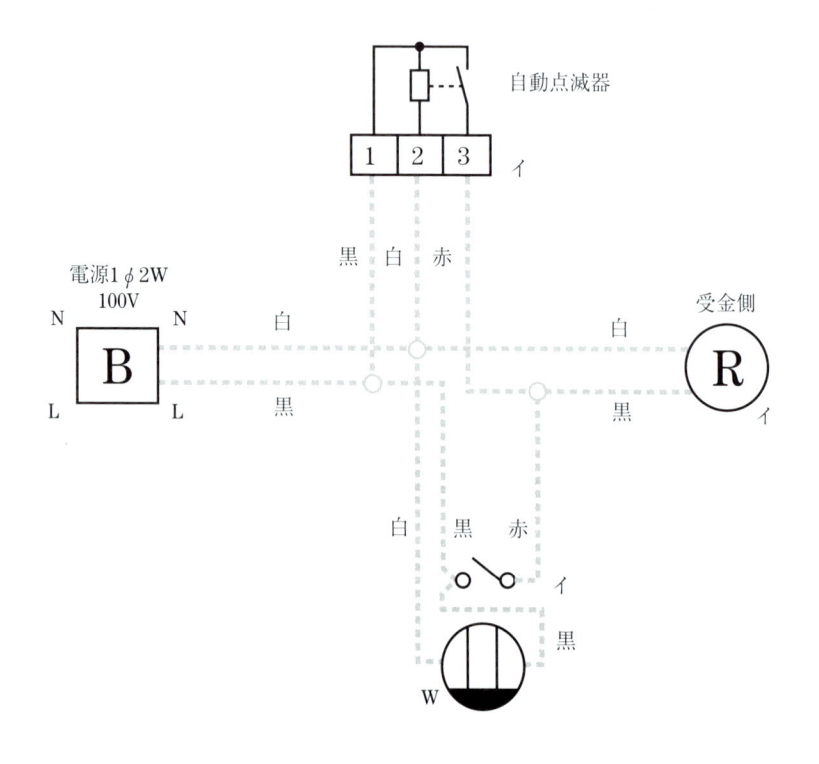

········トレースでトレーニングNo.3········

図1．配線図

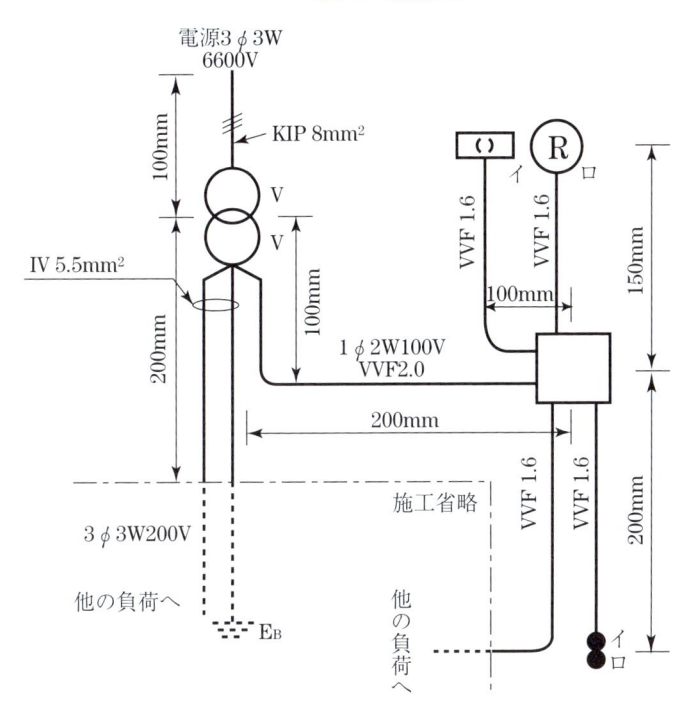

電源3φ3W 6600V
KIP 8mm²
100mm
IV 5.5mm²
V
V
200mm
100mm
1φ2W100V
VVF2.0
VVF 1.6
VVF 1.6
100mm
150mm
200mm
VVF 1.6
VVF 1.6
200mm
3φ3W200V
他の負荷へ
E_B
施工省略
他の負荷へ
イ
ロ

図2．変圧器代用のブロック端子の説明図

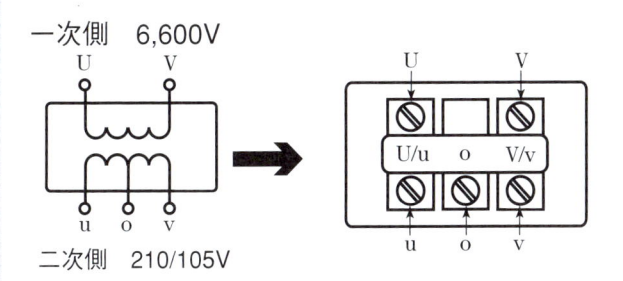

一次側　6,600V
U　V
U/u　o　V/v
u　o　v
二次側　210/105V

図3．変圧器結線図

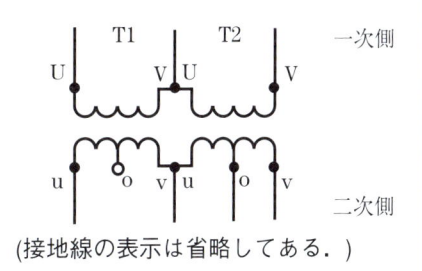

T1　T2
U　V U　V 一次側
u　o　v u　o　v 二次側
(接地線の表示は省略してある．)

第2編　複線図マスター

部分を順に濃いめの鉛筆でなぞって覚えよう

複線図の描き方 ステップ：①

単相変圧器（V-V結線）とB種接地工事を描く．

【施工条件】
・単相負荷回路は，変圧器T2の端子に結線すること．
・接地線は，変圧器T2のo端子に結線すること．

電源3φ3W6600V

複線図の描き方 ステップ：②

他の負荷3φ3W200Vと1φ2W100V回路（電源側）を描く．

電源3φ3W6600V

1φ2W100V
N
L

黒　黒黒　緑

他の負荷へ
3φ3W200V

施工省略
E_B

展開図の描き方 ステップ:①

単相変圧器（V-V結線）とB種接地工事を描く．

┈┈┈ を濃いめの鉛筆でトレース

電源3φ3W6600V

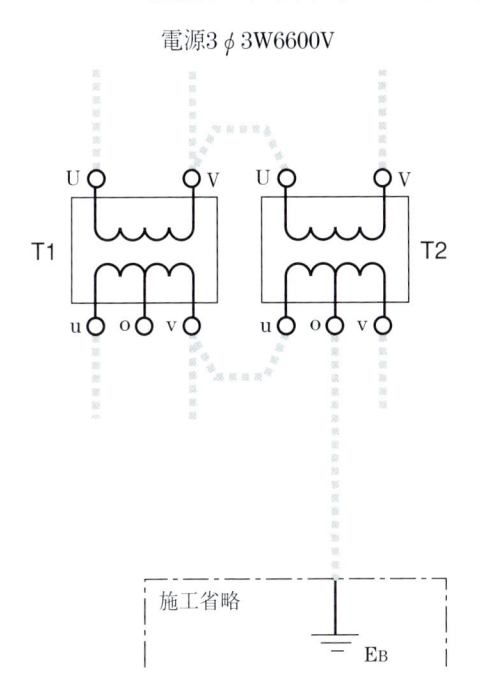

T1　T2

施工省略　E_B

展開図の描き方 ステップ:②

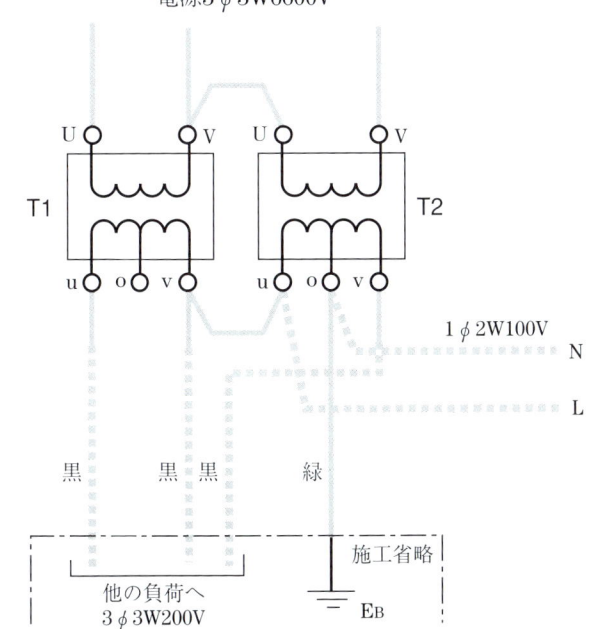

他の負荷3φ3W200Vと1φ2W100V回路（電源側）を描く．

┈┈┈ を濃いめの鉛筆でトレース

電源3φ3W6600V

T1　T2

1φ2W100V
N
L

黒　黒黒　緑

他の負荷へ 3φ3W200V

施工省略　E_B

L 黒色

N 白色

第2編　複線図マスター

複線図の描き方 ステップ：③
単相回路の接地側電線を描く．

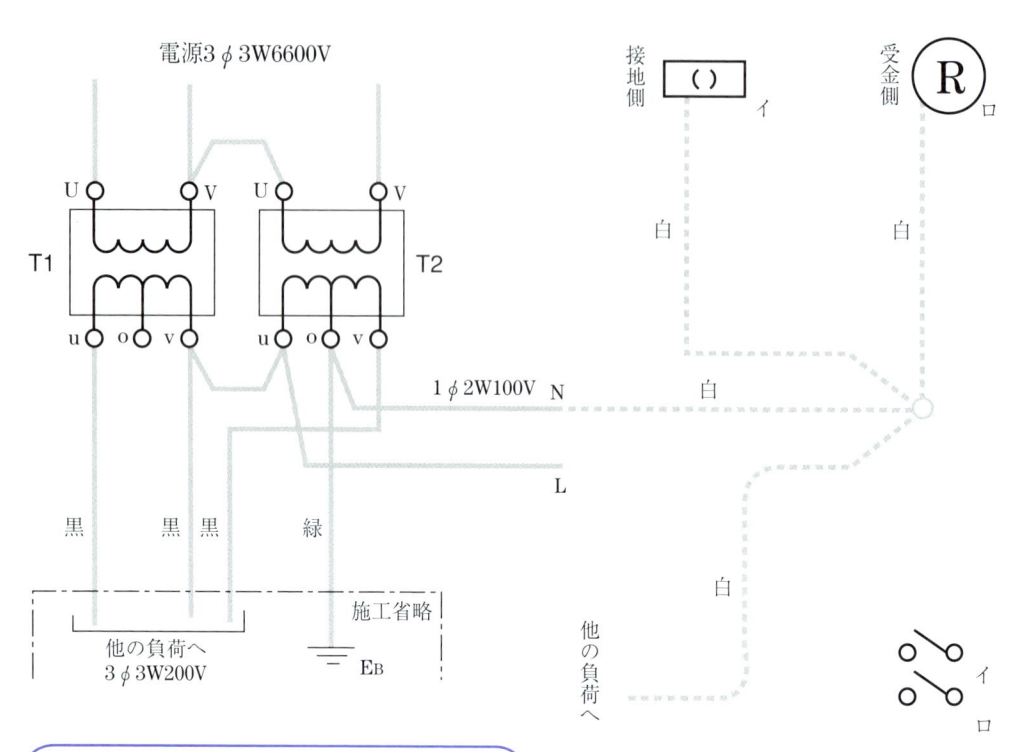

電源3φ3W6600V

T1 / T2

1φ2W100V N / L

他の負荷へ 3φ3W200V

施工省略 E_B

黒 黒黒 緑

接地側 ( ) イ
受金側 Ⓡ ロ
白 白
白

複線図の描き方 ステップ：④
単相回路の非接地側電線を描く．

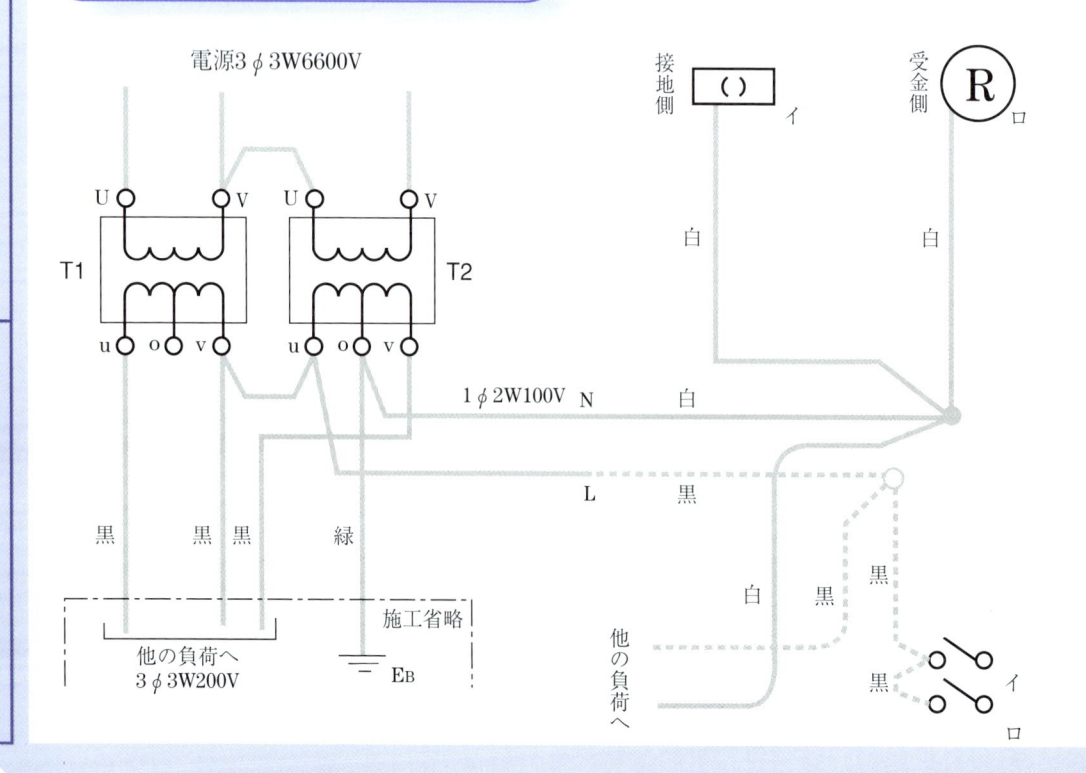

電源3φ3W6600V

T1 / T2

1φ2W100V N 白 / L 黒

他の負荷へ 3φ3W200V

施工省略 E_B

黒 黒黒 緑

接地側 ( ) イ
受金側 Ⓡ ロ
白 白
白 黒
黒 イ ロ

展開図の描き方 ステップ:③

▭▭▭ を濃いめの鉛筆でトレース

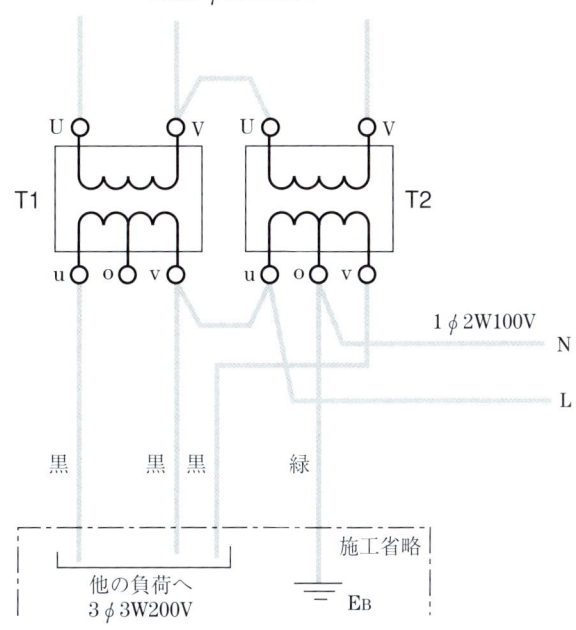

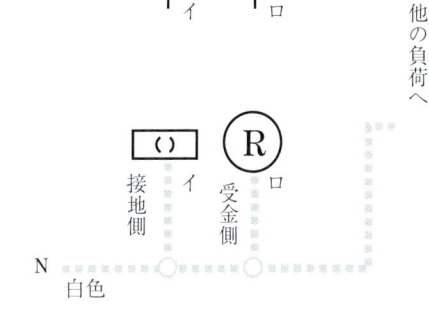

電源3φ3W6600V

T1 T2

1φ2W100V
N
L

黒　黒黒　緑

他の負荷へ
3φ3W200V

施工省略
E_B

L 黒色

イ　ロ

接地側　受金側
イ　ロ
R

N 白色

他の負荷へ

展開図の描き方 ステップ:④

▭▭▭ を濃いめの鉛筆でトレース

電源3φ3W6600V

T1 T2

1φ2W100V
N
L

黒　黒黒　緑

他の負荷へ
3φ3W200V

施工省略
E_B

L 黒色

イ　ロ

接地側　受金側
イ　ロ
R

N 白色

他の負荷へ

第2編　複線図マスター

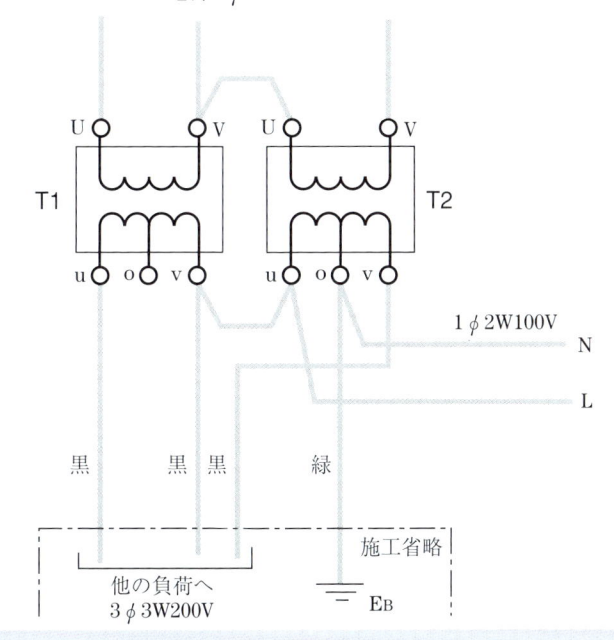

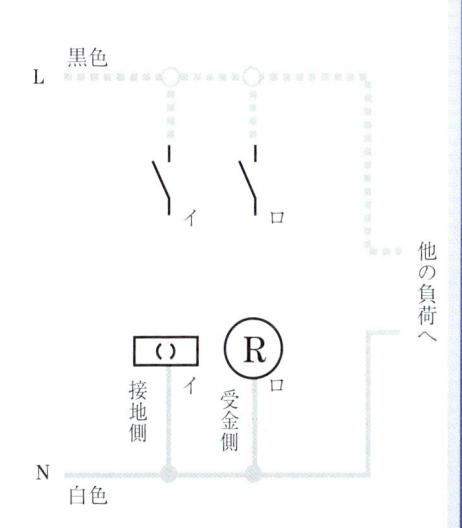

複線図の描き方 ステップ：⑤

点滅器と照明器具間を描く．

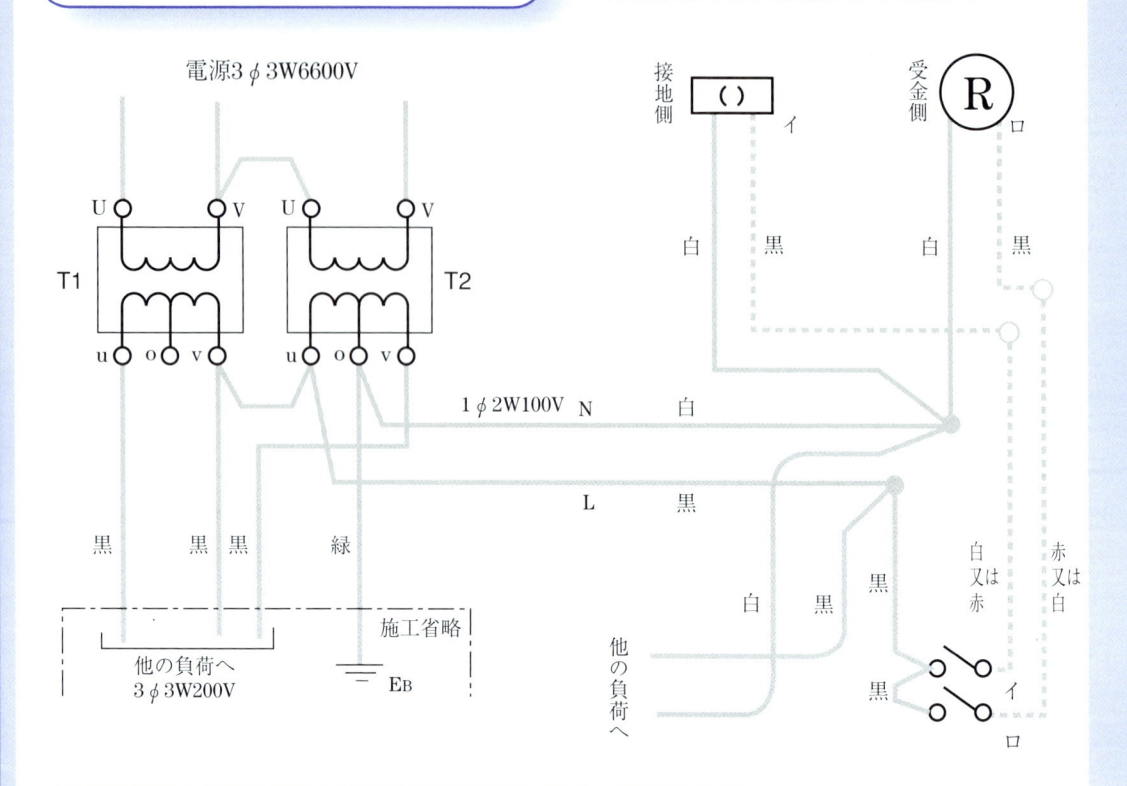

―――――― その他の複線結線図 ――――――

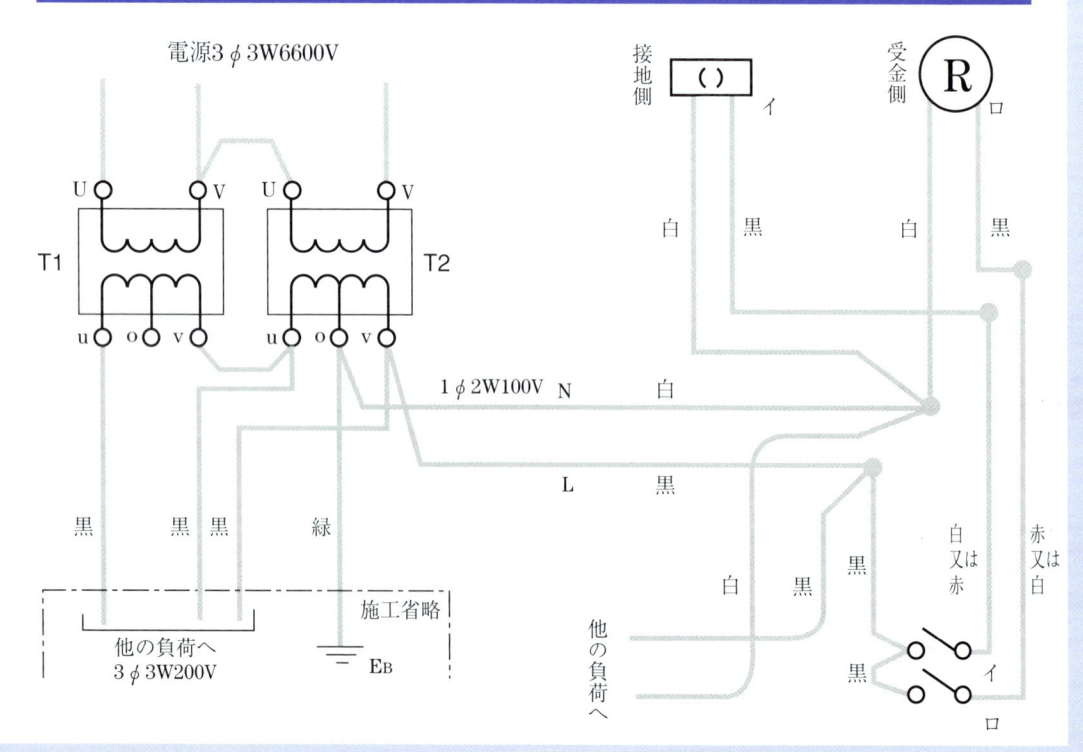

展開図の描き方 ステップ:⑤

・・・・・・を濃いめの鉛筆でトレース

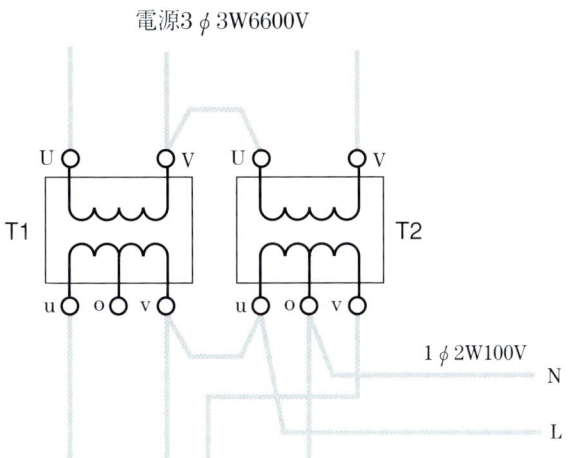

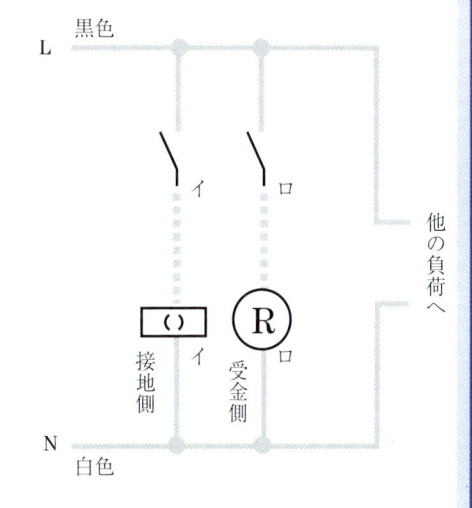

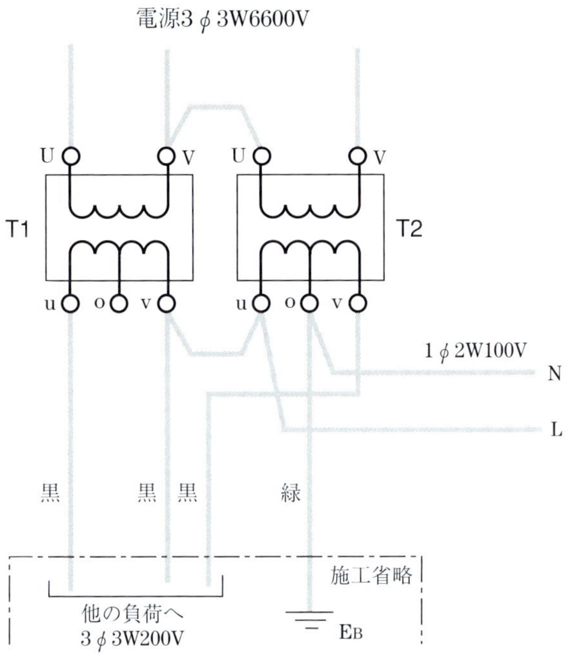

電源3φ3W6600V

T1 U V
T2 U V
u o v
u o v

1φ2W100V
N
L

黒　黒黒　緑

他の負荷へ
3φ3W200V

施工省略
E_B

黒色
L
イ ロ
接地側 イ
受金側 ロ
Ⓡ
他の負荷へ
N
白色

展開図の完成図

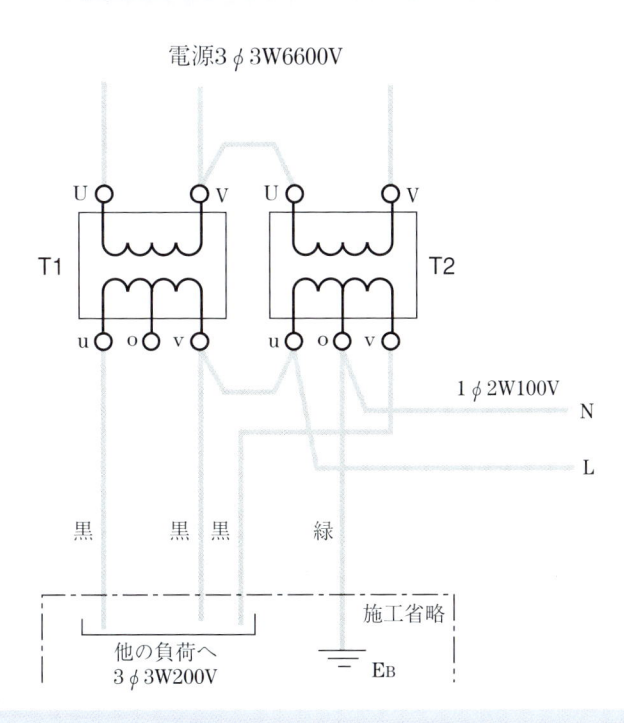

電源3φ3W6600V

T1 U V
T2 U V
u o v
u o v

1φ2W100V
N
L

黒　黒黒　緑

他の負荷へ
3φ3W200V

施工省略
E_B

黒色
L
イ ロ
接地側 イ
受金側 ロ
Ⓡ
他の負荷へ
N
白色

第2編　複線図マスター

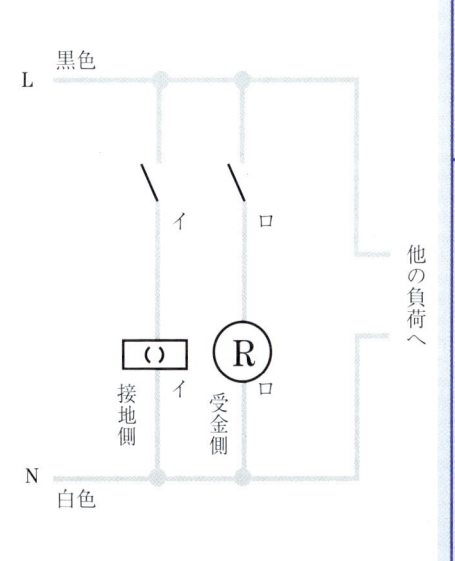

【ホーザンVA線ストリッパでの輪作り…②】

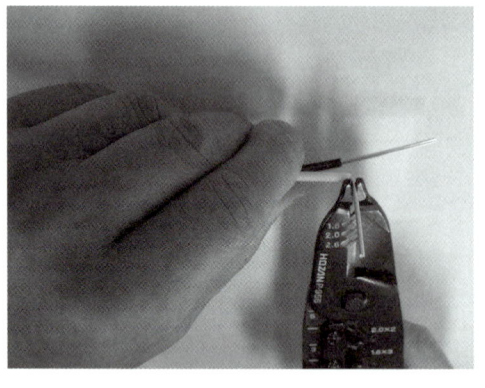

・絶縁被覆と工具の間を少し開け心線を左に90度曲げ，絶縁被覆をねじで締め付けないようにする．

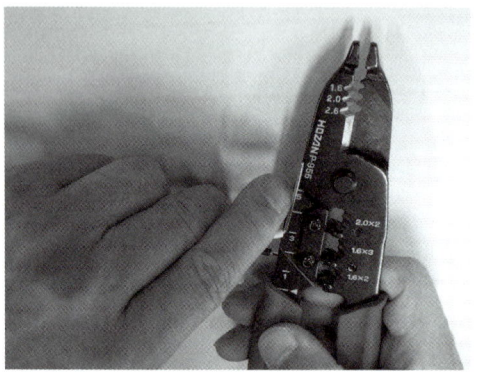

・ねじの太さが器具メーカにより3.5mmと4mmがあり，心線の長さを18mm～20mmに調整する．5cmのスケールが付いているので目安で調整する．

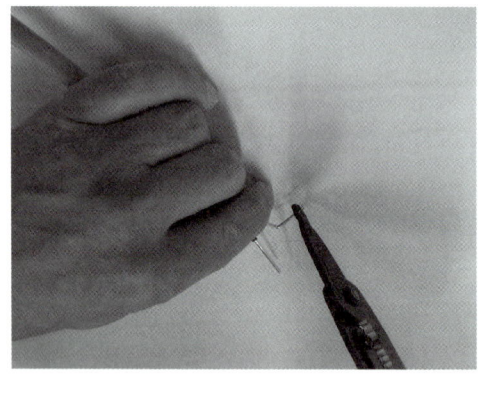

・左の親指と人差し指で絶縁被覆の先端を固定して，心線の先端を工具の先でくわえる．

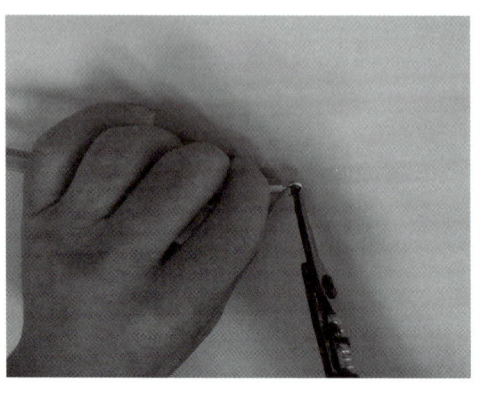

・左手の固定をそのままにし（写真は曲げ完了で位置がずれている）右手をひねって一気に曲げて輪作りする．整形して完了．

第3編

第一種電気工事士技能試験に必要な重要作業マスター

Section 1…基本作業の施工手順とポイント

Section 2…各部の施工ポイントと施工手順

Section 3…各部の施工確認（作業時・完了後）

---──★学習のポイント★──────

　短時間に作業を進めるためには，基本作業ができること．また，その基本作業の全体の流れを，頭の中で展開できるよう練習すること．
　最初は時間内に出来なくても，確実に各作業の流れを覚えること．
　また，やり直しは時間がかかるので，各作業前は確認して作業すること．

Section1　基本作業の施工手順とポイント
Section2　各部の施工ポイントと施工手順
　　上記の部分で，各部の基本作業をマスタする．
Section3　各部の施工確認（作業時・完了後）
　極性相違やリングスリーブによる圧着接続は，「うっかりミス」もあるので，各作業の確認事項を覚える．

Section 1 基本作業の施工手順とポイント

第二種電気工事士技能試験で必要な作業も含めて，基本的な作業を復習しよう．

1.1 VVFケーブルのビニル外装のはぎ取り手順

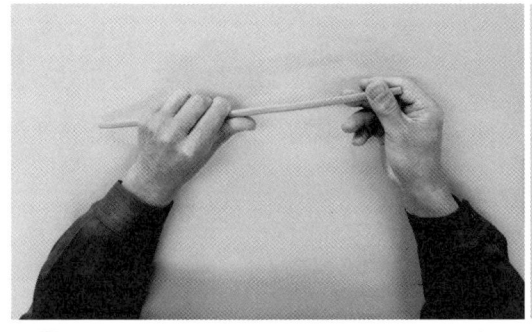

手順1 これから作業するVVFケーブルの，くせを十分直す．

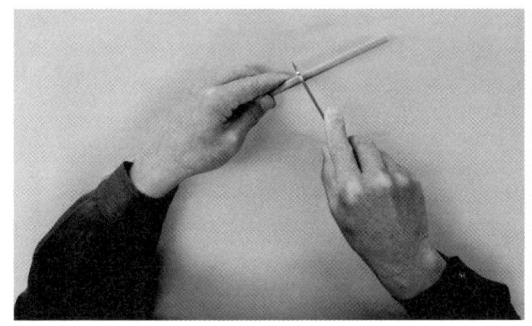

手順2 心線の絶縁被覆に傷を付けないように，ナイフで切り込みを入れる．

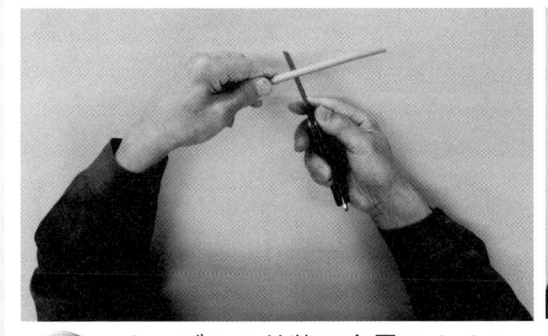

手順3 ケーブルの外装の全周にナイフの刃を入れる．

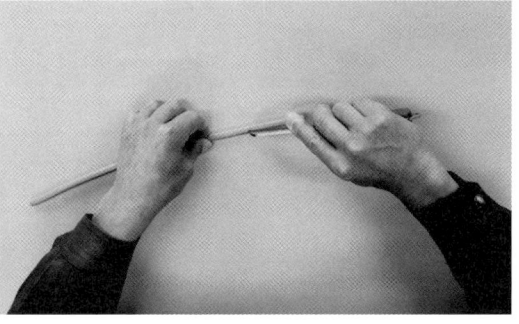

手順4 切り込みを入れた箇所から，外装に縦にナイフの刃を入れる．

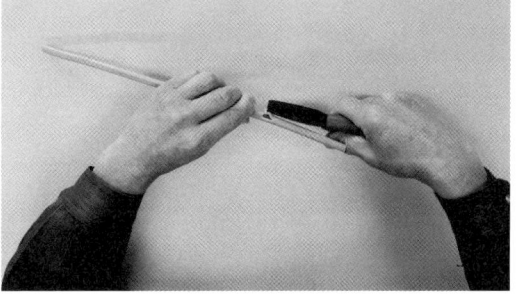

手順5 全周に切り込みを入れた箇所をペンチでくわえ，外装をはぎ取る．

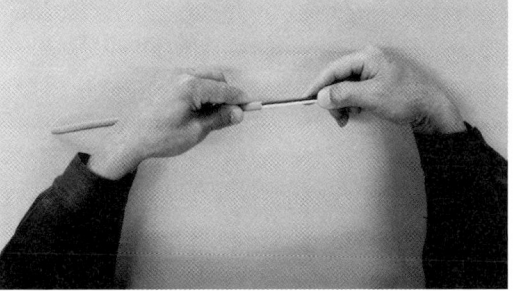

手順6 心線のくせ直しをして完了．

第3編 重要作業マスター

1.2 電線の絶縁被覆のはぎ取り手順①

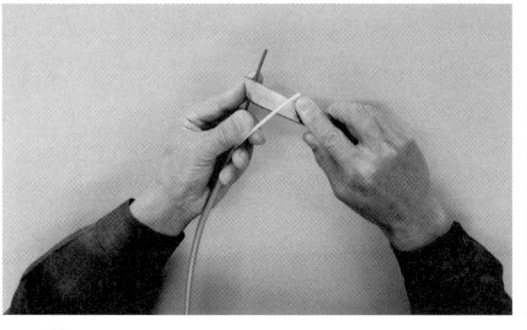

手順1 人差し指の腹を支えにして,ナイフを斜めに入れ,絶縁被覆をカットする.

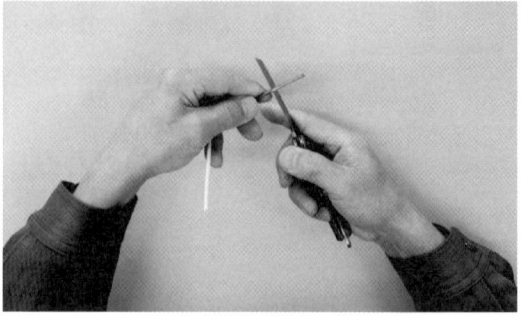

手順3 はぎ取った周囲の絶縁被覆を整形する.

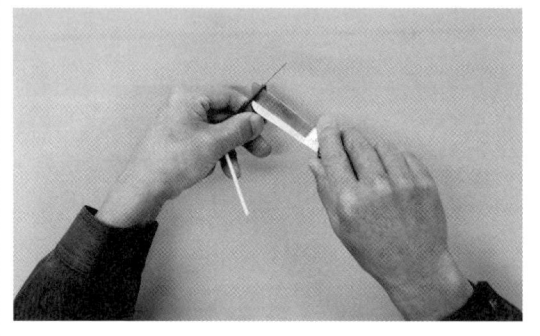

手順2 残りの絶縁被覆を折り返し,ナイフでカットする.

> 美しさよりも,心線に傷が付かないように!

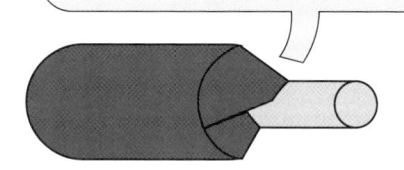

1.3 電線の絶縁被覆のはぎ取り手順②

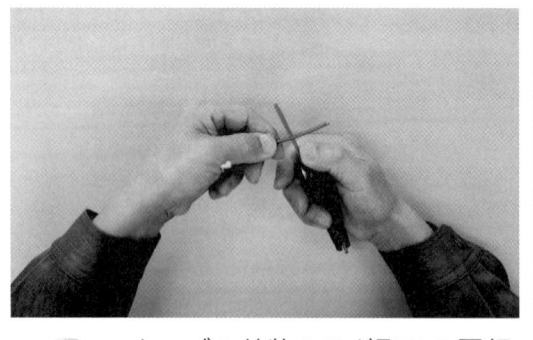

手順1 ケーブル外装のはぎ取りの要領で,全周にナイフの刃を軽く入れる.

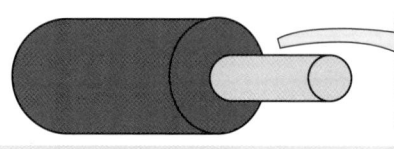

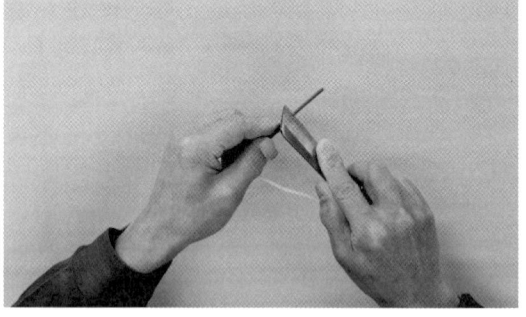

手順2 ナイフを線と直角に保ったまま,右方向にずらして絶縁被覆をはぎ取る.

> 全周に入れるナイフの力加減に十分注意!

1.4 VVRケーブルのビニル外装はぎ取りの作業手順

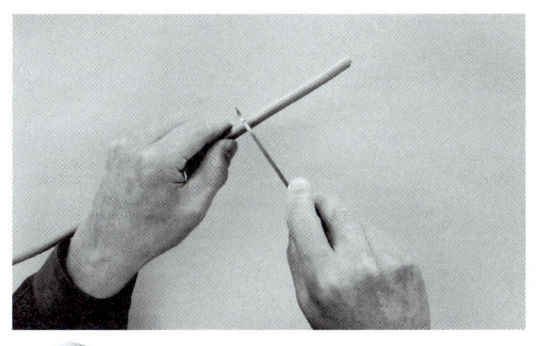

手順1 ケーブル外装の周囲にナイフで切り込みを入れる．

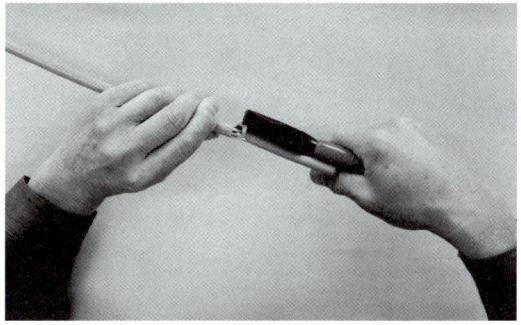

手順2 力を入れ過ぎると，心線の絶縁被覆にナイフの刃が届いてしまうので注意する．

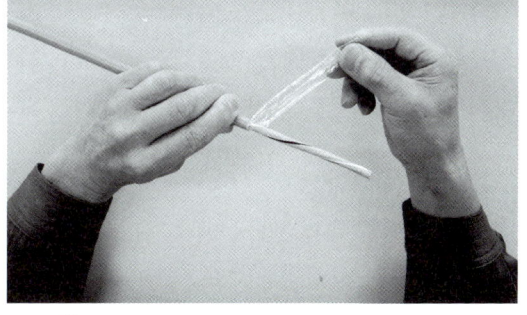

手順3 ケーブル外装に縦にナイフの刃を入れる．

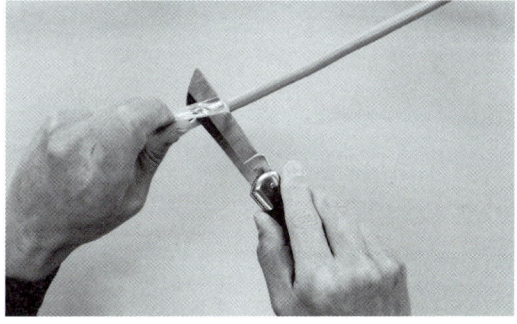

手順4 ペンチの角を，全周に入れた切り口にあてがい，外装を引きちぎる．

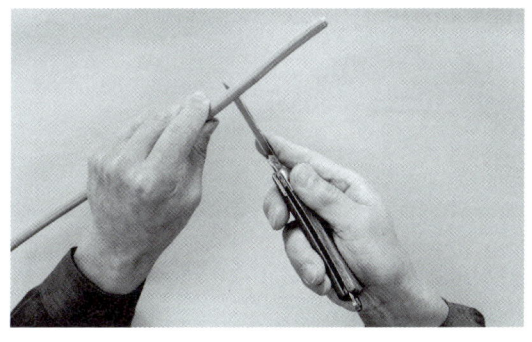

手順5 押さえテープをはがす．

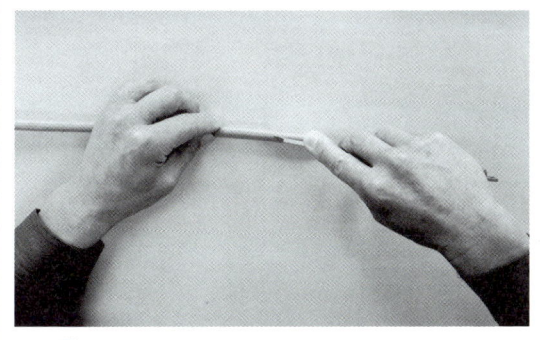

手順6 押さえテープをナイフで切り取る．

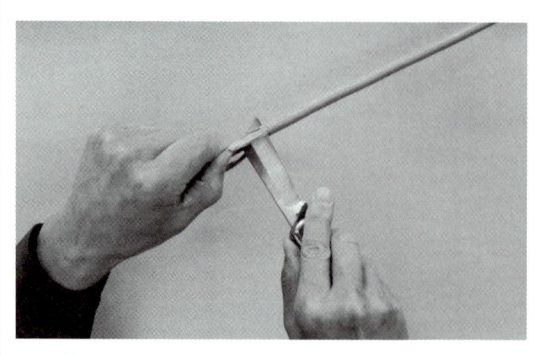

手順7 介在物も心線からはがして切り取る．

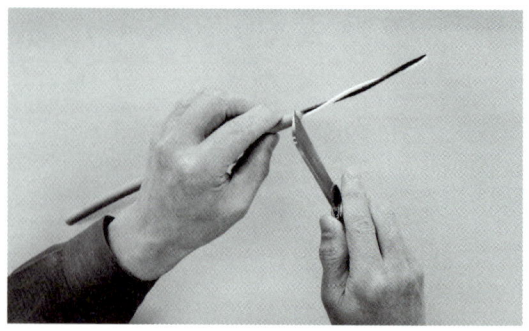

手順9 外装切り口に，テープや介在物の切りカスがあればナイフで整える．

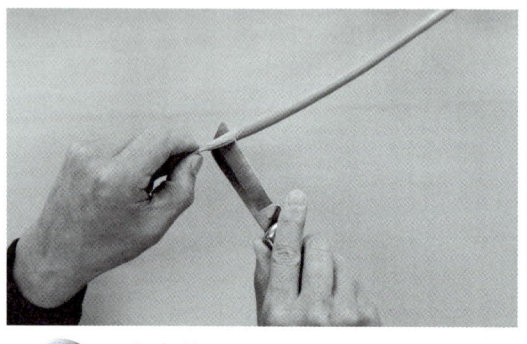

手順8 介在物は2回～3回に分けて切り取ることができる．

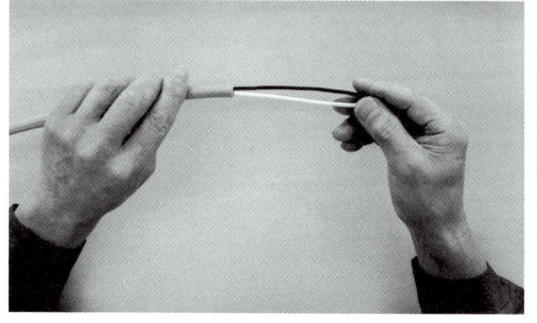

手順10 心線のよじれを解いて整形して完了．

1.5 EM-EEFケーブル（エコケーブル）の外装はぎ取り作業手順

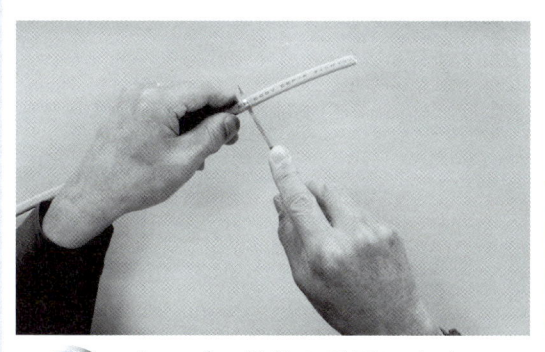

手順1 ケーブル外装の周囲にナイフの刃で切り込みを入れる．

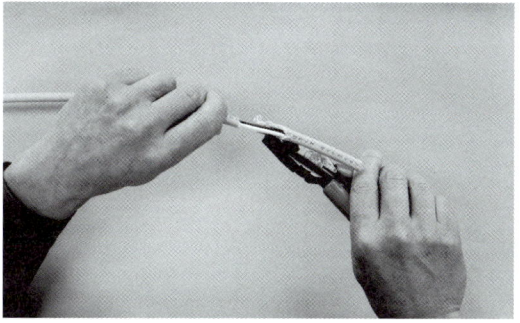

手順2 全周に切り込みを入れる．

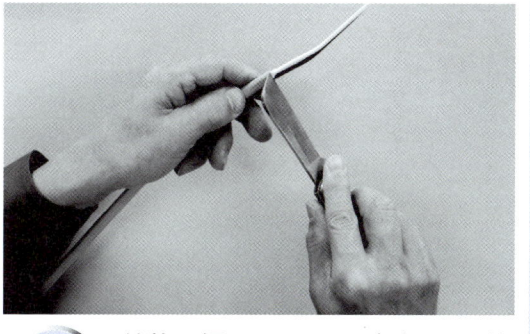

手順3 周囲の切り込みから縦にナイフの刃を入れる．

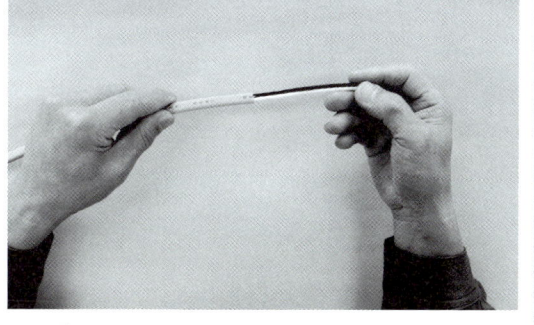

手順4 ペンチの角で，周囲の切り込み箇所から外装を引きちぎる．

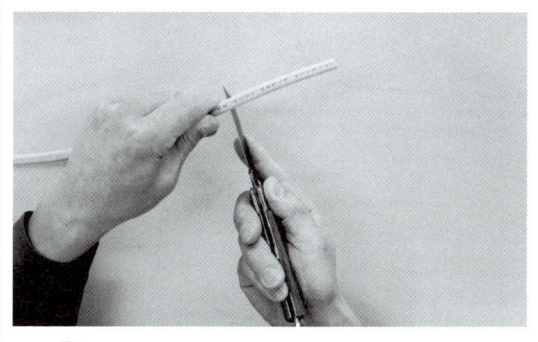

手順5 外装の切り口にカス（ビニルに比べて残りやすい）が残っていたら，ナイフで整形する．

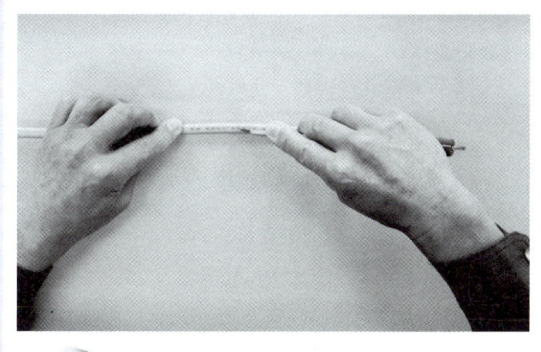

手順6 心線を直線状に整形して完了．

第3編　重要作業マスター

1.6 ストリッパによる外装・被覆のはぎ取りの作業手順

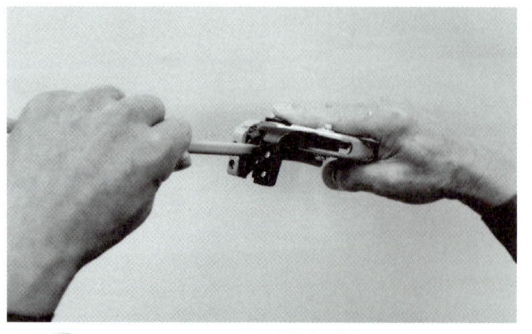

手順1 ストリッパの刃を確認して，ケーブル外装をくわえる．

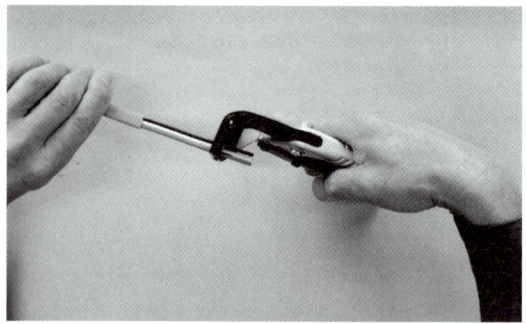

手順2 その状態でグリップを握ると，外装がはぎ取れる．

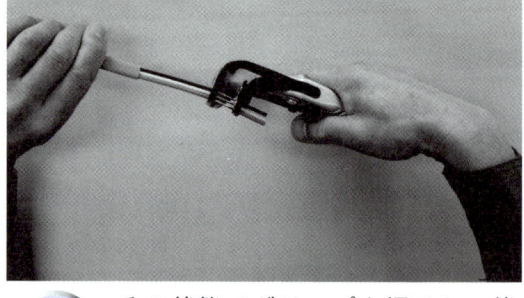

手順3 手で外装を引き抜く．（外装を刃に引っかけて抜き取ってもよい）

手順4 ストリッパの刃を確認して，絶縁被覆をくわえる．

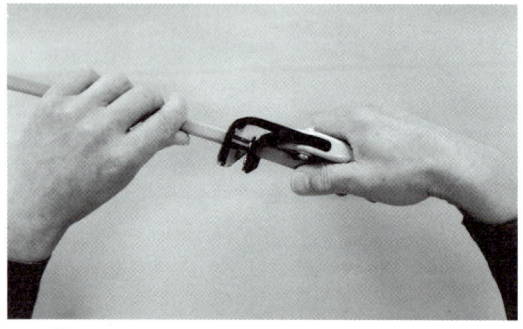

手順5 その状態でグリップを握ると，絶縁被覆がはぎ取れる．

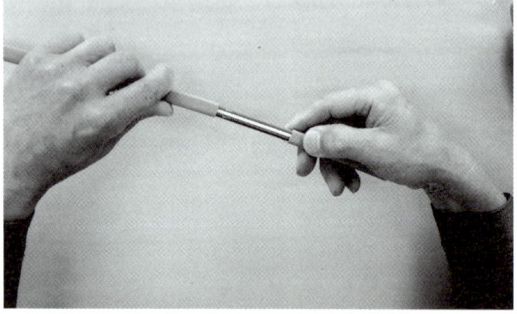

◆使用方法（VA線ストリッパ1Aの場合）◆

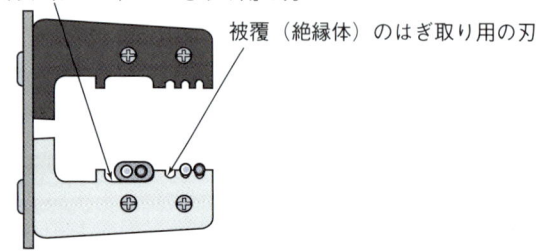

〔適用電線〕
- 600Vビニル絶縁ビニル外装ケーブル平形
  VVF 2心　導体径（太さ）1.6mm及び2.0mm
  VVF 3心　導体径（太さ）1.6mm
- 600Vポリエチレン絶縁耐燃性ポリエチレン外装ケーブル平形
  EM-EEF, EEF/F（エコ電線）
  　2心　導体径（太さ）1.6mm及び2.0mm
  　3心　導体径（太さ）1.6mm

（注）ポリエチレン（エコ電線）に不適合のストリッパもある．

外装（シース）のはぎ取り用の刃
被覆（絶縁体）のはぎ取り用の刃

2心：1.6mm，2.0mmの場合
外装（シース）を当たりに当てる
当たり（ストッパー）

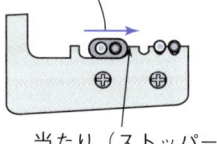

※詳細は，工具の取扱い説明書を参照．

1.7 メタルラス壁貫通箇所の防護管施工の作業手順

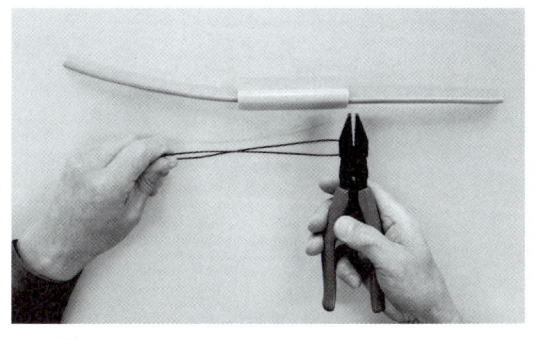

手順1 支給されたバインド線を左右で使用するために，均等に二等分する．

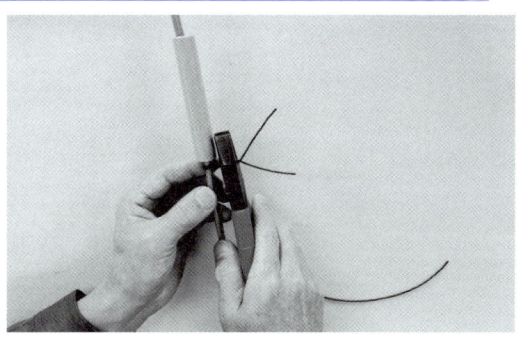

手順2 一方のバインド線を，ケーブル外装に2回以上巻き付ける．

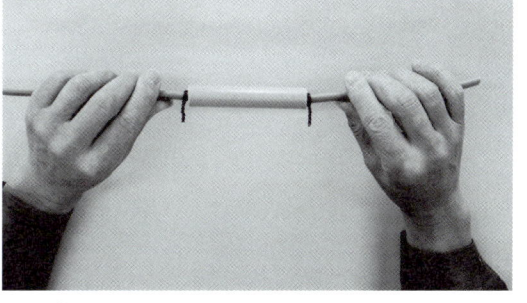

手順3 次に，ねじり接続の要領で，2回以上ねじる．

手順4 不要部分はペンチで切断し，切り捨てる．

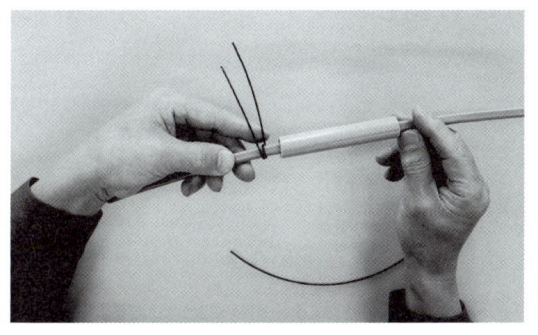

手順5 防護管の左右に施して完了．

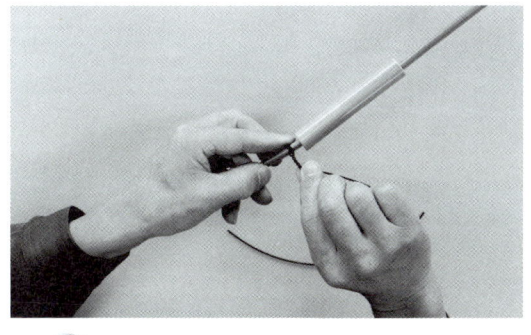

◆減点のポイント◆
- メタルラス壁貫通部に防護管の施工がされていない．（A欠陥）
- バインド線による，防護管の支持がされていない．（B欠陥）
- バインド線による支持で，巻き付け・ねじり回数が不足している．（C欠陥）
- バインド線の巻き付けがゆるい．（C欠陥）
- バインド線のねじりが強すぎて，傷が付いたり切れたりしている．（片方は適切）（C欠陥）

第3編 重要作業マスター

1.8 埋込器具と連用取付枠の作業手順

手順1 連用取付枠に取り付ける埋込器具を用意する．

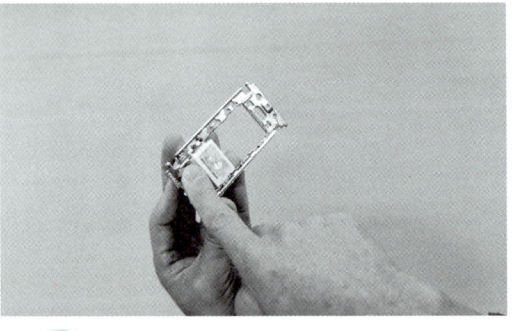

手順2 連用取付枠の上下・表裏に注意して，器具を取り付ける．

手順3 ㊀ドライバを使って，連用取付枠の「爪」を押し込み，器具を固定する．

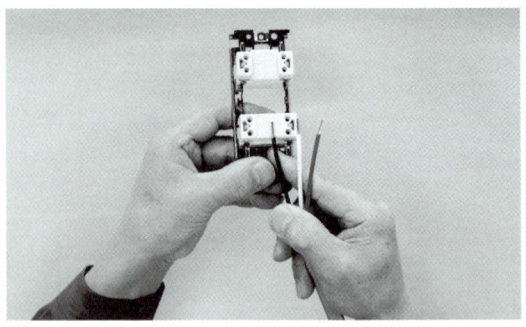

手順4 器具の裏面のストリップゲージに合わせて，絶縁被覆をはぎ取る．

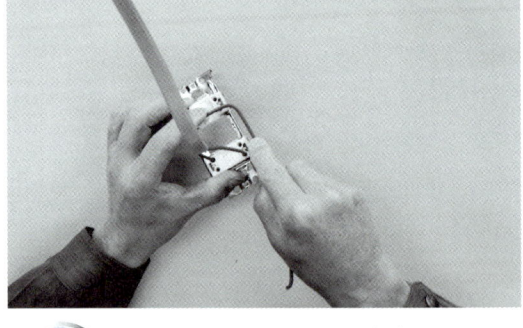

手順5 渡り線は，器具間の寸法を確認して切断，絶縁被覆をはぎ取る．

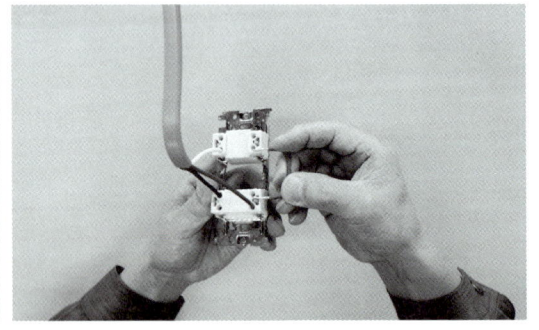

手順6 器具には，最後までしっかり心線を挿入する．

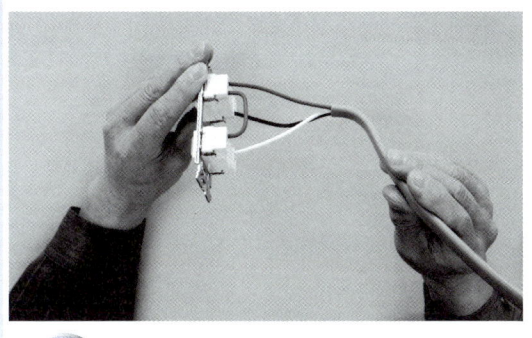

手順7 心線の露出がないかを確認して完了．

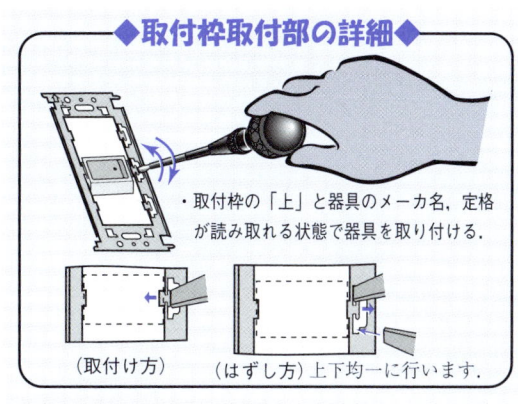

◆**取付枠取付部の詳細**◆

・取付枠の「上」と器具のメーカ名，定格が読み取れる状態で器具を取り付ける．

（取付け方）　（はずし方）上下均一に行います．

1.9 引掛シーリング（角）への結線の作業手順

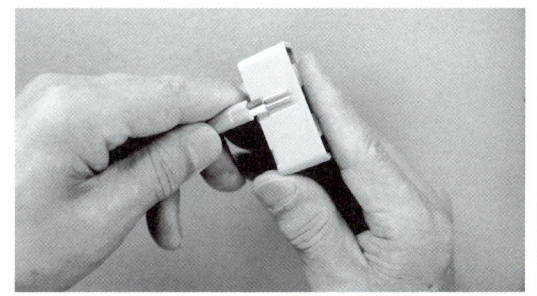

手順1 引掛シーリングへの結線のため，ボディのゲージに合わせて，外装，絶縁被覆をはぎ取る．
ビニル絶縁（白・黒の部分）の長さに注意する．

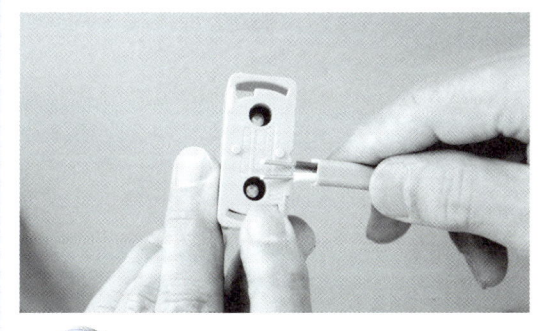

手順2 ボディ表面の極性を確認して，ケーブルを結線する．
差し込みは確実に心線が見えなくなるまで差し込む．
差込み端子部にも極性表示がある．

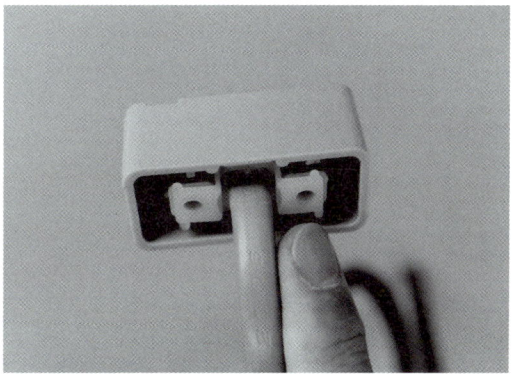

手順3
・心線の長さをストリップゲージに合わせ，接地側端子に白色電線を差し込む．
・心線が露出しているときは，心線がストリップゲージより長すぎるか，奥まで差し込まれていない場合である．
・ケーブル外装を長くむき過ぎた場合，絶縁被覆の白・黒の部分が側面から見えてC欠陥になる．

第3編　重要作業マスター

1.10 露出形コンセントへの結線の作業手順

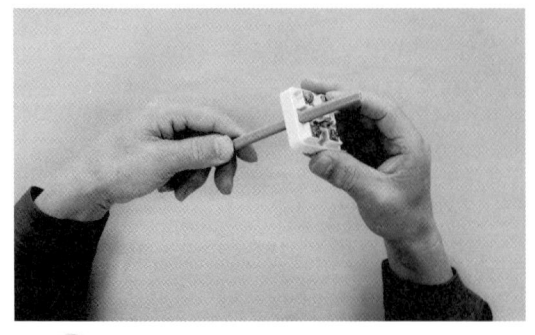

手順1 台座を欠かずに，下からケーブルを挿入穴に通し，外装はぎ取りの長さを決める．

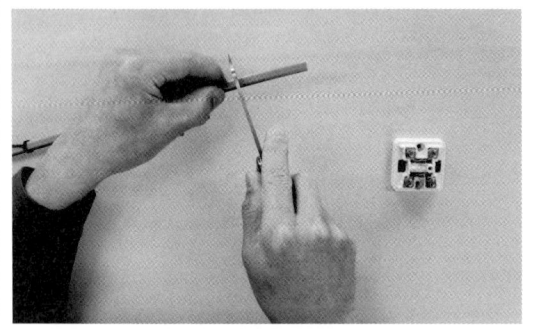

手順2 ケーブル外装をはぎ取る．

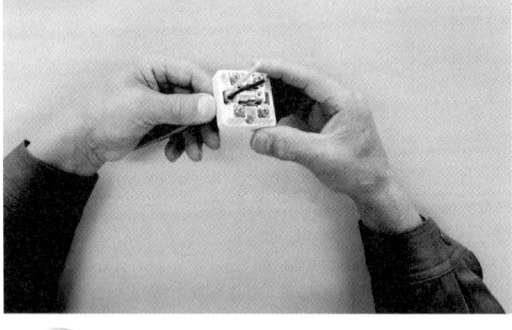

手順3 外装の切り口を台座の上に合わせ，ビスまでの長さを決める．

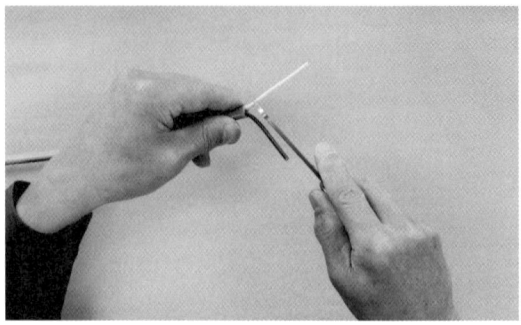

手順4 心線の絶縁被覆をはぎ取る．

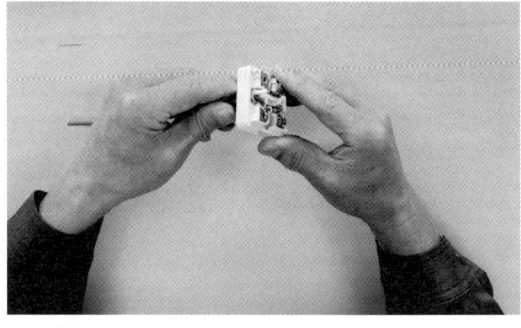

手順5 ビス止めのための輪作りを行う．

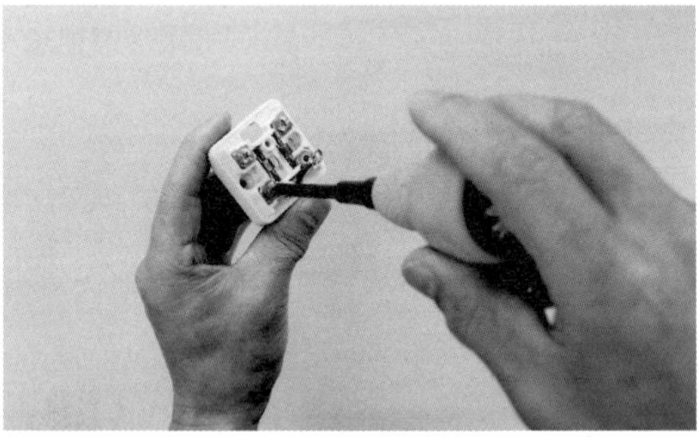

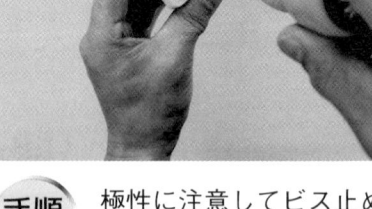

手順6 極性に注意してビス止めし，完了．

◆減点のポイント◆

- 結線部の絶縁被覆のむき過ぎ．（B欠陥）
- 絶縁被覆のビスへのかみ込み．（B欠陥）
- 締め付け部の心線の巻き付け不足 (3/4周以下)（C欠陥）
- ビス締め付け部分の左巻き・重ね巻き（C欠陥）
- 心線の端末処理不足（心線先端が長すぎる）（C欠陥）
- ケーブル外装のむき過ぎ．（C欠陥）

1.11 動力用コンセント3P250V Eの結線の作業手順

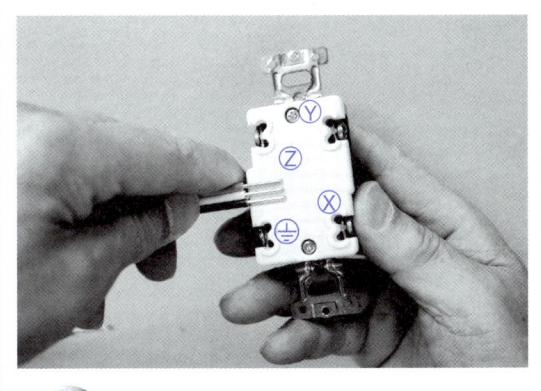

手順1 3P250V Eのコンセントへの結線を行う．絶縁被覆のはぎ取り長さは，裏面のストリップゲージに合わせて行う．
⏚又は Ⓖは接地極．

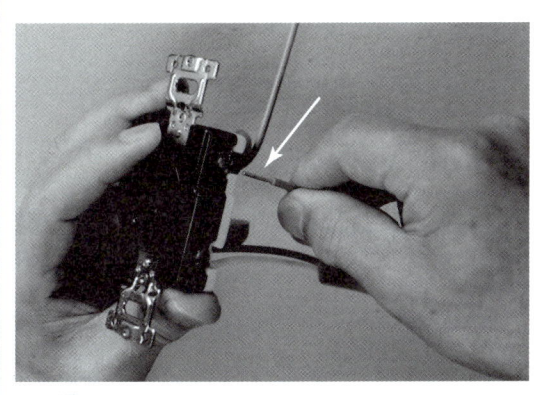

手順2 電線の心線は，直線状態で差し込み，端子ねじを締め付ける．

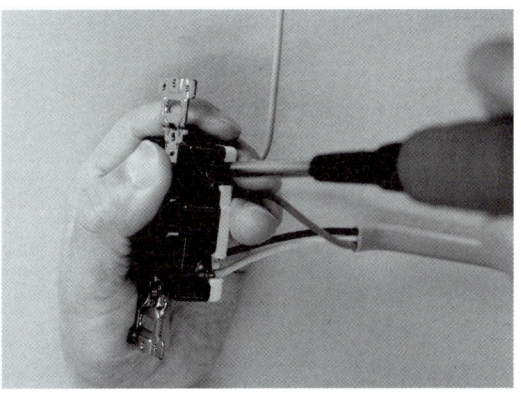

手順3 結線時には，電線を引っ張っても外れないように，端子ねじを確実に締め付ける．

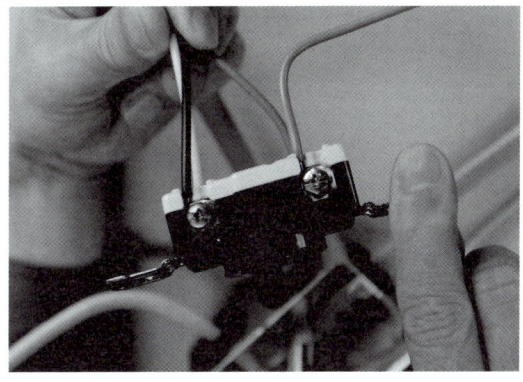

手順4
・接地線の緑色の電線は，Gまたは，⏚の端子に結線する．
・接地側の白色の電線は，Y端子に結線する．

第3編 重要作業マスター

135

1.12 ワイド形コンセントの取付の作業手順

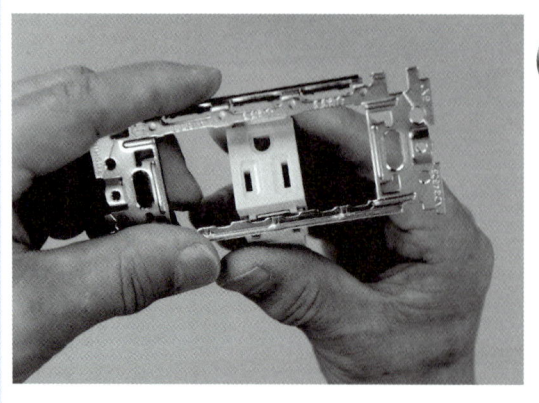

手順1
- 大角形連用配線器具（ワイド形）の取付枠は，コンセント用とスイッチ用がある．
- 金属製と絶縁の取付枠があり，ここでは金属製のワンタッチサポートを使用する．
- 取付は，器具の金属の隙間（窓穴）に取付の爪（突起部）を差し込み，器具の上部を取付枠に押し上げ爪が完全に引っかかったことを確認して完了．

手順2
- 取り外しは，器具を上から指で押しながら取付枠の右側の溝にマイナスドライバを差し込み，器具側に倒して隙間を空けて外す．
- 絶縁サポート（取付枠）は無理にドライバを回したりすると，破損の恐れがある．

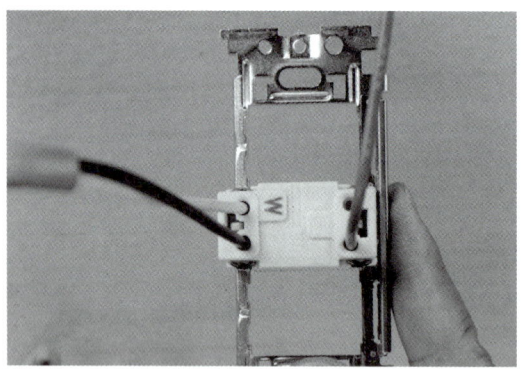

手順3
- 結線は「W」表示には接地側電線の白色を，⏚マークに接地線の緑色を結線する．
- 非接地側の黒色の電線は，はずし穴黄色部の空いている端子に結線する．
- はずし穴緑色の空いている端子は，接地線の送り用端子になる．（接地線は上下どちらに結線してもよい）

1.13 ワイド形器具の実際（点滅器・コンセント連用の場合）

- これは，図記号◆ᴴで示される．位置表示灯が内蔵されたスイッチとシングルコンセントの組み合わせである．
- 取付枠は専用の取付枠を使用し，スイッチ用のプレートを使用する．また，コンセント部分にカバーを取り付けた例である．（専用のプレートもある）

1.14 ゴムブッシングの取付け作業手順

手順1 ゴムブッシングの中央にナイフで切り込みを入れる．

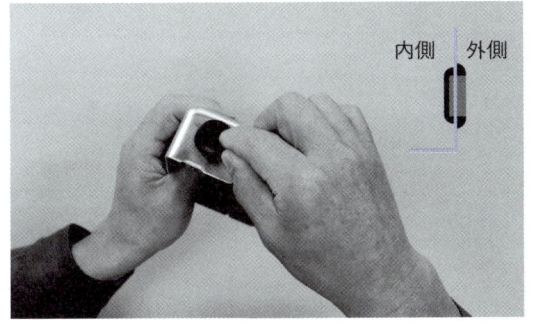

手順2 アウトレットボックスの穴にゴムブッシングを差し込む．（表裏は問わない）

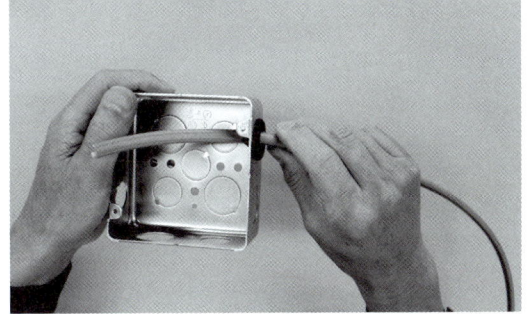

内側　外側

手順3 ゴムブッシングをゆがみのないように整形する．

手順4 ケーブルをゴムブッシングに通す．

1.15 リングレジューサの取り付けの作業手順

25のノックアウトに（E19）の金属管を接続する場合

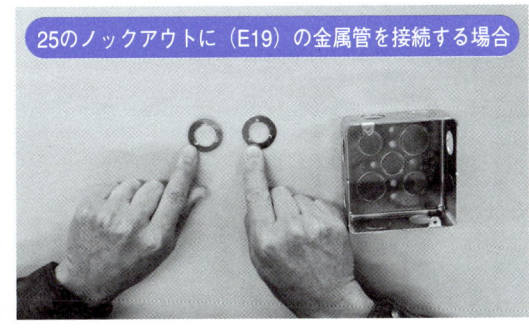

手順1 2枚のリングレジューサをボックスの内側と外側で使用する．（凸部に注意する）

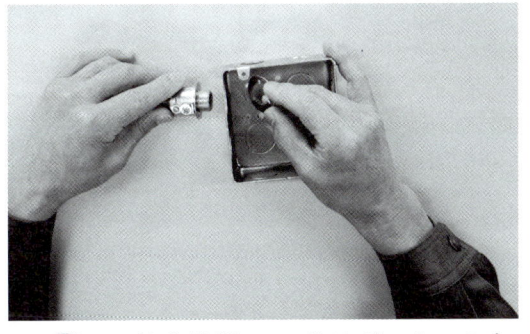

手順2 1枚を管側に，1枚はボックスの内側にはめ込む．（凸部と凸部でボックスを挟む）

137

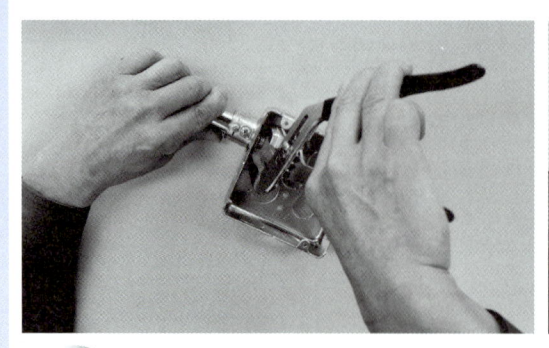

手順3 さらに内側にロックナットを，緩みのないように締め付ける．

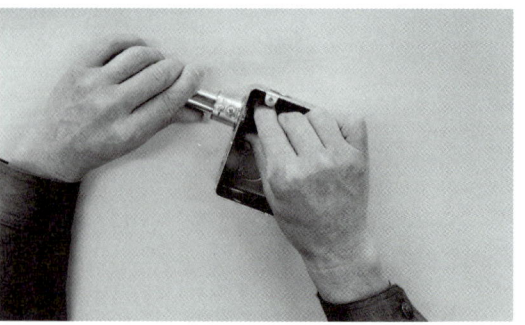

手順4 最後に絶縁ブッシングをねじ込んで完了．

1.16 金属管のねじなしコネクタ・ブッシングの作業手順

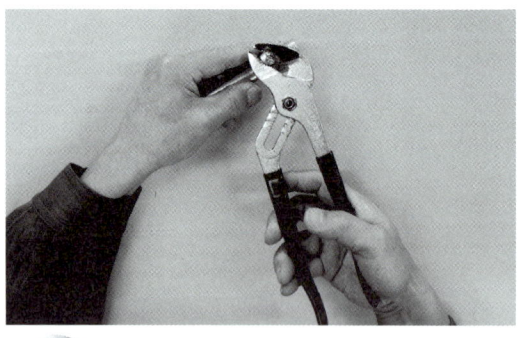

手順1 ねじなしボックスコネクタの止めねじを締め付ける．

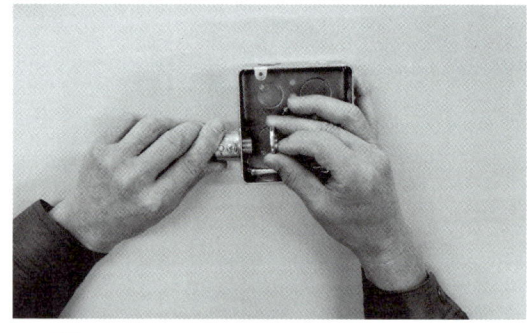

手順3 ねじなしボックスコネクタのロックナットをアウトレットボックスの内側から締め付ける．

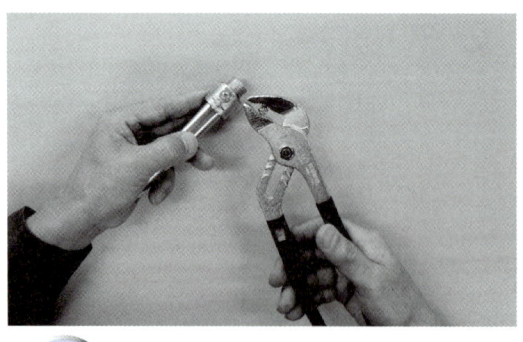

手順2 止めねじの頭部が切れるまで，締め付ける．

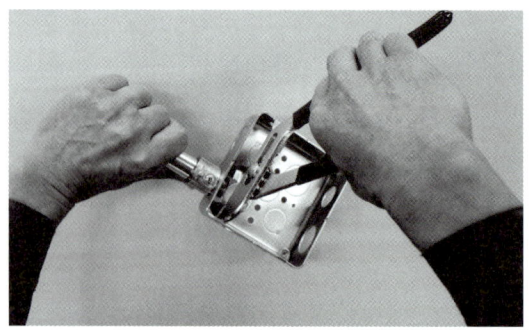

手順4 ウオータポンププライヤを使い，緩みのないようにしっかり締め付ける．

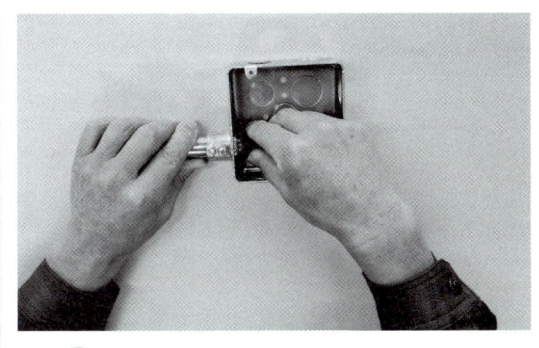

| 手順 5 | 絶縁ブッシングを締め付けて完了． | 手順 6 | ねじなし絶縁ブッシングも同様に，止めねじが切れるまで締め付ける． |

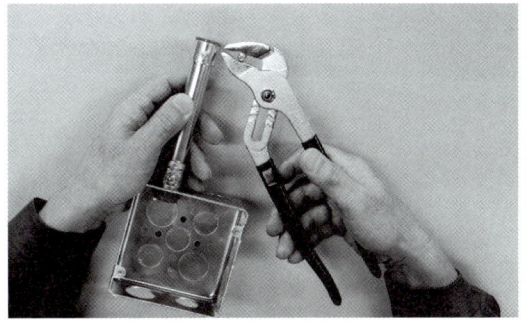

1.17 金属管とアウトレットボックスの接続の詳細図

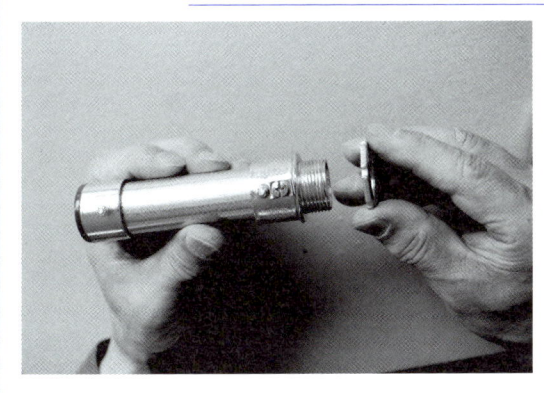

ねじなしボックスコネクタのロックナットを外し，表裏を確かめて，下図のようにロックナット→絶縁ブッシングの順に施工し，アウトレットボックスと接続する．

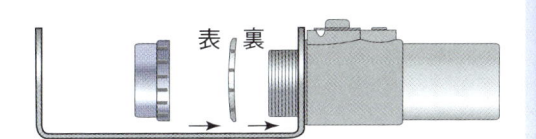

●減点のポイント●

- ボックスと管の接続が行われていない（A欠陥）
- ボックスとコネクタの接続で，ロックナットが確実に締め付けられていない．
 （ゆるい）（C欠陥）
- ロックナットが正しく使用されていない．（裏返し）（C欠陥）
- ねじなしボックスコネクタ，ねじなし絶縁ブッシングの止めねじをねじ切っていない．
 （C欠陥）

1.18 ボンド線を使った金属管の接地工事の作業手順

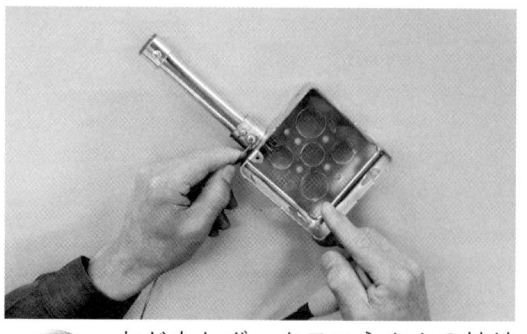

手順1 ねじなしボックスコネクタの接地端子に接地線（ボンド線）を差し込む．

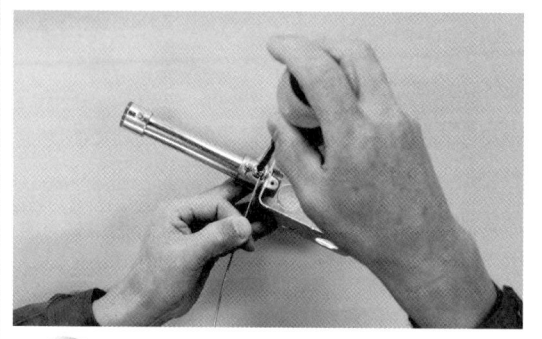

手順2 先端を5mm程度出して，ドライバで接地端子のビスを締め付ける．

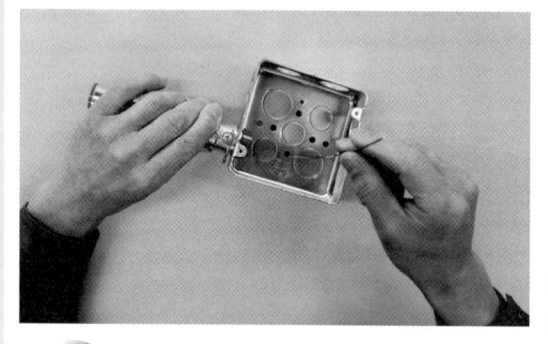

手順3 ボンド線をアウトレットボックスの底の穴から引き出す．

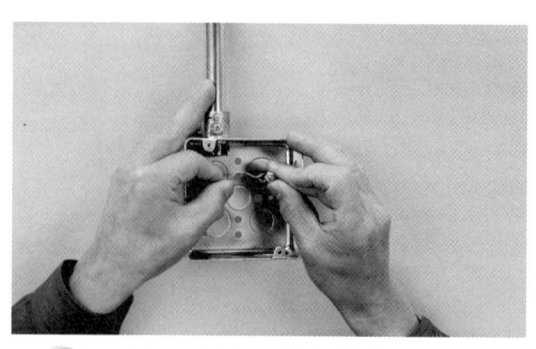

手順4 ボンド線の先端を輪作りし，ワッシャビスを取り付ける．

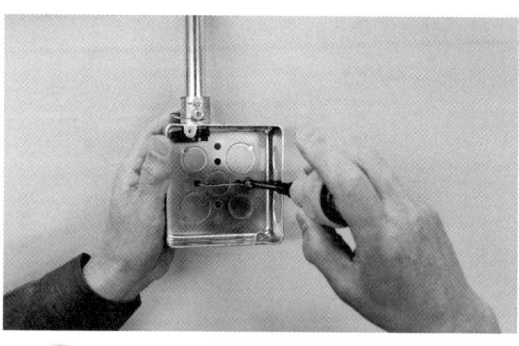

手順5 ボンド線とアウトレットボックスをドライバでしっかり締め付ける．

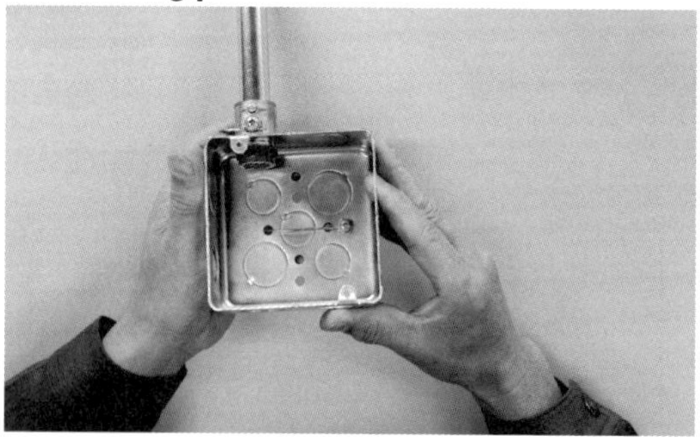

手順6 緩みのないことを確認して完了．

●減点のポイント●
- コネクタの接地端子へのボンド線の挿入不足（B欠陥）
- ボンド線をボックスカバー取付用ビス穴に取り付けた（B欠陥）
- ボンド線をボックスの外部から取付けた（B欠陥）
- 輪作りの心線の巻き付け不足（3/4周以下）（C欠陥）
- ビス締め付け時に，ボンド線を左巻きにした（C欠陥）
- ビス締め付け時にボンド線を重ね巻きにした（C欠陥）

1.19 金属管の接地工事の作業手順

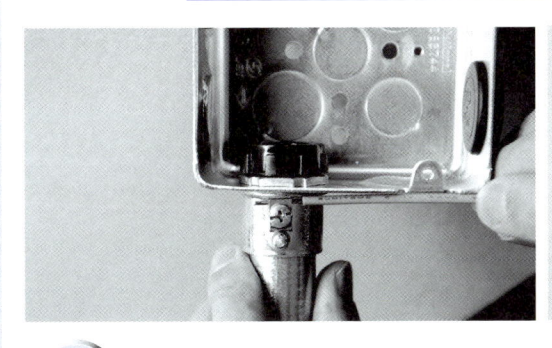

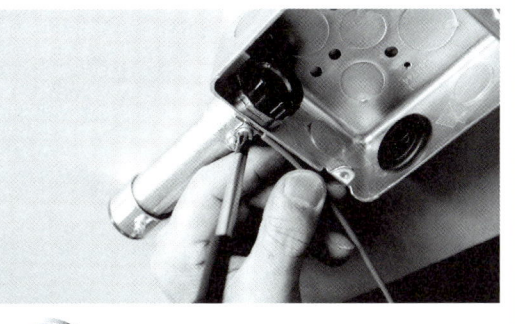

手順1 心線は，ビス座金から3～5mm出るようにする．（輪作りをせず，接地用端子より電線の先端が出ていればよい）
（アウトレットボックスの接地工事の省略のとき）

手順2 座金のねじをドライバで締め付け固定する．

●減点のポイント●
・コネクタの接地端子への接地線（緑色）の挿入不足（B欠陥）

1.20 PF管とアウトレットボックスの接続の作業手順

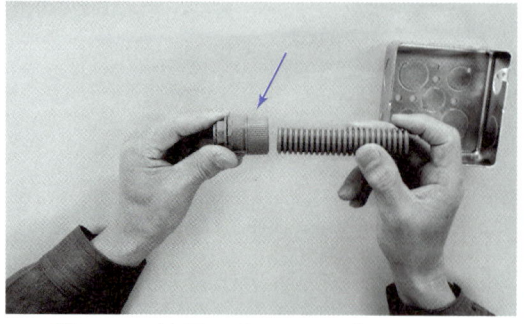

手順1 PF管用コネクタの向きに注意して，PF管と接続する．（矢印の止め具の締め付けを確認）

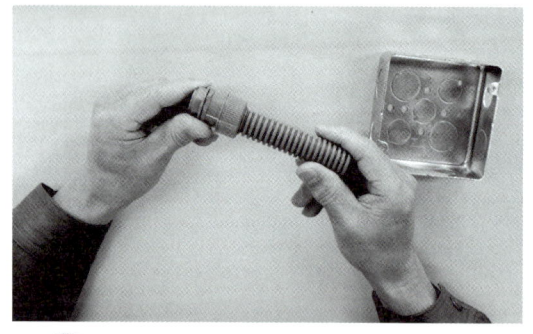

手順2 PF管用コネクタにPF管を押し込んで接続する．（ワンタッチ式）

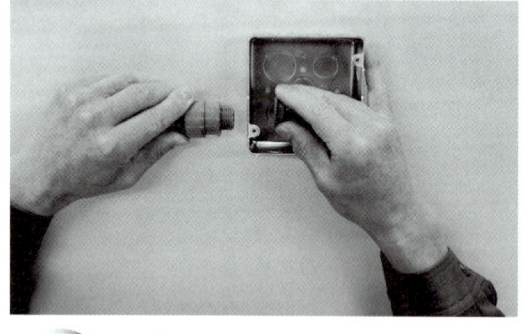

手順3 PF管用コネクタからロックナットをはずし，アウトレットボックスに固定する．

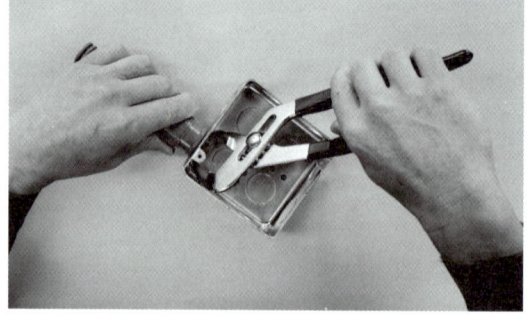

手順4 緩みのないように，最後はウオータポンププライヤで締め付ける．

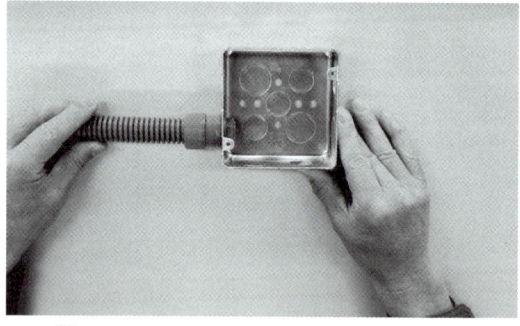

手順5 緩みのないことを確認して完了．

●減点のポイント●
- ボックスと管の接続が行われていない．（A欠陥）
- ロックナットを取り付けていない．（A欠陥）
- コネクタと管の接続が行われていない．（B欠陥）
- ロックナットが締め付けられていない．（ゆるい）（C欠陥）
- ロックナットが裏返しになっている．（C欠陥）
- コネクタの止め具が締め付けられていない．（ゆるい）（C欠陥）

◆PF管用コネクタについて◆

◎ワンタッチ式（過去の試験で使用されている）
- 止め具とチャックリングが一体になっている．
- 管の接続が解除できない．（解除するには，止め具を反対方向に移動して引き抜く．そのため，両方に取り付けた場合，解除できない）

◎ソフトタッチ式（ほとんどの工事で使用されている）
- 止め具とチャックリングが別々になっている．
- 管の接続が解除できる．（メーカにより解除方法は異なる）

1.21 終端接続におけるリングスリーブ接続の作業手順

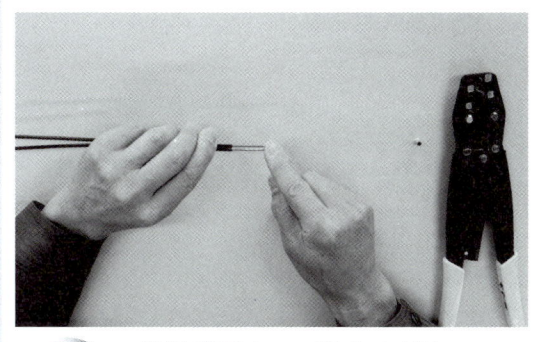

手順1 絶縁被覆を3cm程度はぎ取り，スリーブを挿入する．

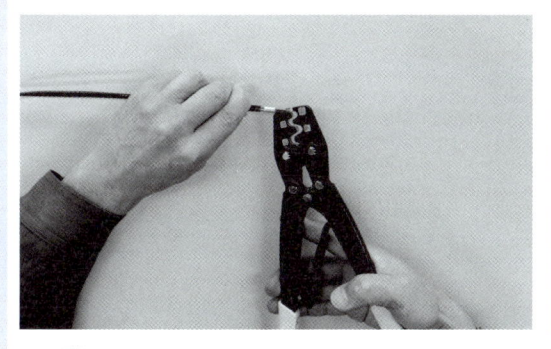

手順2 スリーブが絶縁被覆をかみこまないようにして，圧着ペンチの刻印を確かめて圧着する．

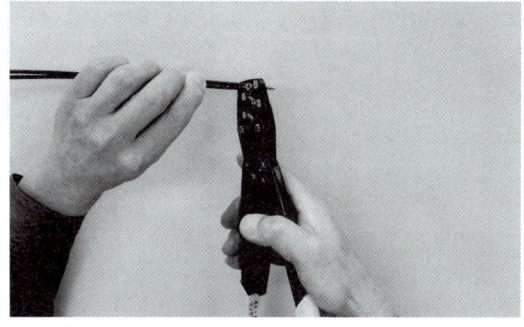

手順3 圧着ペンチは最後まで締め付けることで，ラチェットがはずれ開く．

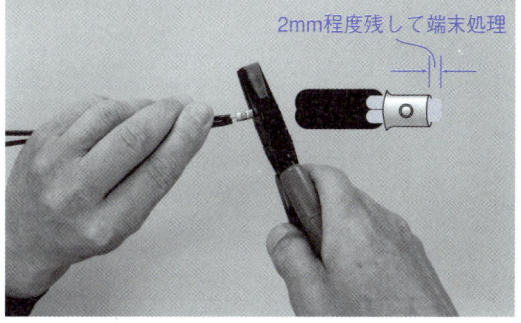

手順4 リングスリーブの先端から，2mm程度心線を残して切断して終了．これを端末処理という．

2mm程度残して端末処理

1.22 終端接続における差込形コネクタ接続の作業手順

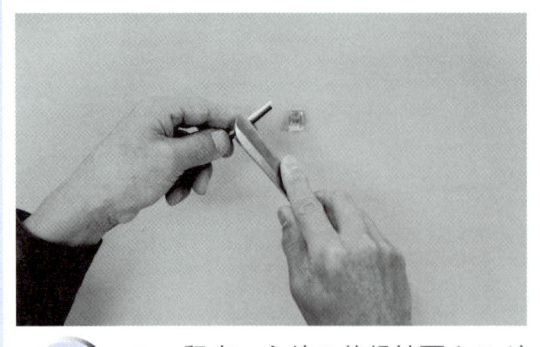

手順1　2cm程度，心線の絶縁被覆をはぎ取る．

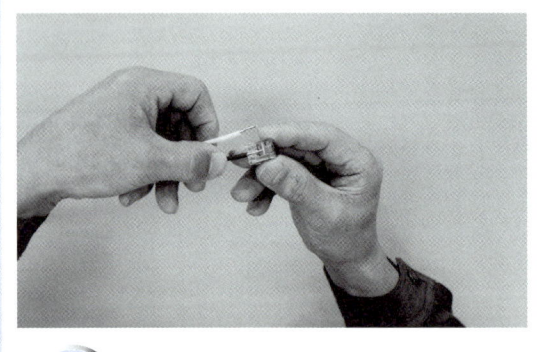

手順3　差込形コネクタにしっかり奥まで差し込んで完了．

●減点のポイント●
・心線の挿入不足（A欠陥）
・心線の露出（B欠陥）

手順2　差込形コネクタにある，ストリップゲージに合わせて心線をカットする．

【各手順の拡大写真】

手順1

手順1：ストリップゲージに心線を合わせ，長い部分を切断
手順2：心線を切断して長さを確認
手順3：奥まで差し込む

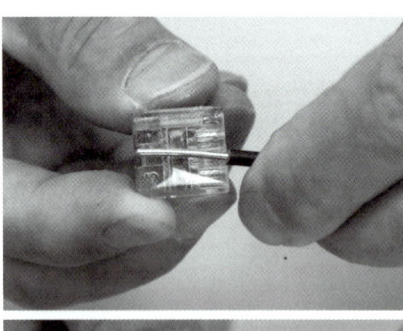

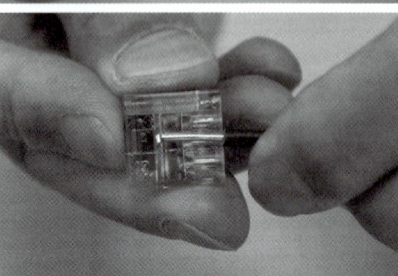

手順2

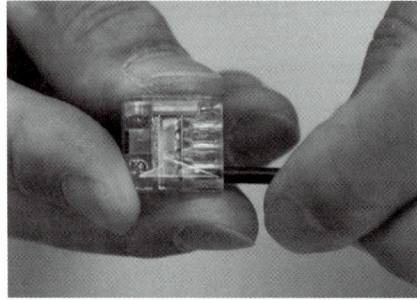

手順3

第3編　重要作業マスター

Section 2 各部の施工ポイントと施工手順

おもに第一種電気工事士技能試験で必要な作業を中心に，ポイントと施工手順をマスタしよう．

2.1 高圧絶縁電線(KIP線)の結線の作業手順

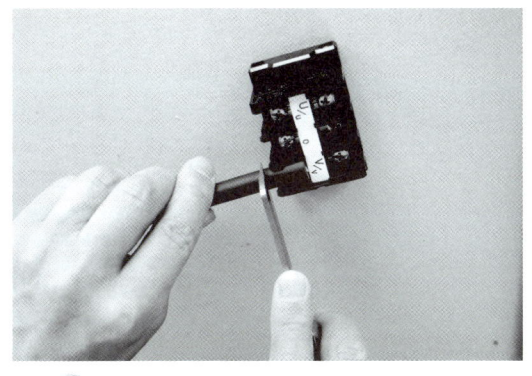

手順1 端子台に結線するため，絶縁被覆をはぎ取る．はぎ取りに当たっては，端子台のモールドの寸法を確認して行う．

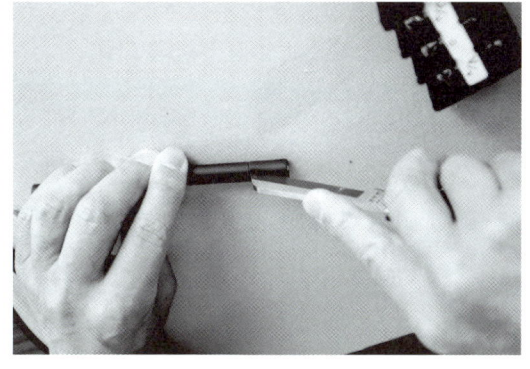

手順3 KIP線の切り込みを入れた外周から縦に切り込みを入れる．

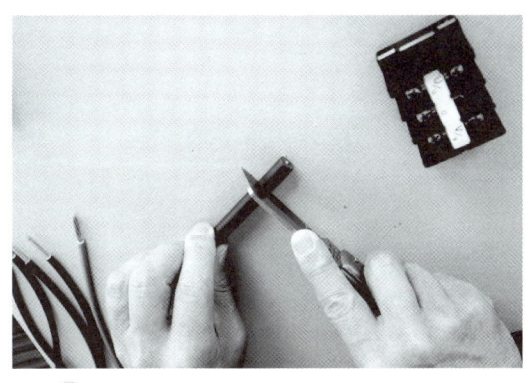

手順2 KIP線の外周に強めに切り込みを入れる．ゴム絶縁は硬くて厚いので，ナイフの切り込みを数回入れる．心線に傷を付けないように注意する．

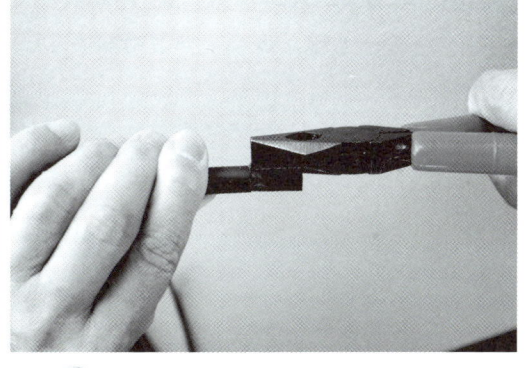

手順4 KIP線の切り込みを入れた外周をペンチの角でくわえて，絶縁被覆をはぎ取る．

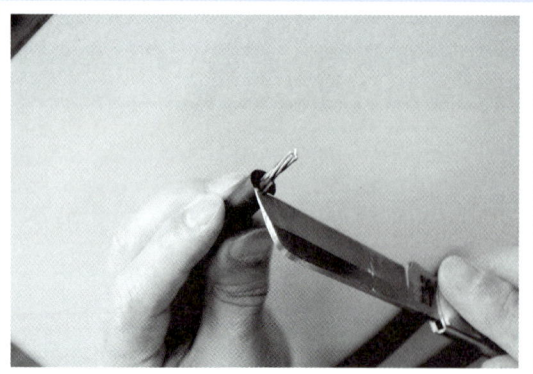

手順5 ペンチで被覆をはぎ取った後，心線の周囲に被覆が残っていたら，軽くナイフで処理する．

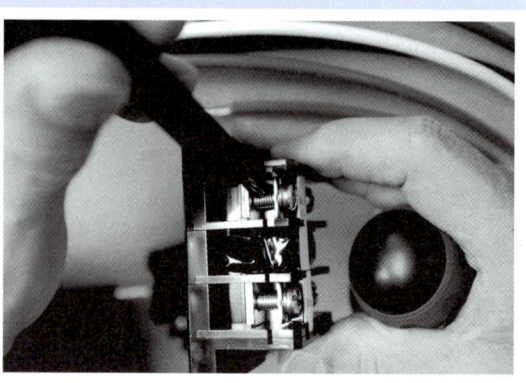

手順8 端子台への結線は，座金の下に挿入しねじを締めて固定する．素線のはみ出しに注意する．

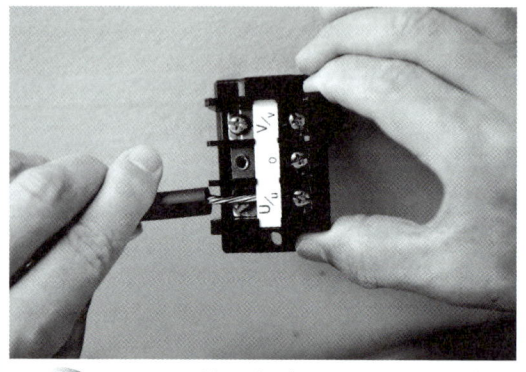

手順6 KIP線の心線の長さを，配線押さえ座金の大きさと確認する．
2本の結線はゴム絶縁が厚いため，心線が長くないと結線できない．

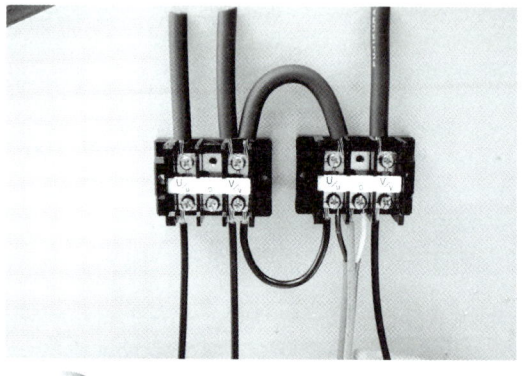

手順9 変圧器（V－V結線）代用のブロック端子部分の結線がこれで完成．

手順7 KIP線の心線の長さを，配線押さえ座金の大きさに正しく合うように微調整する．心線は，直線状態のまま差し込みビス止めする．より線のため，素線の一部が配線押さえ座金よりはみださないように注意する．

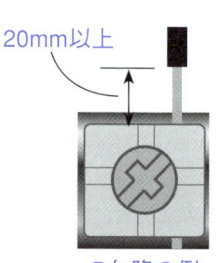

20mm以上

欠陥なしの例

B欠陥の例
（より線の素線の一部はみ出しもB欠陥）

2.2 変圧器代用のブロック端子の結線

配線図

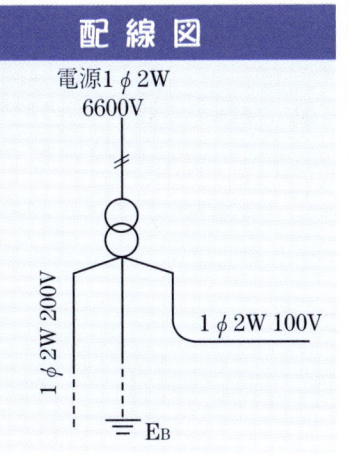

電源1φ2W 6600V
1φ2W 200V
1φ2W 100V
E_B

複線図 ①

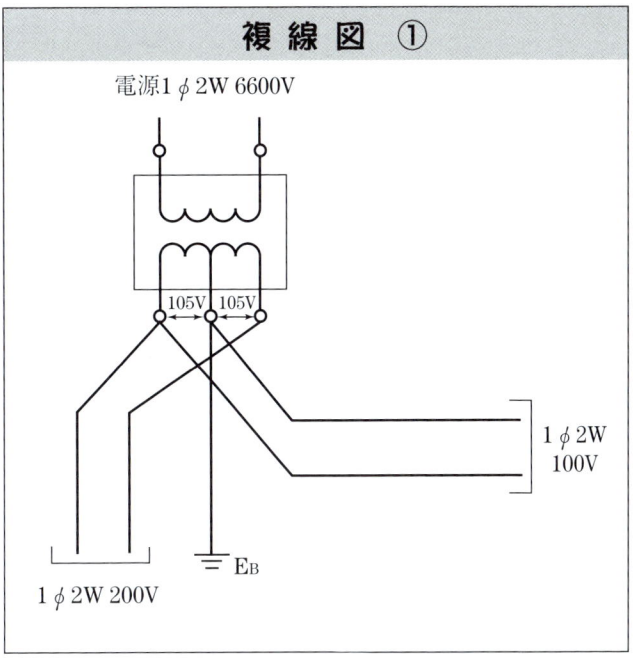

電源1φ2W 6600V
105V 105V
1φ2W 100V
1φ2W 200V
E_B

複線図 ②

電源1φ2W 6600V
105V 105V
1φ2W 100V
1φ2W 200V
E_B

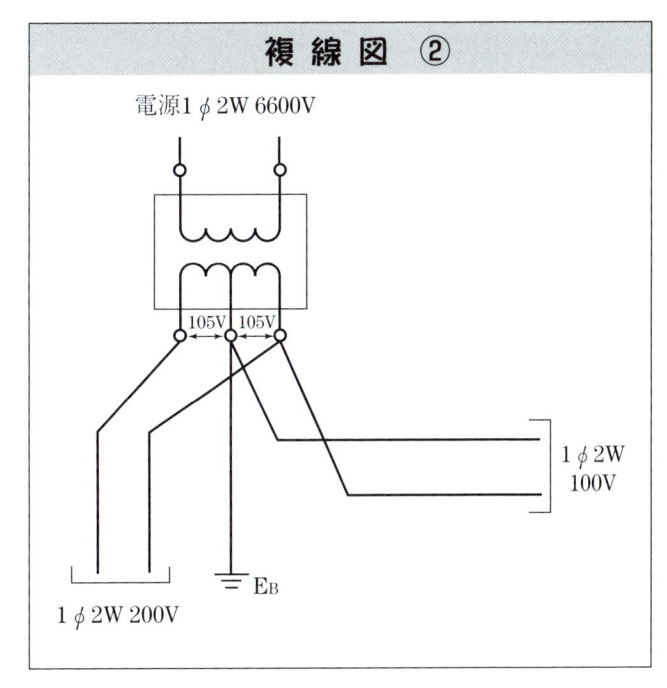

2.3 変圧器代用のブロック端子の結線の作業手順

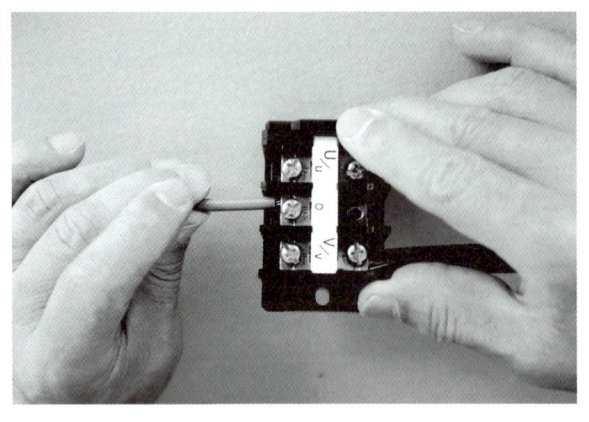

手順1

接地線（緑色の電線）の結線では，端子台の座金の大きさに合わせて心線を切断し，直線状態のまま配線座金の下に奥まで差し込み，ねじを締め付けて結線する．

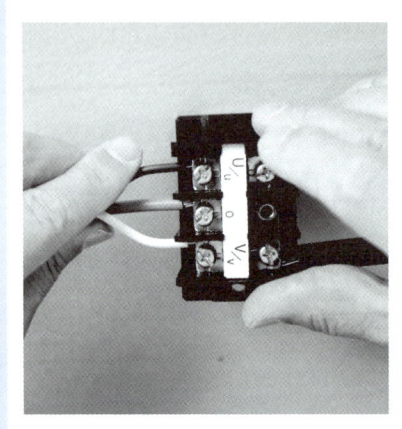

手順2

単相2線式（1φ2W200V）の結線では，座金に絶縁被覆がかみこんでいたり，心線のはぎ取り長さが長すぎないようにする．

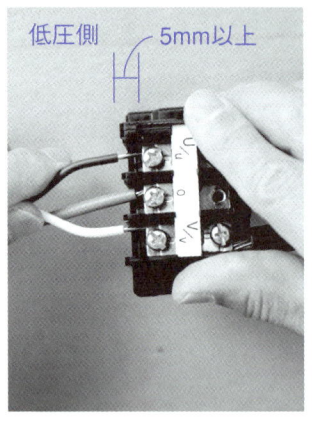

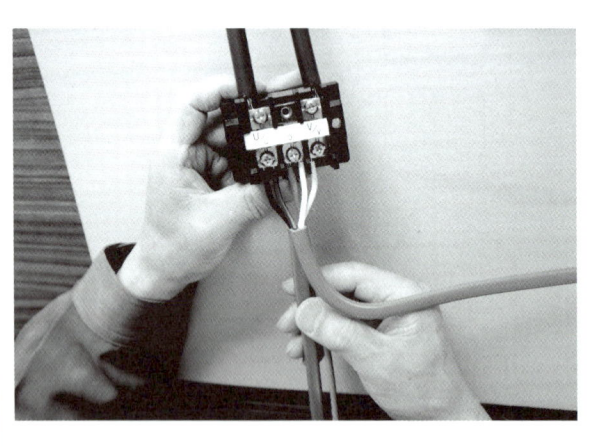

→心線の露出の減点例

手順3

単相2線式（1φ2W200Vと1φ2W100V）の結線では，電線の種類（太さ等）が配線図と相違していないか，また，接地線・接地側電線の色別が相違していないかを確認する．

2.4 変圧器代用のブロック端子の結線（変圧器2台のV-V結線）

【設置例①】

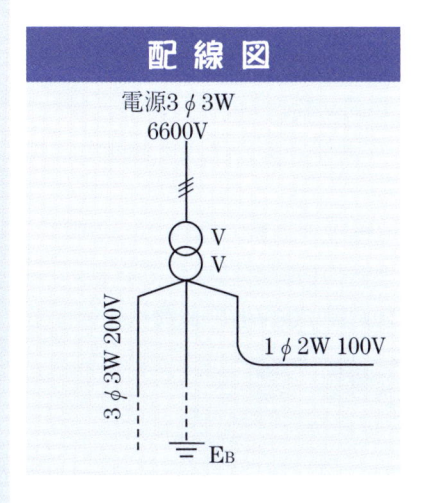

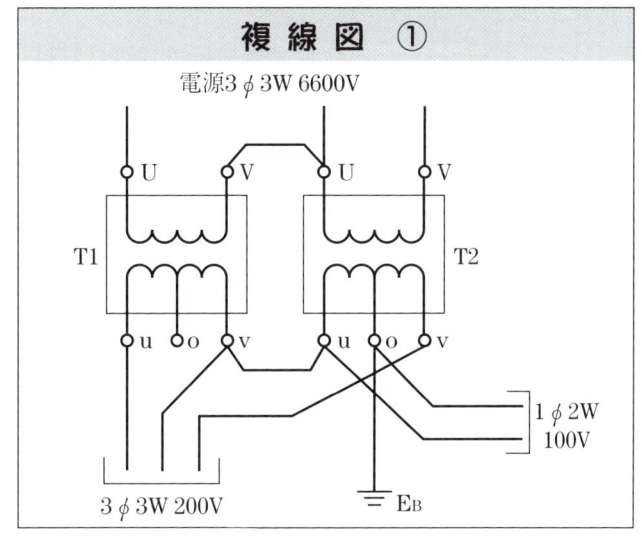

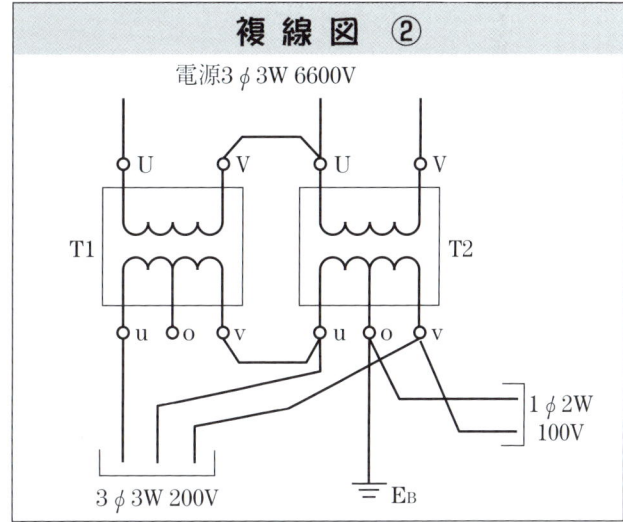

配線図

電源3φ3W 6600V
3φ3W 200V
1φ2W 100V
E_B

複線図 ①

電源3φ3W 6600V
T1　T2
U　V　U　V
u　o　v　u　o　v
3φ3W 200V
1φ2W 100V
E_B

複線図 ②

電源3φ3W 6600V
T1　T2
U　V　U　V
u　o　v　u　o　v
3φ3W 200V
1φ2W 100V
E_B

2.5 変圧器2台によるV-V結線の作業手順

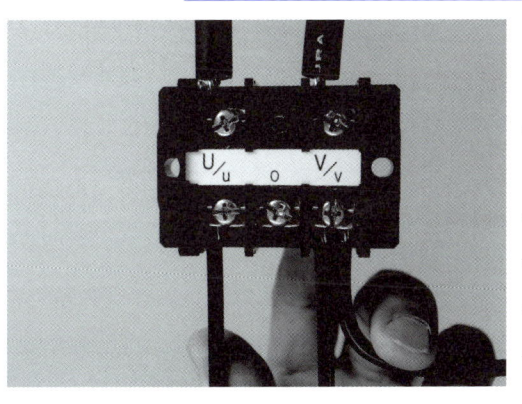

手順1

- T1（V-V結線）の左側代用端子台の結線である．
- V端子はT2のU端子にKIP線で渡り配線する．
- u端子は，3φ3W 200V他の負荷へ配線する．
- o端子は，空き端子になる．
- v端子は，3φ3W 200V他の負荷へとT2のu端子にIVで渡り配線する．

手順 2

- T2（V-V結線）の右側代用端子台の結線である．U端子はT1のV端子にKIP線で渡り配線する．
- u端子は，T1のv端子への渡り線と，単相1φ2W100Vの非接地側の黒色を結線している．
- o端子は，B種接地工事の緑色と1φ2W100Vの接地側の白線を結線している．
- v端子は，3φ3W200V他の負荷へ結線する．

手順 3

- T2（V-V結線）の1φ2W100Vを別な結線にした例である．
- v端子より，1φ2W100Vの非接地側の黒色を結線している．

【設置例②】

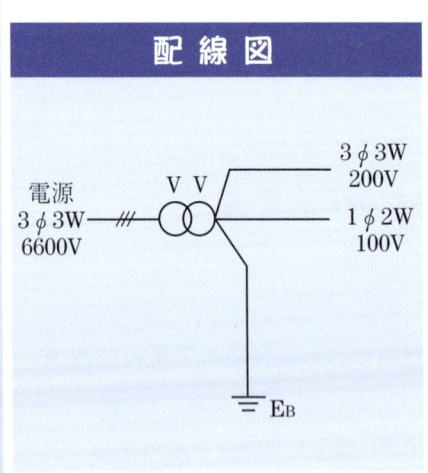

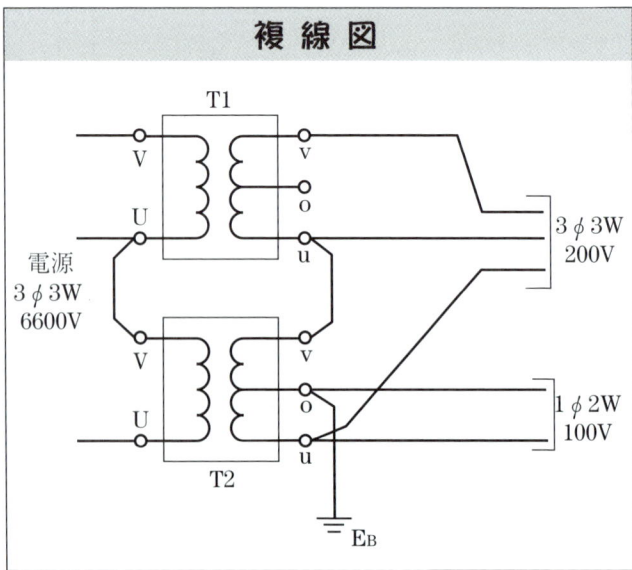

配線図

電源 3φ3W 6600V → V V → 3φ3W 200V ／ 1φ2W 100V ／ E_B

複線図

電源 3φ3W 6600V → T1, T2 → 3φ3W 200V ／ 1φ2W 100V ／ E_B

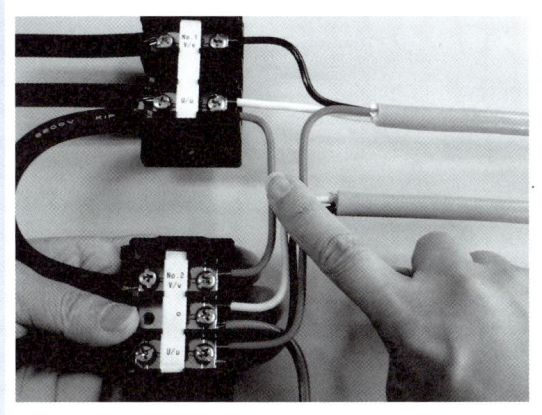

手順1

- 施工条件により指定された場合は，渡り線は指定された色を使用する．（ここでは赤色）
- 3φ3W200Vは，変圧器の結線図により，No.2u端子は「赤」，No.1u端子は「白」，No.1v端子は「黒」を結線する．

渡り線と同様に，施工条件により指定された場合は，各端子と電線の色別を指定された色に合わせる．

手順2

- No.2o端子にB種接地工事のIV緑色と，1φ2W100Vの接地側白色を結線する．（施工条件による）
- 1φ2W100Vの非接地側黒色は，u端子又はv端子に結線する．（施工条件による）

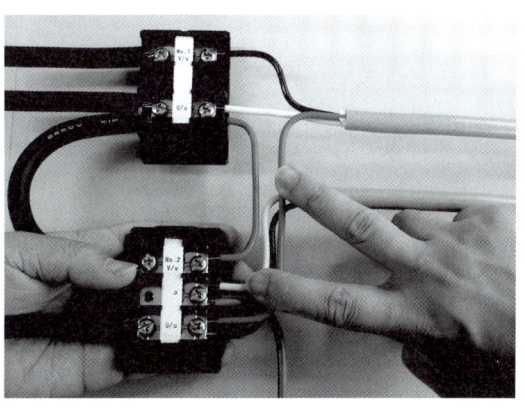

2.6 三相変圧器代用のブロック端子の結線

配線図

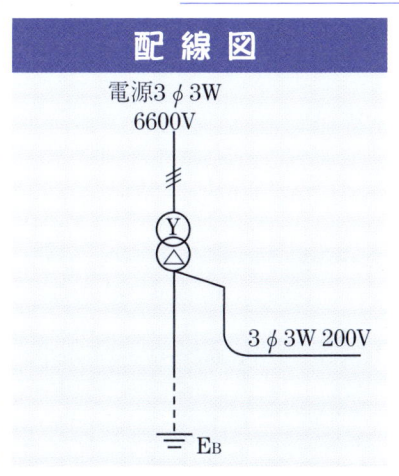

電源3φ3W 6600V

3φ3W 200V

E_B

複線図

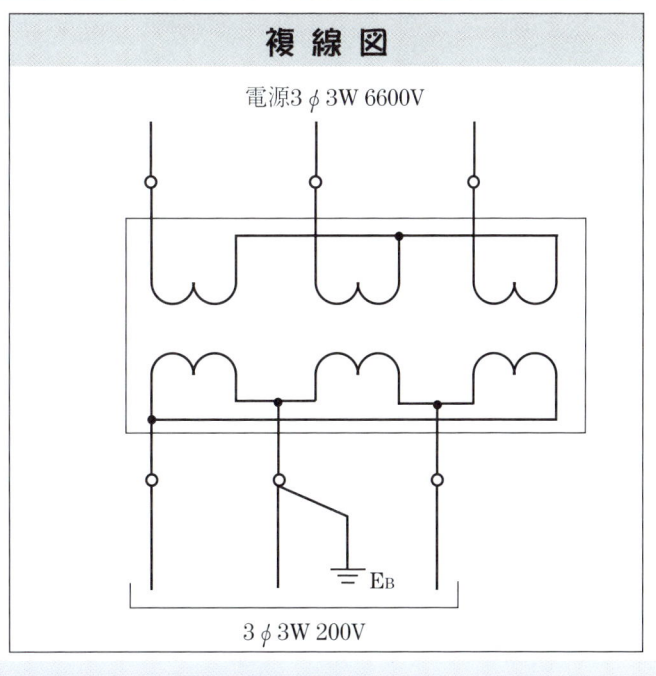

電源3φ3W 6600V

E_B

3φ3W 200V

2.7 三相変圧器代用のブロック端子結線の作業手順

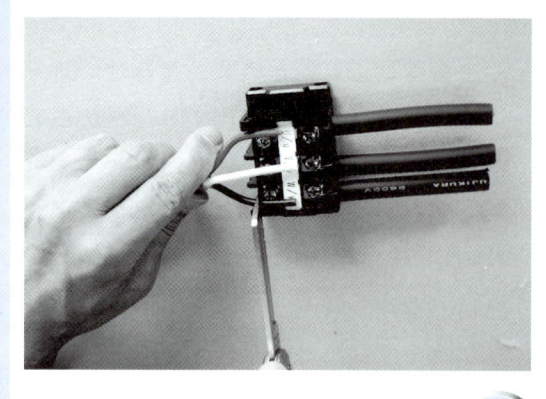

手順1

外装のはぎ取られたケーブルの絶縁被覆を、端子台の座金の大きさに合わせてはぎ取る。

手順2

座金の大きさに正しく合うように微調整する。心線は、直線状態のまま差し込みビス止めする。
より線の素線の一部がはみ出さないように注意する。

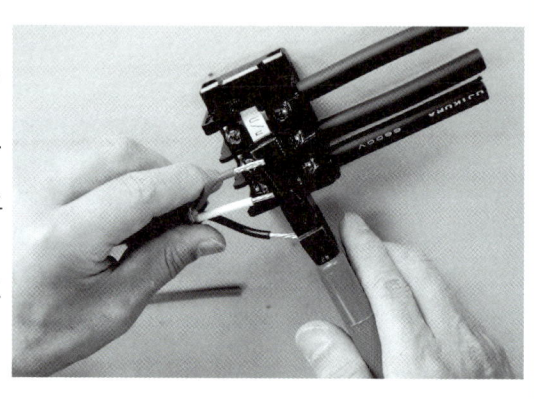

手順3

IV 5.5mm^{2}緑の接地線も同様に、端子台に結線する。

手順4

v端子に接地線の緑色と接地側電線の白色の電線を結線する。
この際に、確実にねじを締め付けないと電線が外れる場合がある。
絶縁被覆を座金で締め付けない。絶縁被覆をむき過ぎない。より線の素線の一部が座金よりはみ出さない。これらに注意する。

2.8 単相変圧器3台による△-△の結線

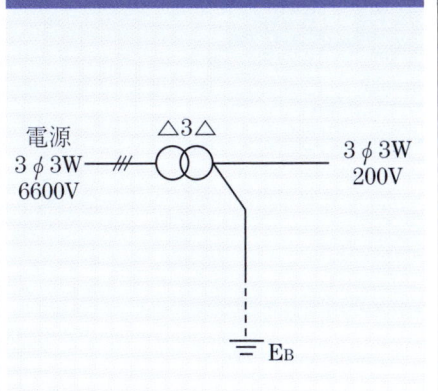

配線図

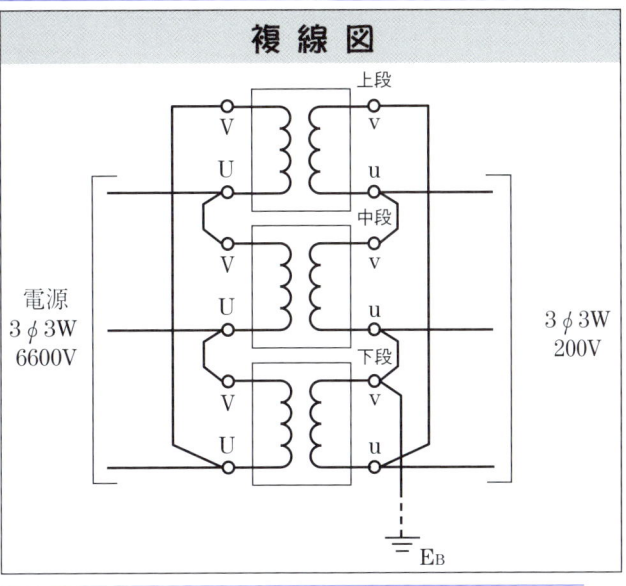

電源
3φ3W
6600V

△3△

3φ3W
200V

E_B

複線図

電源
3φ3W
6600V

上段
中段
下段

3φ3W
200V

E_B

2.9 単相変圧器3台による△-△の結線の作業手順

手順1

【下段の端子台】
- 二次側u端子にVVR「赤」と渡り線IV「黒」を結線する.
- 二次側v端子に接地線IV「緑」と渡り線IV「黒」を結線する.
- 心線を座金の奥まで挿入して、IVは絶縁被覆のむき過ぎ（充電部分の露出）に注意する．KIP線の場合は、絶縁被覆が厚いので、少々露出してもよい.

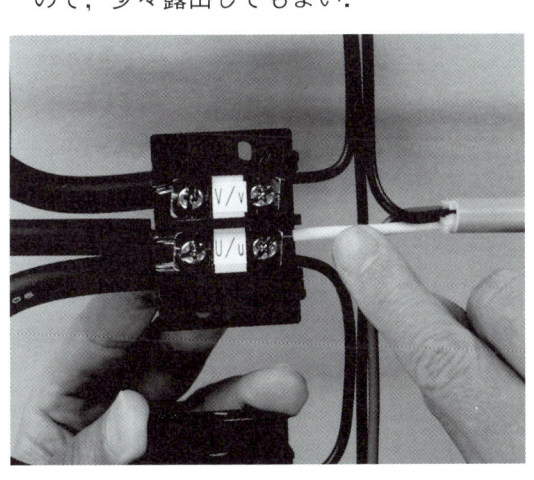

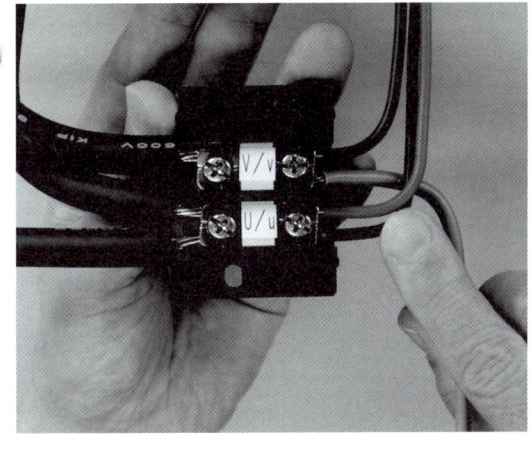

手順2

【中段の端子台】
- 二次側u端子にVVR「白」と渡り線IV「黒」を結線する.
- 心線は直線状態にして、絶縁被覆を座金で締め付けないように結線する.
- 電線1本の結線で、電線の挿入方向は座金の左右どちらでもよい.
- KIP線1本の結線は、素線を分けて挿入して結線してもよい.

手順3

【上段の端子台】
- 二次側u端子にVVR「黒」と渡り線IV「黒」を結線する．
- 一次側KIP線のU端子に2本の結線は，絶縁被覆が厚いので，心線の長さに注意する．（絶縁被覆を長めにはぎ取り，座金の大きさに合わせて心線を切断する）
- ねじの締め付けを確実にしないと端子よりKIP線が抜ける場合がある．

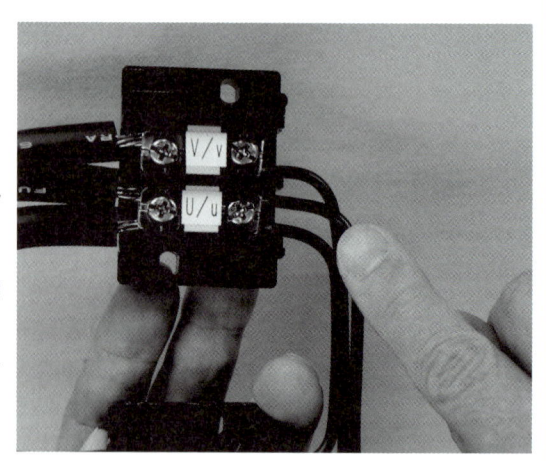

【ねじ締め付けの確認について】

不適切な方法

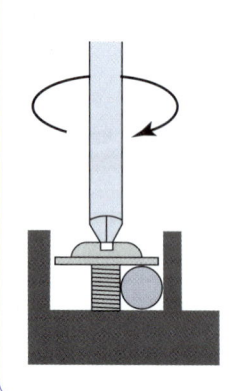

ドライバを右回転させようとすると，ドライバの先端とねじ頭部が滑って確実な締め付けができない．
または，ねじの頭部の溝が破損するときがある．

適切な方法

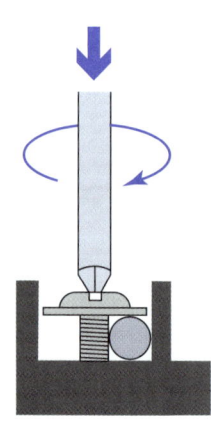

ねじを締め付けるときの基本は，「押し回し」である．
ねじの頭部をドライバでしっかり押して，ドライバを右回転させるときは，押しながら回転させるようにする．

2.10 配線用遮断器（100V用2極1素子）の結線の作業手順

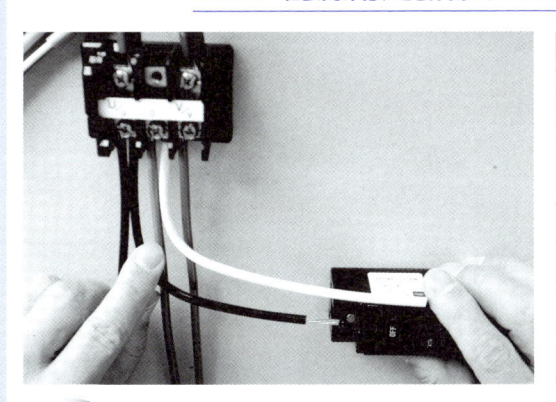

手順1　IV5.5mm² を配線用遮断器に極性を確認して結線する．

接地側の極表示「N」の表示は，メーカーにより異なる．小さく「N」の表示のものがあるので注意する．

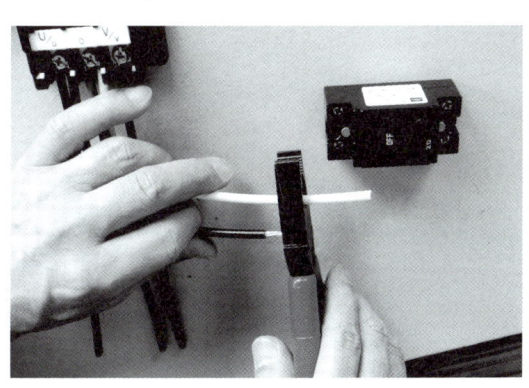

手順2　ビス止め座金に合わせて絶縁被覆をはぎ取る．心線が露出しないこと．ビニル絶縁被覆を締め付けないように注意する．

手順3　心線を端子に直線状態のまま挿入して，心線が露出するときは露出部分の長さを確認して切断する．

絶縁被覆が端子の中に入るときは，絶縁被覆をはぎ取り，心線を長くする．

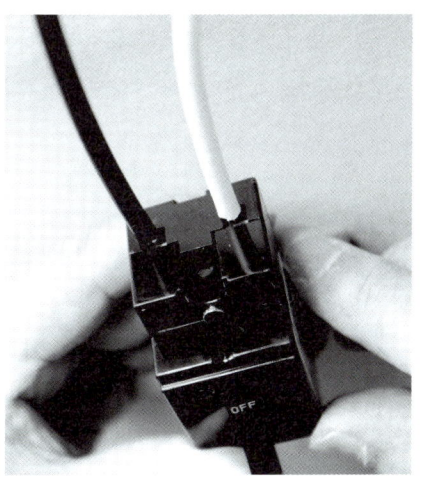

手順4　配線用遮断器のモールド（ボディ）から，心線が露出しないように結線する．

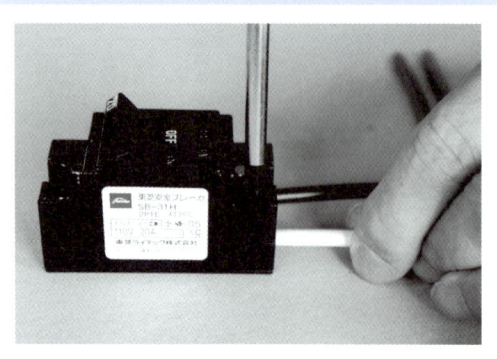

手順5 電線を引っ張って外れるときがあるので，確実に端子ねじを締め付ける．
ドライバを斜めに差し込んだり，太いドライバを使用すると，モールドケースを破損する恐れがあるので注意する．

手順6 電源側IV5.5mm^2，負荷側VVF2.0-2Cの結線例．
100V用配線用遮断器（2極1素子）には極性表示があり，N表示端子には接地側電線の白色を，L表示端子には非接地側電線の黒色をそれぞれ結線する．

2.11 押しボタンスイッチへのCVVケーブルの結線作業手順

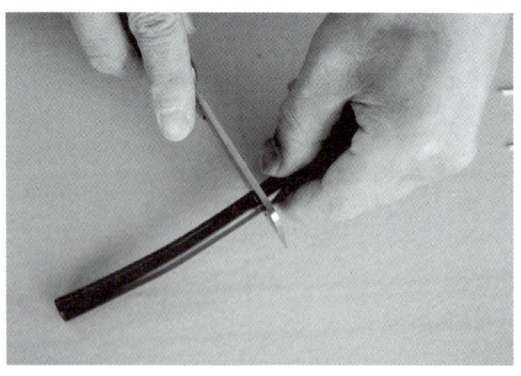

手順1 CVVケーブルの外装のはぎ取りに当たっては，軽く外周にナイフの刃で切れ目を入れる．

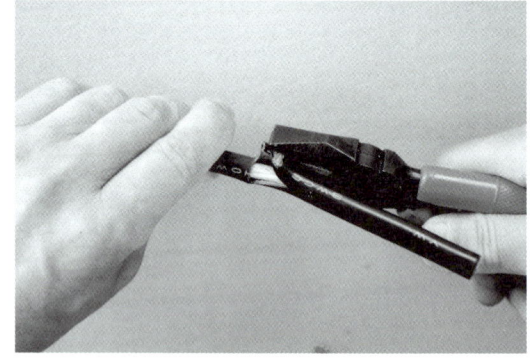

手順3 CVVケーブルの切り込みを入れた外周をペンチの角でくわえて，外装をはぎ取る．

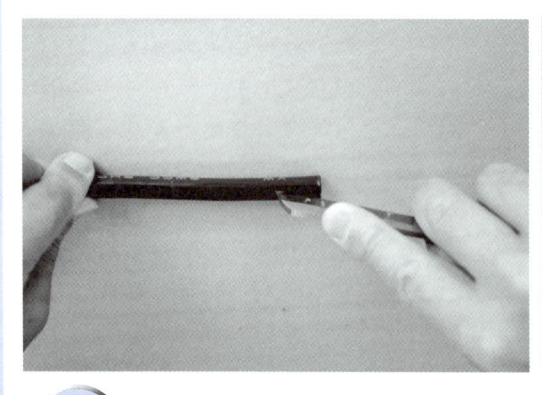

手順2 外周に入れた切れ目から，縦にナイフで切れ目を入れる．

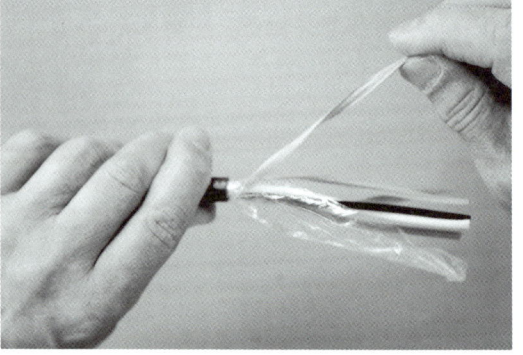

手順4 CVVケーブルの介在物や，押さえテープをほどく．

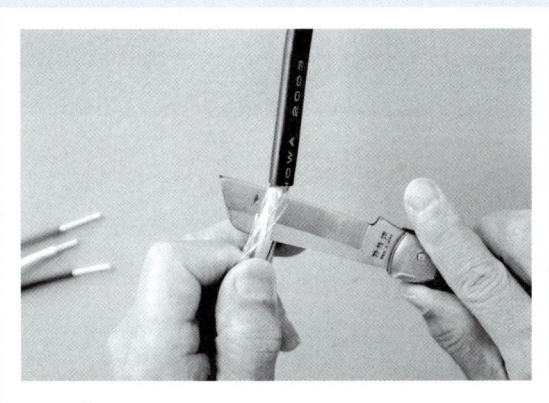

手順5 介在物と押さえテープは3回くらいに分けて，ナイフで切り取る．ナイフは外装側に向けることで，誤って絶縁被覆を削ってしまう事がなくなる．

手順6 押しボタンスイッチへの結線のために，裏面の記号を確認する．
また，より線のため素線の一部が，配線押さえ座金よりはみ出さないように注意する．

手順7 ビス止めに当たっては，端子台と同様に，輪作りをせず，直線状態で座金の大きさに合わせて被覆をはぎ取り結線する．配線押さえ座金に被覆をはさんでいないか，心線が長く露出していないか確認する．

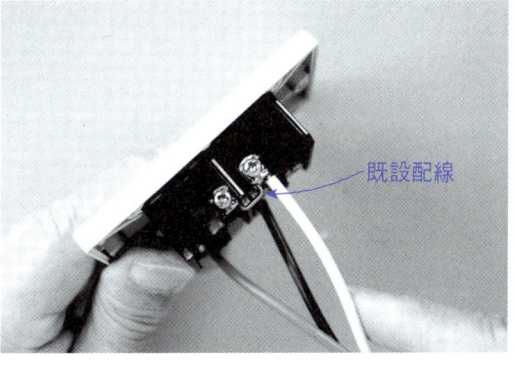

既設配線

手順8 既設配線はそのまま使用する．端子記号②番は2箇所あり，いずれか一方にケーブルの指定された色の電線を結線します．
押しボタンスイッチへの結線がこれで完了．

第3編　重要作業マスター

Section 3 各部の施工確認（作業時・完了後）

3.1 ランプレセプタクルへの結線の確認事項

確認事項

【下記の項目を確認する】
・受金側（左）端子に白色電線が結線されている．
・端子ねじが確実に締め付けされている．
・絶縁被覆の締め付けがないこと．
・5mm以上心線の露出がないこと．
・巻き付け不足，重ね巻き，左巻き，端末のはみ出しがないこと．
・カバーの取付ができること．（試験では取り付けないが，絶縁被覆部分が長いとカバーの取付ができない）

3.2 引掛シーリング（角）への結線の確認事項

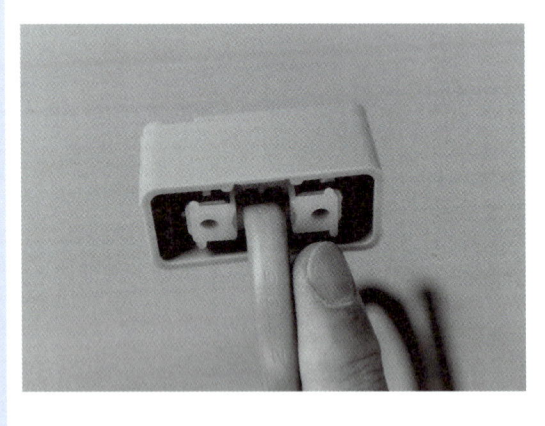

確認事項

・接地側，N又はW端子に白色電線が接続されている．
・充電部（電線の心線）が露出していないこと．
・ケーブル外装をむき過ぎていないこと．

3.3 埋込連用器具への結線の確認事項

【その①】

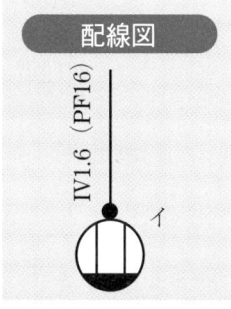

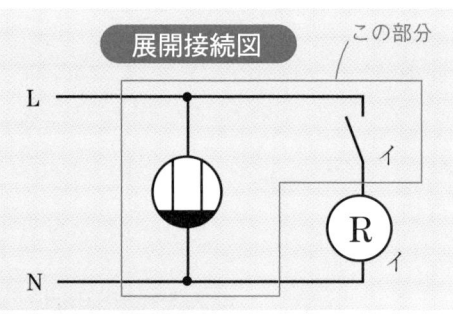

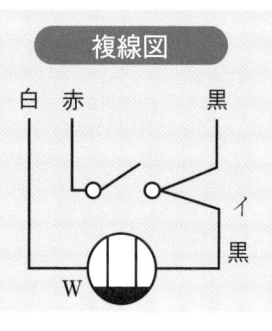

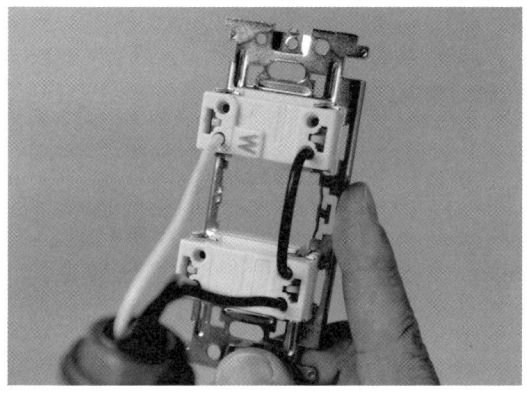

配線図 / **展開接続図** / **複線図**

IV1.6 (PF16)

この部分

確認事項

- コンセントの「W」には，接地側電線の白色が結線され，非接地側と点滅器に非接地側電線の黒色と渡り線（黒色）が結線されていること．
- 電源からの非接地側電線の黒色は，点滅器に結線されているが，コンセントに結線してもよい．
- 心線が露出しているときは，心線がストリップゲージより長すぎるか，奥まで差し込まれていない場合である．

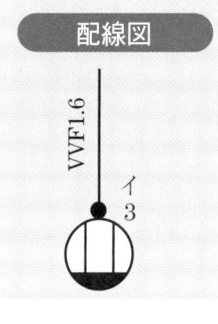

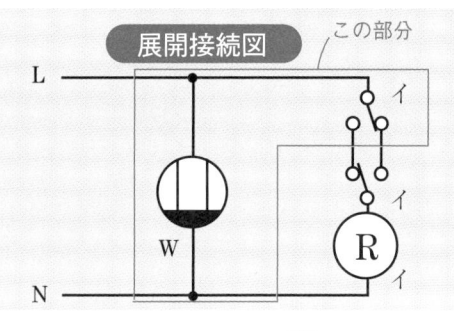

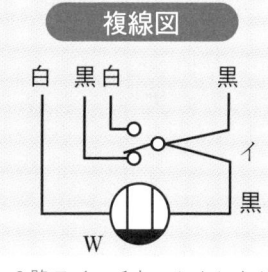

【その②】

配線図 / **展開接続図** / **複線図**

VVF1.6

この部分

3路スイッチとコンセントが同じ取付枠に配置されるためこの3路スイッチは電源側になる．（最少条数の場合）

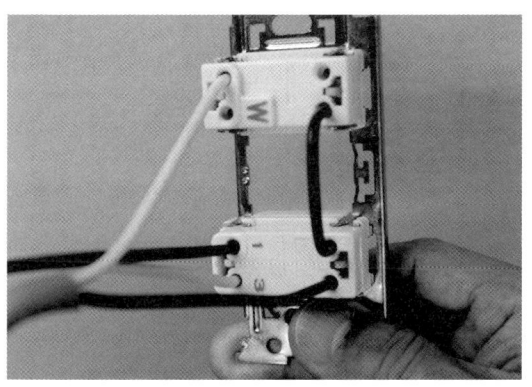

確認事項

- コンセントの「W」には，接地側電線の「白」を結線し，非接地側と3路スイッチ「0」端子に渡り線（黒色）を配線して，電源より非接地側電線の「黒」が結線されていること．
- 3路スイッチの「1」「3」端子は，逆に結線しても構わない．
- 器具2個の場合，取付枠の上と下に取り付ける．

第3編 重要作業マスター

【その③】

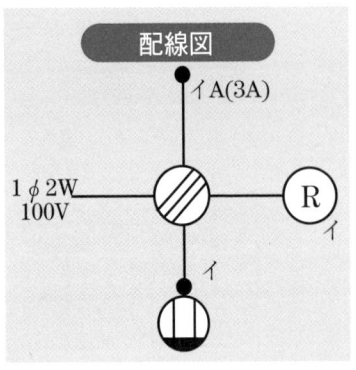

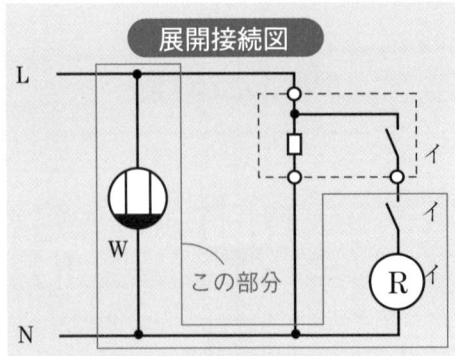

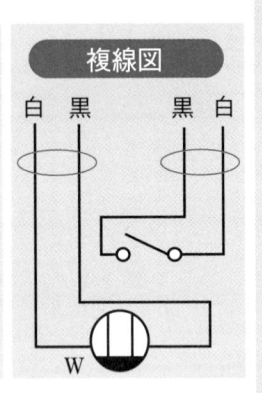

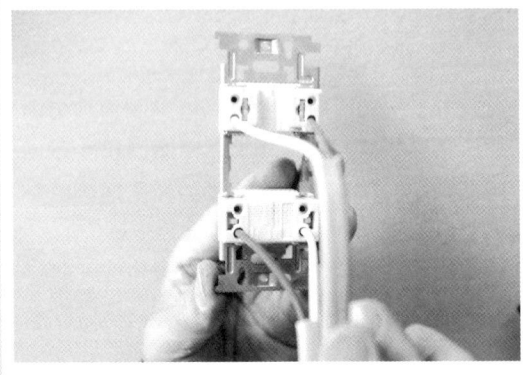

配線図 / 展開接続図 / 複線図

確認事項

　ケーブル2心2本なので，誤結線に注意する．コンセント用，点滅器用ケーブルに分けて使用し，VVF用ジョイントボックスの結線を確認する．

　コンセント用ケーブルの白色は，コンセントの「W」に結線されていること．

【その④】

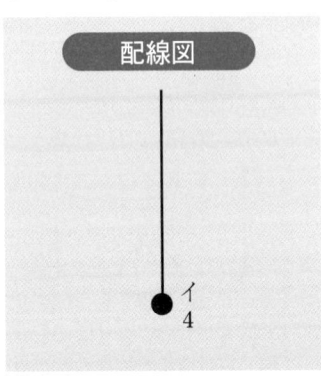

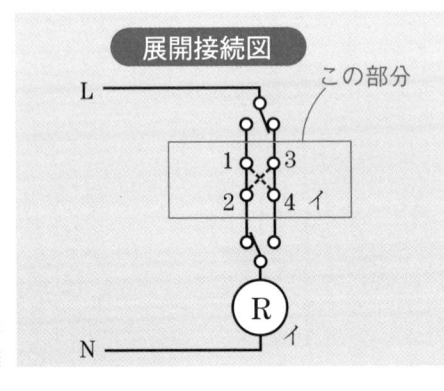

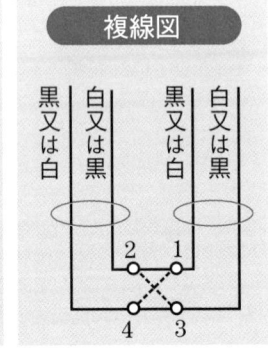

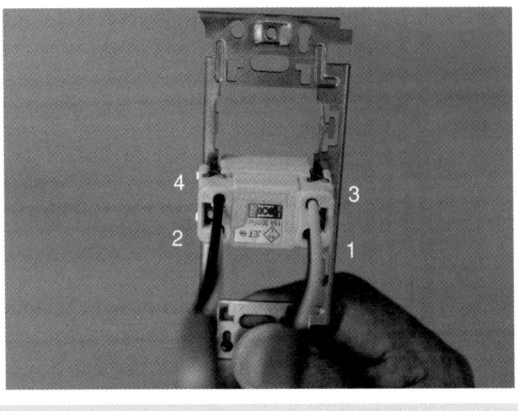

配線図 / 展開接続図 / 複線図

確認事項

- 4路スイッチの「1」と「3」端子または，「2」「4」端子は逆に結線しても構わない．
- 器具1個の場合，取付枠の中央に取り付ける．
- 取付枠を持って器具が外れた場合は，A欠陥（未完成）になるので注意する．

3.4 電磁開閉器代用のブロック端子部分の結線

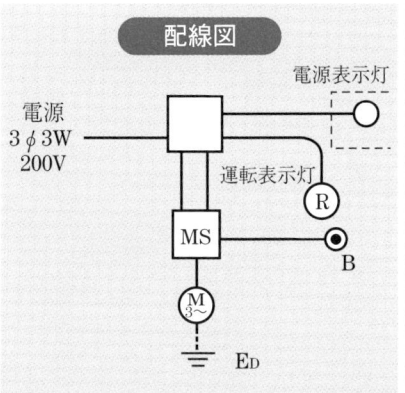

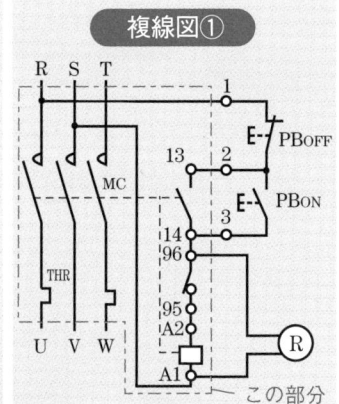

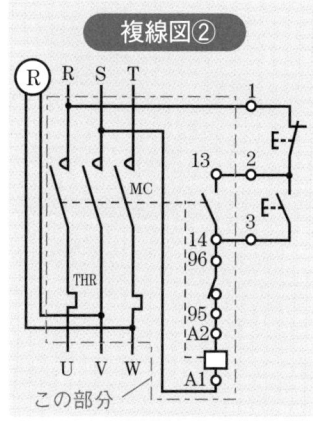

配線図

電源 3φ3W 200V — MS — M(3~) — E_D
電源表示灯、運転表示灯 R、B

複線図①

R S T、U V W、THR、MC、PBOFF、PBON、13/14、95/96、A1/A2、R
この部分

複線図②

R S T、U V W、THR、MC、13/14、95/96、A1/A2
この部分

（注）THRの96端子はA2とする

確認事項

・既設配線を変更したり，または取り外したりしないこと．
・結線箇所が多いので，端子ねじの締め付け忘れがないこと．
・心線を直線状態のまま端子の座金の奥まで挿入し，座金で絶縁被覆を締め付けないこと．
・より線（CVVケーブル）の素線が座金よりはみ出さないこと．

複線図② 電磁開閉器の場合，各種のパターンが想定できる．施工条件を確認する．

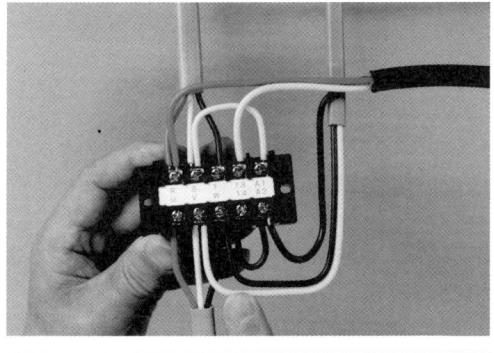

確認事項

・運転表示灯を，MS負荷側に結線した場合

・主回路ケーブルを左側，運転表示灯用ケーブルを右側に配置した場合．

・施工条件によっては，運転表示灯用電線の「黒」をU端子に結線してもよい．

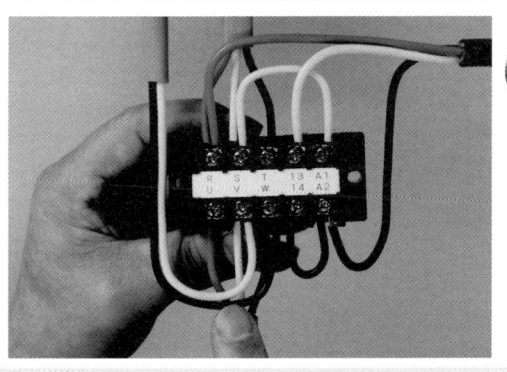

確認事項

・運転表示灯を，MS負荷側に結線した場合

・主回路ケーブルを右側，運転表示灯用ケーブルを左側に配置した場合．（施工条件による）

第3編　重要作業マスター

3.5 変流器代用のブロック端子部分の結線

配線図
電源 3φ3W 6600V

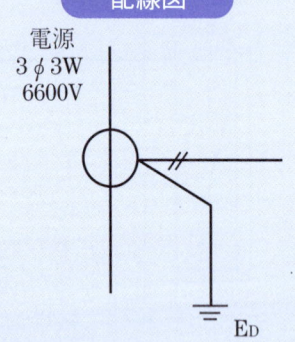

複線図①
電源 3φ3W 6600V

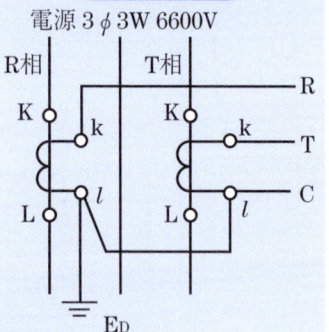

複線図②
電源 3φ3W 6600V

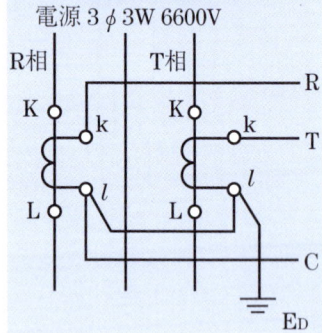

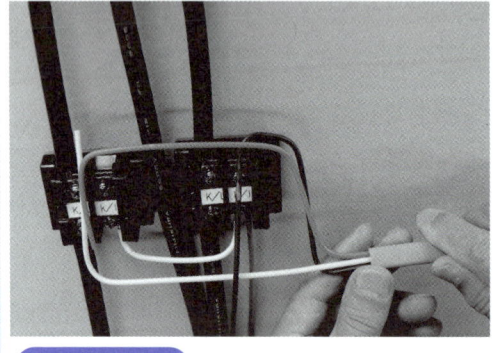

確認事項

【変流器二次側の結線について】
・VVFケーブルの外装を約20cmはぎ取る．代用の端子台の位置に「赤」「白」「黒」の各電線を合わせ曲げる．
・各端子の座金の奥の位置を確認して，切断する．座金の大きさよりやや長く心線を出してねじで締め付ける．

複線図①

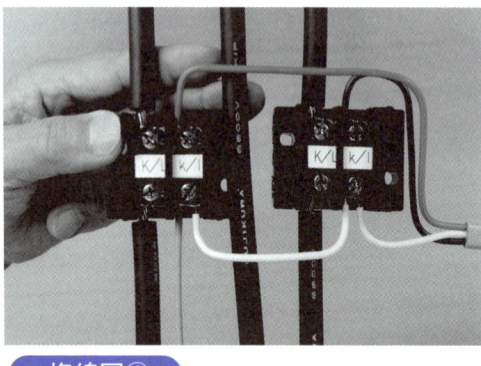

確認事項

・左側R相変流器の二次側k端子に「赤」l端子に接地線「緑」と「白」の渡り線を結線する．
・右側T相変流器の二次側k端子に「黒」l端子に「白」の渡り線と「白」（ケーブル）を結線する．

複線図②

確認事項

・接地線「緑」を右側T相変流器に結線した場合．
・左側 l 端子に，「白」の渡り線とケーブルの「白」を結線する．
・右側 l 端子に「白」の渡り線と接地線「緑」を結線する．

3.6 リングスリーブによる圧着接続(終端接続)の確認事項

　　リングスリーブ用圧着工具は，手動片手JIS C 9711：1982，1990，1997適合品（圧着したとき，○，小，中，大の刻印が明確に判別できる，握り部が黄色のもの）を使用する．

確認事項
- 1.6mmの電線2本を圧着するとき．
- 1.6×2 のダイス部にリングスリーブ（小）をセットして圧着する．
- 圧着マーク「○」がリングスリーブ（小）に刻印される．

① リングスリーブ（小）のセット位置を確認

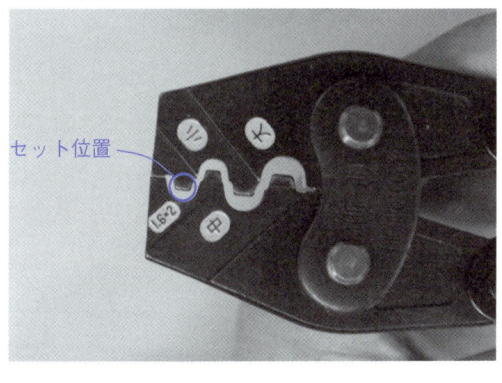

② 1.6mm2本の圧着（解除されるまで握る）

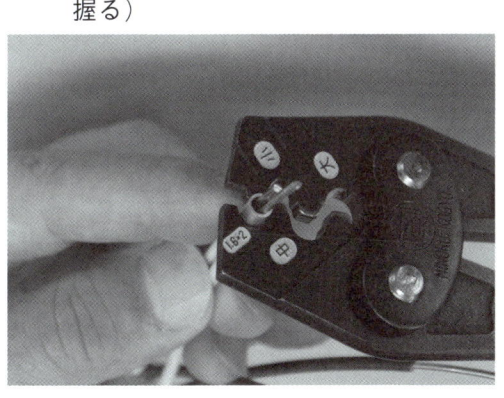

③ 圧着マーク「○」の確認

④ 端末処理の確認（先端を2～3mm残して切断）

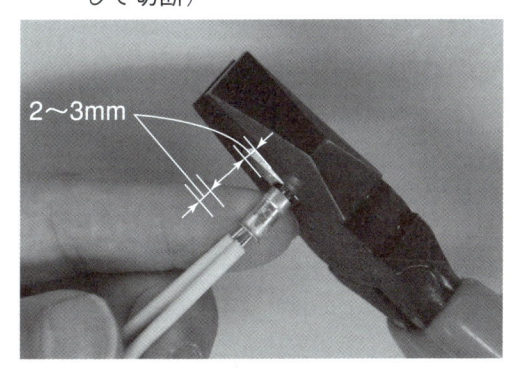

第3編　重要作業マスター

163

確認事項

- 1.6mmの電線3～4本
  2.0mmの電線2本
  2.0mmの電線1本と1.6mmの電線1～2本
  上記の組み合わせを圧着するとき．
- 小 のダイス部にリングスリーブ（小）をセットして圧着する．
- 圧着マーク「小」がリングスリーブ（小）に刻印される．

① リングスリーブ（小）のセット位置を確認

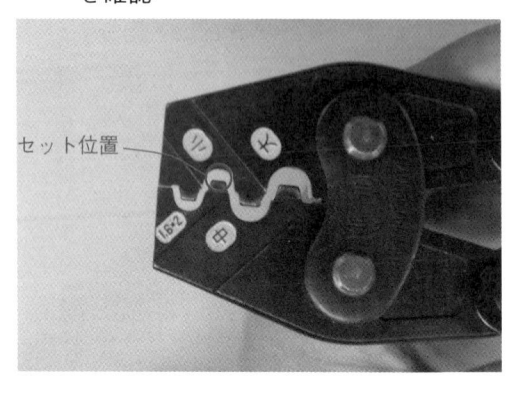

④ 1.6mm1本と2.0mm1本の圧着（解除になるまで握る）

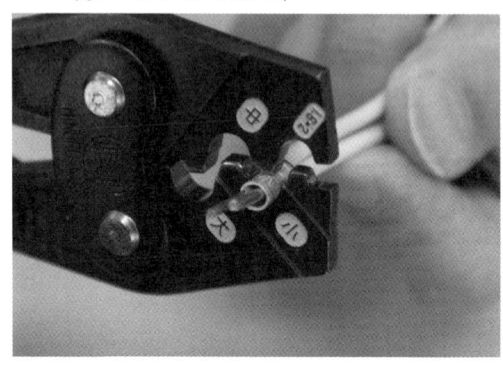

② リングスリーブ（小）に電線を挿入

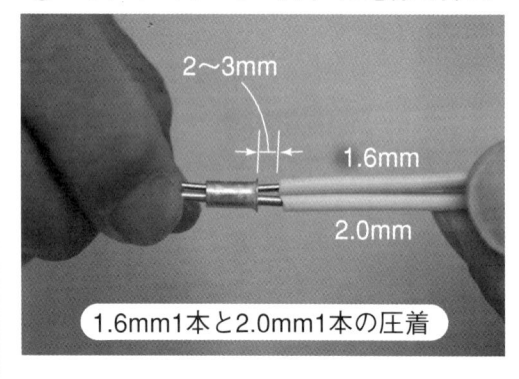

2～3mm
1.6mm
2.0mm
1.6mm1本と2.0mm1本の圧着

⑤ 圧着マーク「小」の確認

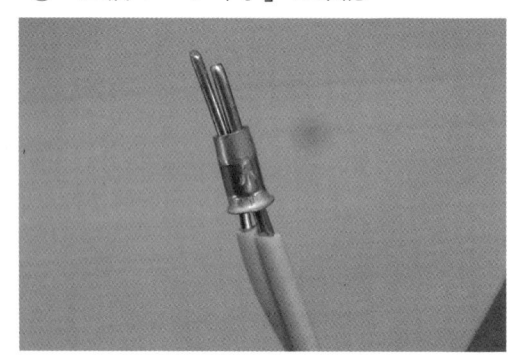

③ リングスリーブ用圧着工具の刻印部

⑥ 端末処理の確認

2～3mm

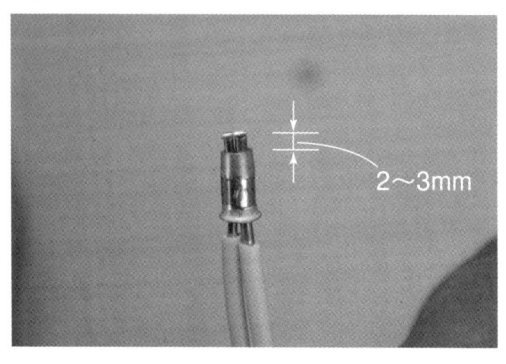

> **確認事項**
> - 1.6mmの電線5〜6本
>   2.0mmの電線3〜4本
>   2.0mmの電線1本と1.6mmの電線3〜5本及びその他の組み合わせを圧着するとき．
> - ㊥のダイス部にリングスリーブ（中）をセットして圧着する．
> - 圧着マーク「中」がリングスリーブ（中）に刻印される．

① リングスリーブ（中）のセット位置を確認

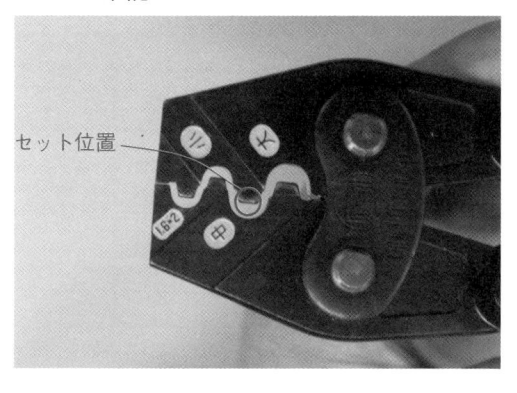

② リングスリーブ（小）に電線を挿入

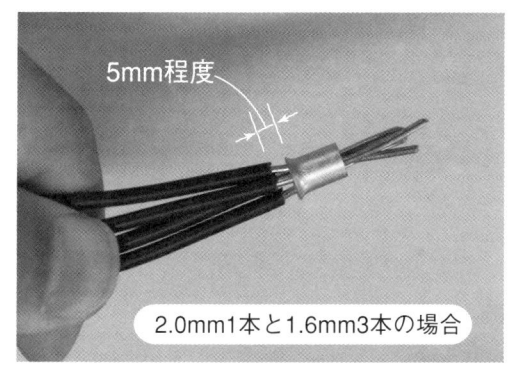

5mm程度

2.0mm1本と1.6mm3本の場合

③ 2.0mm1本と1.6mm3本の圧着（解除になるまで握る）

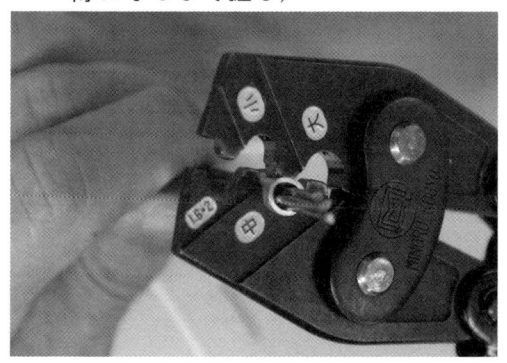

④ 圧着マーク「中」の確認

⑤ 端末処理の確認

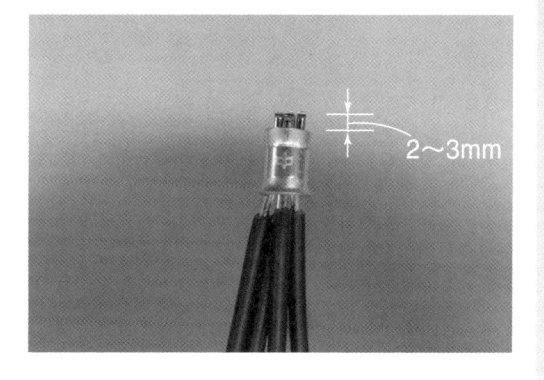

2〜3mm

第3編 重要作業マスター

165

3.7 リングスリーブの種類と電線の組み合わせ

リングスリーブの種類	最大使用電流〔A〕	電線の組合せ 同一の場合 1.6mm又は2.0mm²	電線の組合せ 同一の場合 2.0mm又は3.5mm²	電線の組合せ 同一の場合 2.6mm又は5.5mm²	電線の組合せ 異なる場合	圧着刻印マーク
小	20A	2本	—	—		○
		3～4本	2本		2.0mm1本と1.6mm1～2本	小
中	30A	5～6本	3～4本	2本	2.0mm1本と1.6mm3～5本 2.6mm1本と1.6mm1～3本 2.6mm1本と2.0mm1～2本 2.6mm1本と2.0mm1本と1.6mm1～2本	中

★圧着作業について★

　作業完了後に圧着マークを確認したら，1.6mmの電線2本接続が であった．このままではA欠陥になる．つまりこの状態は加圧不足の接続になる．

　圧着ペンチのダイスの1.6×2の圧着マーク「○」に，すでに刻印されている「小」マークの面を合わせ，再度圧着することにより，適切な圧力が加わり圧着マーク「小」が「○」に変わる．

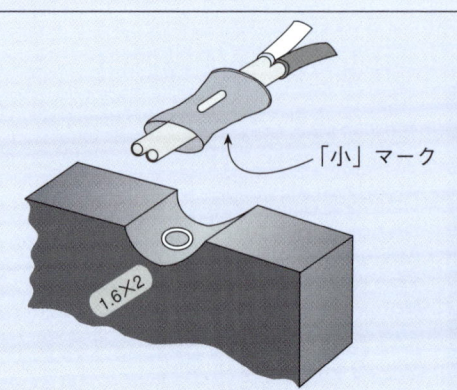

「小」マーク

※リングスリーブ「小」を使って，1.6mm3本の圧着マーク「○」は過剰な加圧で機械的強度が低下しているので，切断して新しいリングスリーブでやり直す．

第4編

第一種電気工事士技能試験に必要な**減点事項マスター**

Section 1…判定基準のポイント

★学習のポイント★

　電線の損傷でB欠陥の絶縁被覆を折り曲げると心線が露出する場合は，ほとんどの場合受験者本人が気がつかない欠陥である．また，この欠陥は一箇所だけでなく複数箇所になる場合が多く，ナイフでのケーブル外装（シース）のはぎ取り作業が早かったり，カッターナイフ使用者に多い欠陥なので充分注意する必要がある．

　〈あなどれない　C欠陥〉
　ランプレセプタクルの場合，ケーブル外装のむき過ぎと，ねじ締め端子で輪作りは右巻きに作ったが，ねじ締めするときに心線をねじってしまい2箇所とも左巻きにねじ締めした．また，輪作りの片方が巻き付け不足であった．この場合，ランプレセプタクルの結線だけでC欠陥4箇所になる．
　上記のように，受験者本人が気づかなかったり，うっかりミスの欠陥もあるので，本編で充分理解すること．

Section 1 判定基準のポイント

平成18年の技能試験の判定基準は，前年までのB欠陥がA欠陥，また，B欠陥がC欠陥になった箇所があり，判定基準が変更された．

今後も変更になる欠陥事項があると考えられるので，各箇所の作業に欠陥箇所が無いように作業することが大切である．

1.1 ここ数年の合格基準

① A欠陥，B欠陥の欠陥箇所が無く，C欠陥が4箇所以内の場合
② A欠陥の欠陥箇所が無く，B欠陥が2箇所で，C欠陥が無い場合
③ A欠陥の欠陥箇所が無く，B欠陥が1箇所で，C欠陥が2箇所以内の場合

1.2 Ⓐ 欠陥（1箇所でもあると合格できない欠陥事項）

全体共通の部分

未完成	未接続
	未結線
	取付枠に連用配線器具が取付けられていない場合
配置・寸法相違	配線図と配線・器具の配置が異なる場合
回路の誤り	誤接続（短絡・不導通等）
	誤結線（短絡・不導通等）
電線の種類 色別の相違 （接地線も含む）	電線の種類が配線図と相違した場合
	施工条件の指定と，電線色別が相違した場合 （非接地側等の渡り線についても，電線の色別があると考えた方がよい）

(極性の相違はB欠陥よりA欠陥に変更)	極性表示（N，W又は接地側）の接地側端子に白色以外の電線を結線した場合	
	露出形コンセントの極性違い	引掛シーリングの極性違い
	ランプレセプタクルの極性違い	
	左右とも極性違い	左側の極性違い
	配線用遮断器100V専用　2P1Eの極性違い	
電線の損傷 （B欠陥よりA欠陥に変更）	ケーブル外装を著しく損傷した場合	
	ケーブル外装に2cm以上の縦割れがある場合	ケーブル外装の外周に半周以上の横割れがある場合（絶縁被覆が見える）

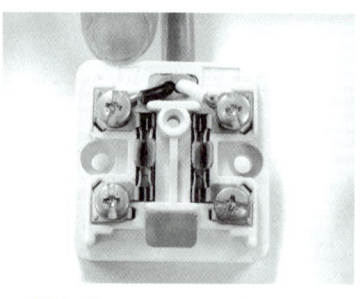

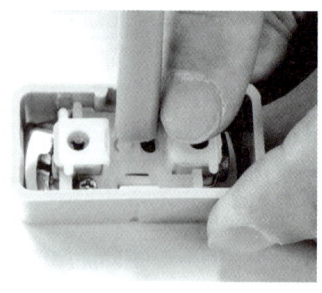

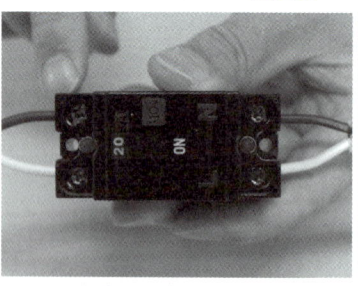

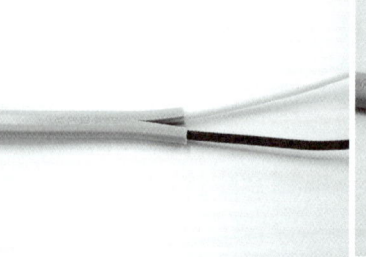

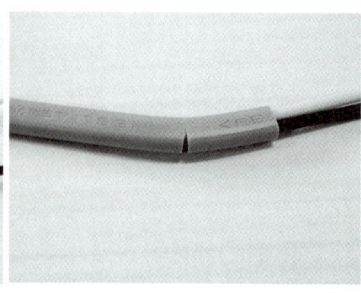

電線相互の接続の部分		
接続方法の相違		施工条件でリングスリーブ接続と指定された箇所を，それ以外の方法で接続した場合
^		施工条件で差込形コネクタ接続と指定された箇所を，それ以外の方法で接続した場合
^		施工条件による接続点を設けなかった場合
リングスリーブ圧着接続		リングスリーブ用圧着工具を使用しない場合
^		無印で圧着マークが刻印されない場合
^		リングスリーブ本体を破損した場合
^		リングスリーブの種類を誤って選択した場合
^		圧着マークが適切に刻印されない場合
^		リングスリーブの刻印違い（1.6mm×3本は刻印マーク「小」．写真は「○」） / リングスリーブの刻印違い（1.6mm×2本は刻印マーク「○」．写真は「小」）
^		心線の挿入が不十分な場合
差込形コネクタ接続		電線の心線が不適切（挿入不足）な場合（引っ張って抜ける場合）
合成樹脂製可とう電線管工事の部分		
未通線		電線管に電線が通線されていない場合（電線管の管端に電線が出ていない場合）
		ボックスと電線管の接続が行われていない場合

電線管と附属品との接続 （B欠陥よりA欠陥に変更）	ボックスと電線管の接続に，ボックスコネクタが使用されていない場合
	ロックナットを取り付けていない場合

金属管工事の部分	
未通線	電線管に電線が通線されていない場合
電線管と附属品との接続 （平成14年度以降出題されていないため，PF管同様にB欠陥よりA欠陥に変更）	ボックスと電線管の接続が行われていない場合
	ボックスと電線管の接続に，ねじなしボックスコネクタが使用されていない場合

ねじ締め端子器具への結線の部分	
心線の締め付け器具の台座	心線をねじで締め付けていない場合
	台座の上からケーブルを結線した場合

台座の上からケーブルを結線した場合

器具への結線の部分	
心線差込接続	電線の心線がストリップゲージに不適合で挿入不足した場合　（引っ張って抜ける場合）

防護措置の部分	
未取付	防護管を設けなかった場合

その他	
	支給品以外の材料を使用した場合

1.3 Ⓑ 欠陥（A, C欠陥がなく，B欠陥が2箇所以内は合格）（A欠陥がなく，C欠陥が2箇所以内，B欠陥が1箇所以内は合格）

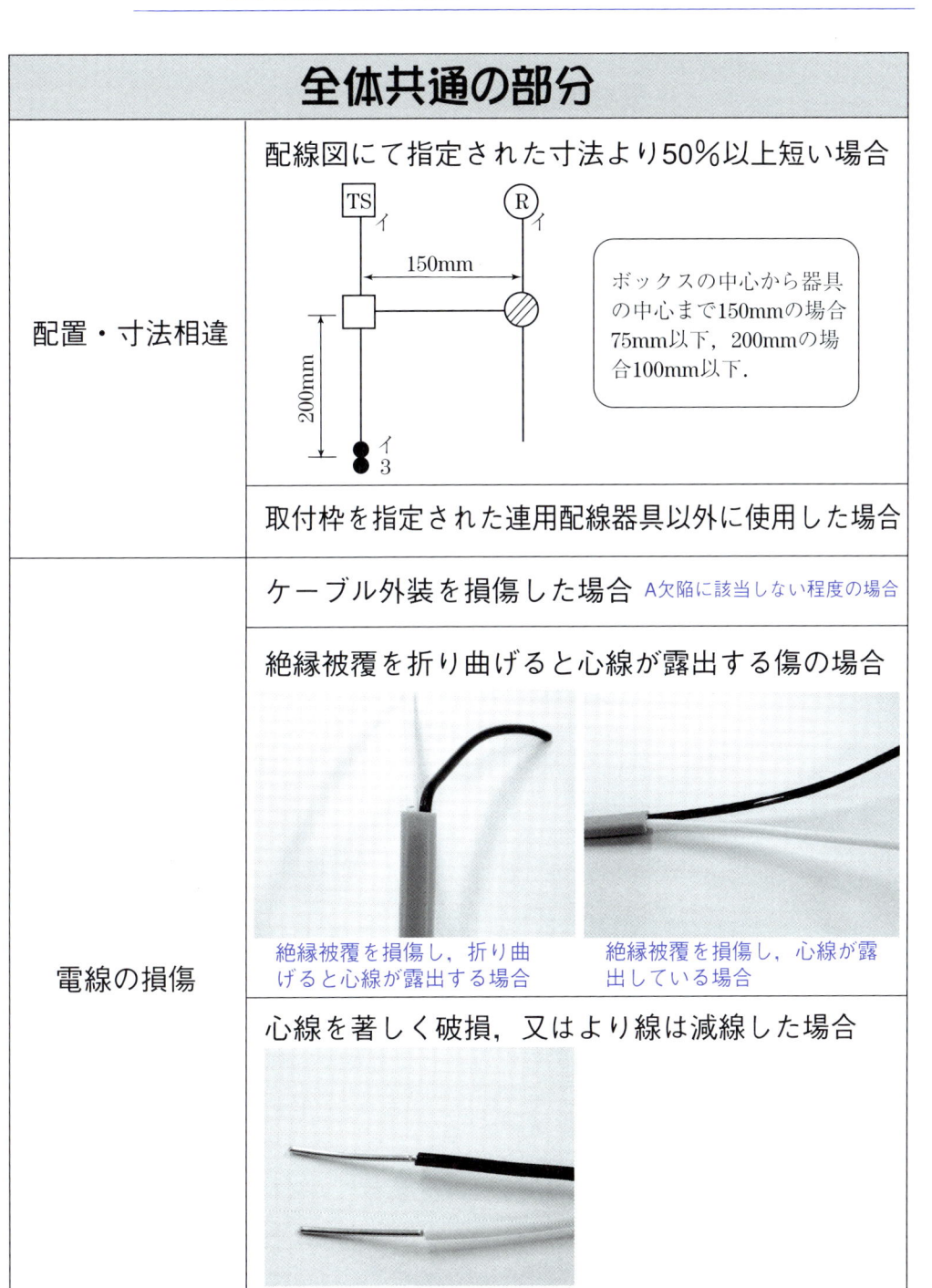

全体共通の部分	
配置・寸法相違	配線図にて指定された寸法より50％以上短い場合 （図：TSイ、Rイ、150mm、200mm、イ3） ボックスの中心から器具の中心まで150mmの場合75mm以下，200mmの場合100mm以下．
	取付枠を指定された連用配線器具以外に使用した場合
電線の損傷	ケーブル外装を損傷した場合　A欠陥に該当しない程度の場合
	絶縁被覆を折り曲げると心線が露出する傷の場合 絶縁被覆を損傷し，折り曲げると心線が露出する場合　　絶縁被覆を損傷し，心線が露出している場合
	心線を著しく破損，又はより線は減線した場合 心線の導体に傷を付けた場合

第4編　減点事項マスター

電線相互の接続の部分

リングスリーブ圧着接続部の絶縁被覆処理	絶縁処理のテープ巻きが困難な場合 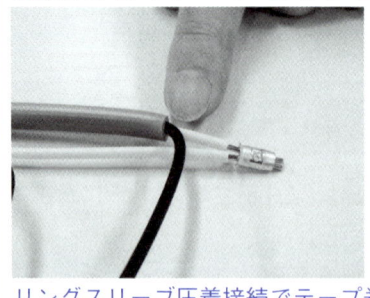	リングスリーブ圧着接続でテープ巻きが困難な場合（絶縁被覆（白の部分）が2cm以下）
	電線の絶縁被覆を著しくむき過ぎた場合 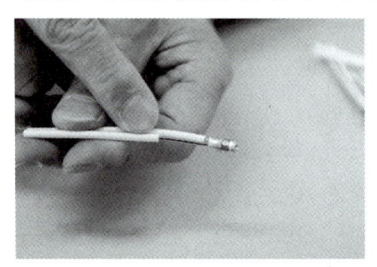	リングスリーブ圧着接続で絶縁被覆をむき過ぎた場合（リングスリーブ下端より心線の長さ2cm以上）
	電線の絶縁被覆をリングスリーブで圧着した場合 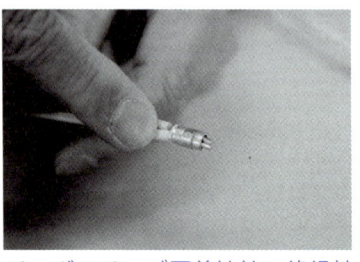	リングスリーブ圧着接続で絶縁被覆を圧着した場合
差込形コネクタ接続部の絶縁被覆処理	電線の絶縁被覆をむき過ぎて心線が露出している場合 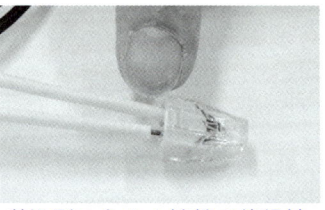	差込形コネクタ接続で絶縁被覆のむき過ぎで心線が露出した場合

合成樹脂製可とう電線管工事の部分

電線管と附属品との接続	コネクタと電線管との接続が行われていない場合

金属管工事の部分

電線管と附属品との接続 （平成14年度以降出題されていないため、PF管同様にC欠陥よりB欠陥に変更）	ねじなし絶縁ブッシングと電線管との接続が行われていない場合

ねじ締め端子器具への結線の部分

絶縁被覆処理	結線部分の絶縁被覆を著しくむき過ぎている場合 絶縁被覆をむき過ぎて心線が露出した場合（5mm以上） 絶縁被覆をむき過ぎて心線が露出した場合（5mm以上） 絶縁被覆をむき過ぎて心線が露出した場合（5mm以上） 高圧絶縁電線（KIP）は2cm以上 2cm以上 電線の絶縁被覆をねじで締め付けている場合 絶縁被覆をねじで締め付けている場合 絶縁被覆をねじで締め付けている場合

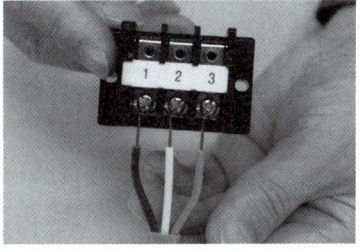

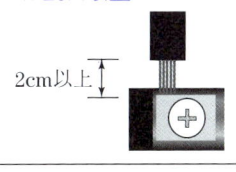

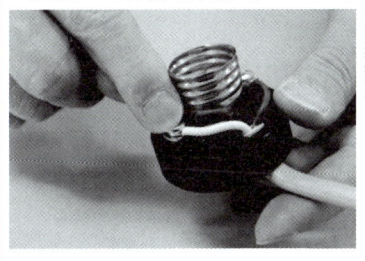

	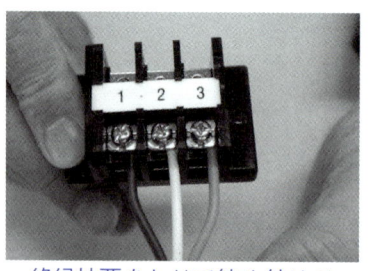 絶縁被覆をねじで締め付けている場合
	電線のより線の一部がはみ出している場合
器具への結線の部分	
絶縁被覆処理	結線部分の絶縁被覆を著しくむき過ぎた場合 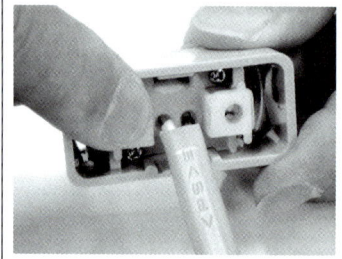 絶縁被覆をむき過ぎて心線が露出（1mm以上）している場合 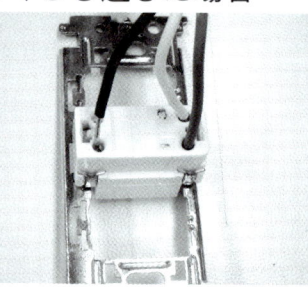 　　絶縁被覆をむき過ぎて心線が露出（2mm以上）している場合
防護措置の部分	
防護管破損	防護管を破損した場合
バインド線支持	バインド線による防護管の支持をしなかった場合 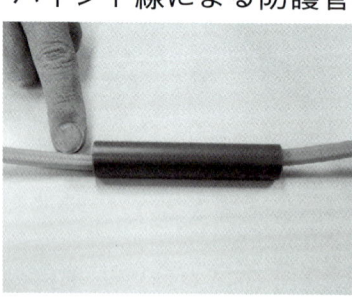 防護管の支持を行わなかった場合

1.4 C 欠陥（A，B欠陥がなく，C欠陥が4箇所以内は合格）（A欠陥がなく，B欠陥が1箇所以内，C欠陥が2箇所以内は合格）

全体共通の部分

電線の損傷	ケーブル外装を損傷した場合 （B欠陥に該当しない程度の場合）

電線相互の接続の部分

リングスリーブ圧着接続部の心線端末処理	リングスリーブ圧着接続部で心線の端末処理が適切でない場合 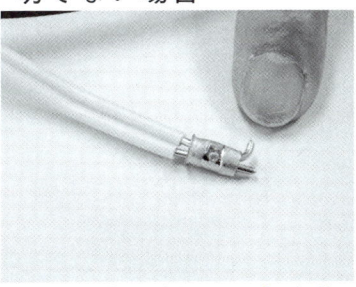 心線の突起で絶縁テープを損傷する場合 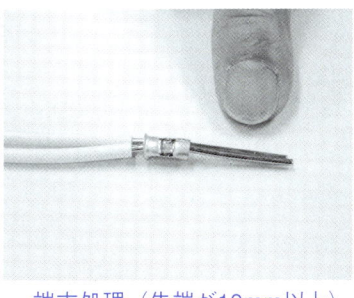　　端末処理（先端が10mm以上）がされていない場合

合成樹脂製可とう電線管工事の部分

電線管と附属品の接続	ボックスとコネクタとの接続がゆるい場合
	ロックナットを裏返しに使用した場合 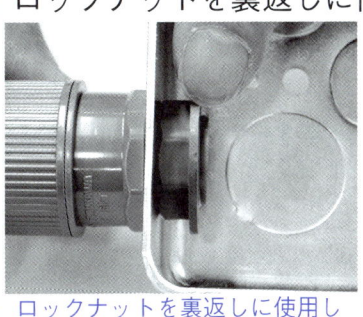 ロックナットを裏返しに使用している場合
	コネクタと電線管との接続がゆるい場合

		コネクタがロックされていない場合
	金属管工事の部分	
電線管と附属品の接続		絶縁ブッシングを所定の箇所に取り付けていない場合 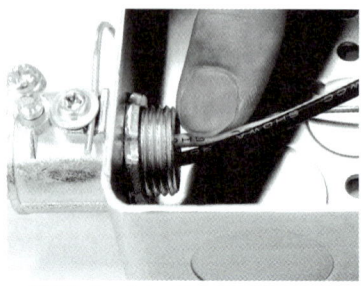 絶縁ブッシングを使用していない場合
		ボックスと電線管との接続がゆるい場合
		ロックナットを取り付けていない場合
		ロックナットを裏返しに使用した場合  ロックナットを裏返しに使用している場合
		ねじなしボックスコネクタ又はねじなし絶縁ブッシングの止めねじを切っていない場合 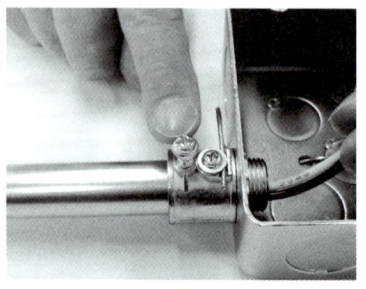 ねじなし電線管で止めねじをねじ切っていない場合

ねじ締め端子器具への結線の部分		
ランプレセプタクル・引掛シーリング・露出形コンセントの台座	**ケーブル外装をむき過ぎ台座の中まで入っていない場合** 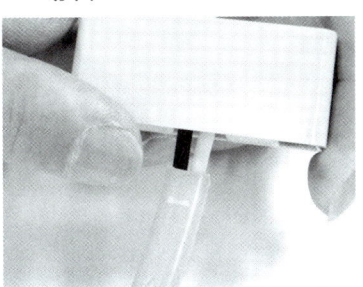 ケーブルをむき過ぎて台座の中に外装が入っていない場合 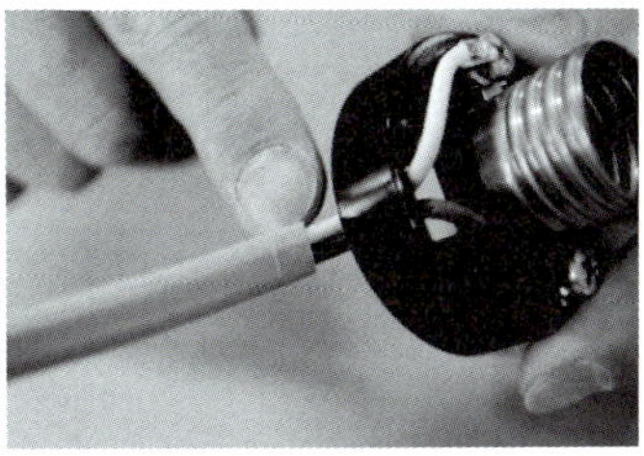	ケーブルをむき過ぎて台座の中に外装が入っていない場合 
	ケーブルをむき過ぎて台座の中に外装が入っていない場合	
	台座のケーブル引込口を欠いた場合  台座を欠いた場合	
巻き付け方法等	**巻き付け不足**  心線の巻き付け不足（3/4周以下の場合） 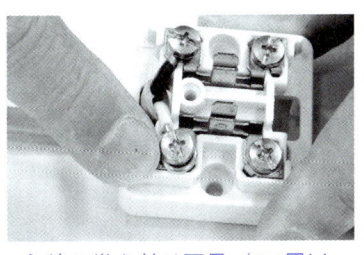	心線の巻き付け不足（3/4周以下の場合）

第4編 減点事項マスター

179

重ね巻き

器具の結線で心線を重ね巻きした場合

左巻き

器具の結線で心線を左巻きした場合

器具の結線で心線を左巻きした場合

先端はみ出し

器具の結線で心線の先端がはみ出した（5mm以上）場合

カバーが締まらない場合

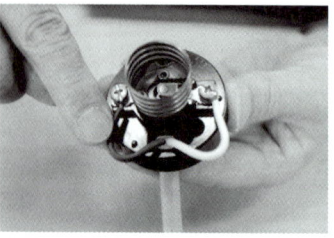

器具の結線でカバーが適切に締まらない場合

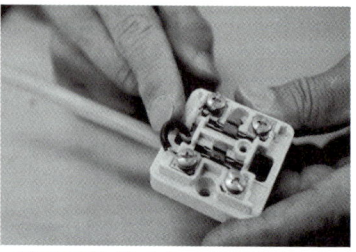

器具の結線でカバーが適切に締まらない場合

	埋込連用器具への結線の部分	
取付枠への取付	取付枠裏返し，ゆるみがある場合	
	取付枠に器具の位置を誤って取り付けた場合	
	取付枠に位置を誤って取り付けた場合	取付枠に位置を誤って取り付けた場合

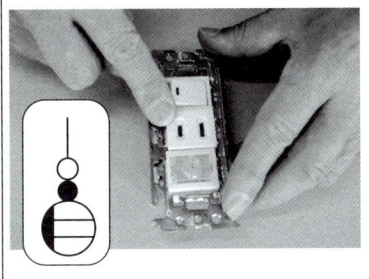

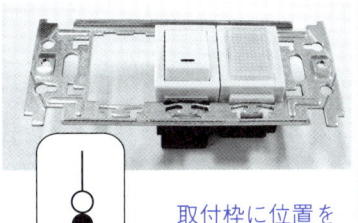

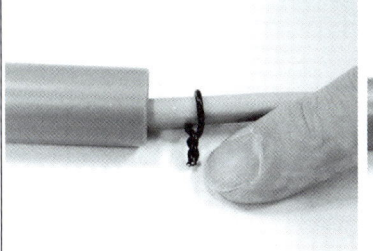

	防護措置の部分	
バインド線支持	バインド線による支持方法が不適切な場合	
	防護管の支持方法が不適切な場合（ねじり回数が1回以下）	防護管の支持方法が不適切な場合（巻付け回数が1回以下）
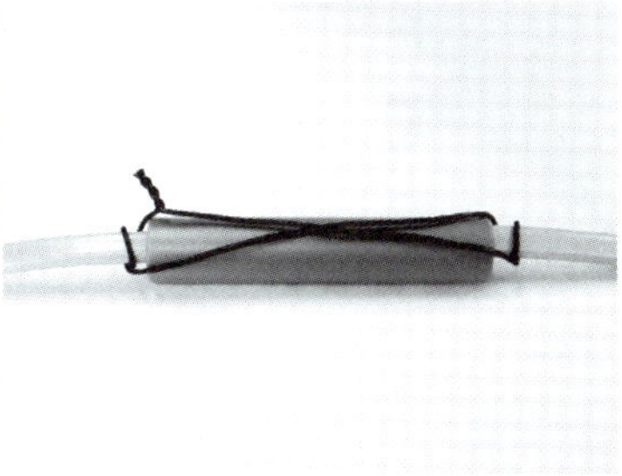	防護管の支持方法が不適切な場合	

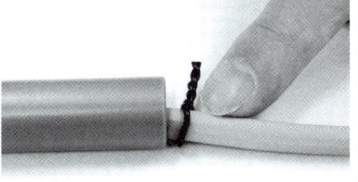

その他の部分	
アウトレット ボックス （B欠陥よりC欠陥に変更）	ゴムブッシングの使用が不適切な場合（表裏は問わない） ゴムブッシングの使用が不適切な場合　　ゴムブッシングを使用していない場合
^^	アウトレットボックスに余分な打ち抜きをした場合
器具破損	器具を破損させたまま使用した場合

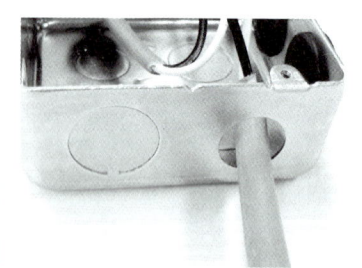

© DENKI SHOIN 2007

新制度対応
第一種電気工事士技能試験スピードマスター

平成19年10月10日　　　　　第1版第1刷発行

著　者　　　　　　　　　YDKK
発行者　　　　　　　　田中　久米四郎

発行所
株式会社　電気書院
http://www.denkishoin.co.jp/
振替口座　00190-5-18837
〒101-0051　東京都千代田区神田神保町1-3　ミヤタビル2F
TEL：（03）5259-9160／FAX：（03）5259-9162

ISBN978-4-485-20656-0　　　　創栄図書印刷　　Printed in Japan
≪乱丁・落丁の節はお取り替えいたします≫
＜お問い合わせ＞本書の内容についてのお問い合わせは，郵便あるいはFAXのみにてお受けいたします．電話では行っておりませんので宜しくお願いいたします．

- 本書の複製権は（株）電気書院が保有します．
- JCLS ＜（株）日本著作出版権管理システム委託出版物＞
本書の無断複写は著作権法上での例外を除き禁じられています．複写される場合は，そのつど事前に（株）日本著作出版権管理システム（電話03-3817-5670，FAX03-3815-8199）の許諾を得てください．